新时期工程造价疑难问题与典型案例解析

孙凌志 刘 芳 著

中国建筑工业出版社

图书在版编目（CIP）数据

新时期工程造价疑难问题与典型案例解析 / 孙凌志，刘芳著 .
北京：中国建筑工业出版社，2019. 7

ISBN 978-7-112-23812-5

Ⅰ. ①新… Ⅱ. ①孙…②刘… Ⅲ. ①工程造价-案例-中国 Ⅳ. ① TU723. 3

中国版本图书馆 CIP 数据核字（2019）第 105298 号

责任编辑：张智芊 赵晓菲
责任校对：赵 颖

新时期工程造价疑难问题与典型案例解析
孙凌志 刘 芳 著
*
中国建筑工业出版社出版、发行（北京海淀三里河路9号）
各地新华书店、建筑书店经销
北京建筑工业印刷厂制版
北京建筑工业印刷厂印刷
*
开本：787×1092毫米 1/16 印张：16½ 字数：275千字
2019年9月第一版 2020年6月第二次印刷
定价：**58.00**元
ISBN 978-7-112-23812-5
（34109）

序

我国建筑业正处于转型升级和快速变革的关键时期，投资方式、发承包模式、政府监管和审计政策正发生深刻变化，财税政策等各项新政层出不穷。《国务院办公厅关于促进建筑业持续健康发展的意见》（国办发［2017］19号）中指出，要加快推行工程总承包、培育全过程工程咨询和规范工程价款结算，均与工程造价管理密切相关。伴随着我国工程造价管理市场化不断发展和完善进程，客观上对市场主体的造价管理能力提出了新要求，各方市场主体对工程造价精细化管理的需求也日益提高。

本书的内容涵盖了进度等全要素对工程价款的影响、过程结算方式对发承包双方的要求，建设工程工程量清单计价模式下常见的十个方面的疑难问题，并围绕增值税、工程总承包模式、装配式混凝土建筑等行业最新发展变化对工程造价管理面临的新问题、新要求进行了积极的探索，最后分析了工程造价计价争议的成因，针对十个方面的热点问题和十种常见的“不一致”现象提出了计价争议化解与风险防范的对策。

本书理论内容丰富翔实，侧重工程造价的疑难问题，分析论述较为全面深刻；选取的典型案例在工程实践中均有较高的关注度，具有广泛的适用性，对案例的剖析也较为到位，对具体问题的解决有较强的借鉴意义，是一本将工程造价理论与实践相结合的力作。

本人衷心将这部体现工程造价领域新业态、新模式、新策略的作品推荐给行业同仁，也感谢大家对作者的厚爱、支持和帮助，并期待作者更多的研究成果服务于行业发展。

2019年8月

前　言

造价管理是建筑市场经济活动的重要基础性工作，工程量清单计价已经成为我国主流的造价管理模式，工程造价作为项目管理全过程的最长链条，是全过程工程咨询的核心。工程价格一直是建筑市场博弈的中心，目前各方社会主体的契约意识增强但是管理方式较为粗放，近年来各类工程合同纠纷和工程价款结算风险越来越引起各方市场主体的高度重视。工程总承包模式下的造价管理与施工总承包模式下有本质的不同，工程造价管理领域从业人员正面临来自规制更新、执业技术节点变化等诸多新挑战，尚不能满足造价精细化管理的需要。自2004年7月开始，作者从事工程造价管理领域的教学、科研工作，结合行业发展的一些热点和难点问题开展了较为系统的研究，在《建筑经济》《工程管理学报》等国内顶级行业主流期刊发表学术论文近20篇，在业内有一定的关注度和认可度。中国建筑学会建筑经济分会作为行业的最高对口学术组织，以推动行业高质量发展为已任，积极回应社会各界对造价科学化管理的新需求，推进学术研究和实践交流的系统性、前沿性和高端性，提出了针对“新时期工程造价管理疑难问题与典型案例”课题开展系统研究、公开出版该课题研究成果的建议。

纵观本书内容，体现的主要特点如下：

1. 把握行业发展前沿，系统阐述造价机理。建筑业由营业税改为增值税的税制变化、增值税税率的不断调整给工程造价管理带来了新的挑战，尤其是是否有抵扣需求的建设单位的投资管控具有本质的不同，针对没有抵扣需求的建设项目提出了有效的投资控制措施；装配式混凝土建筑这一新型建造方式势必引起计价依据的重大变革，现有的计价依据和方法不能很好地满足其造价管理的需要，深入分析了其对计价依据的影响机理；工程总承包模式彻底改变了施工总承包模式下按施工图设计进行计价的基础，给各方市场主体的造价管理能力提出了很高的要求，较系统地阐述了工程总承包模式下造价管理的关键环节。

2. 紧扣行业热点难点，完善造价精细管理。清单计价已成为我国主流的造价管理模式，但其在应用过程中的新问题层出不穷、造价争议不断涌现，结合普遍关注的综合单价中风险的确定、暂估价计价等十个方面的疑难热点，进行了较为全面深刻的论述；围绕设计文件中仅描述功能或做法、发包人延误工期等引起投资风险与造价争议的十个典型问题和十种常见的“不一致”现象进行了系统的阐述，并给出了解决问题的对策。

3．精选实践典型案例，融合理论深入剖析。工程造价作为一门应用型学科，科学研究应基于工程实践。围绕本书六个方面的论述，选取了八十个典型案例，案例背景多来自于行业实践的第一线，涵盖了目前造价领域大家普遍关注的一些热点问题，具有较为广泛的适用性和代表性；基于造价管理的基本理论和业内共识对典型案例深入剖析，以起到举一反三的效果。

该课题研究过程中得到了部分业内有关专家、学者的支持和帮助；工程实践界的同业不断提出的典型案例和疑难问题，促使作者不断思考，这是持续研究的重要源泉；引用了部分著作、论文和公开的相关资料；中国建筑工业出版社在本书出版过程中提供了大量支持和帮助，编辑的严谨和专业使得本书更加完美。在此一并表示感谢。

由于一些行业的热点难点问题在理论界和实践界均没有达成共识，作者的观点仅为一家之言，供读者参考，以期对读者朋友的工作和学习提供一些有益的借鉴。本书写作历时四个月，由于学识和精力有限，本书不当之处在所难免，敬请社会各界朋友们批评指正，并热情欢迎交流探讨，联系方式：sdkdslz@163.com。

孙凌志　刘　芳

2019 年 8 月

目　　录

第一章　新时期工程造价管理核心问题分析……1

第一节　工程造价的属性和工程量清单计价的本质……2

一、工程造价的双重属性……2

二、工程量清单计价的本质……3

第二节　工程造价管理环境分析……4

一、新时期工程造价管理面临的环境……4

二、全过程造价管理能力日益提高……6

三、逐步构建更为科学的造价咨询服务质量评价体系……7

第三节　工程结算策划……8

一、对竣工结算的再认识……8

二、过程结算的本质要求……13

第四节　基于全要素的工程价款管理……13

一、进度对工程价款的影响机理分析……14

二、作为工程价款管理依据的进度来源……18

三、基于进度的工程价款管理措施……21

本章小结……23

第二章　清单计价模式下工程造价疑难问题与典型案例……25

第一节　综合单价中风险的确定……26

一、综合单价中约定风险的必要性……26

二、可调价材料范围的明确方法……27

三、可调价材料的风险幅度的确定……27

四、基准单价的确定……28

五、甲供材料消耗量的确定……28

第二节　项目特征描述……33

一、项目特征描述的地位……33

二、项目特征描述的原则……34

三、设计文件未明确项目特征时的处理策略……37

第三节　招标控制价编制……39
一、招标控制价的内涵……39
二、招标控制价编制中存在的问题……40
三、编制合理招标控制价的保障措施……41
四、基于招标控制价形成参考工程造价……45
第四节　措施项目清单计价……45
一、措施项目计价概述……45
二、清单计价模式下措施项目计价的特点……46
三、措施项目计价争议的成因……47
四、措施项目计价风险与争议防范……50
第五节　暂估价计价……53
一、暂估价计价概述……53
二、暂估价设置原则及发承包双方的风险……54
三、暂估价项目计价争议的成因……56
四、暂估价设置原则的再思考……58
五、防范建设工程暂估价计价争议的对策……60
第六节　工程变更……61
一、不同合同文本下工程变更的范围对比……61
二、工程变更估价原则的对比……62
三、工程变更估价适用原则的前提条件……66
四、工程变更的规避与变更程序……67
第七节　投标报价与不平衡报价……71
一、投标报价应注意的四个问题……71
二、不平衡报价……73
第八节　清标、评标与授标……76
一、清标的内涵及意义……76
二、清标工作的内容及质量保证……77
三、评标与授标……79
第九节　合同价款调整……80
一、合同价款调整的事项……80
二、法律法规变化引起的合同价款调整……81
三、物价变化引起的合同价款调整……85
四、合同价款调整预控原则和配套措施……94
第十节　其他项目清单计价……97
一、暂列金额计价……97

二、计日工计价 …… 98
三、总承包服务费计价 …… 100
本章小结 …… 102

第三章　增值税下工程造价疑难问题与典型案例 …… 103

第一节　不同计税方法下的工程造价 …… 104
一、不同计税方法下应纳税额的计算 …… 104
二、不同计税方法下的工程造价计算 …… 105
三、一般纳税人适用简易计税方法的特殊情况 …… 107
四、增值税下的工程造价计算步骤 …… 108
第二节　增值税下非经营性建设项目投资控制 …… 111
一、增值税下非经营性建设项目的特殊性 …… 111
二、非经营性建设项目计税方法的选择 …… 112
三、承包人选择计税方法存在的问题及对策 …… 114
四、甲供工程对发包人建设投资的影响及对策 …… 119
五、混合销售中一项销售行为的界定及对策 …… 120
第三节　增值税率调整对发承包双方的影响及价款管理 …… 122
一、增值税率调整对发包人投资额的影响 …… 123
二、增值税率调整对总承包人利润的影响 …… 124
三、增值税率调整对未付清项目价款管理的影响 …… 132
第四节　工程总承包项目增值税计取 …… 133
一、总承包项目费用组成 …… 133
二、各地工程总承包项目增值税计取方式 …… 134
三、合理确定不同税率业务的价款 …… 136
本章小结 …… 136

第四章　工程总承包模式下造价疑难问题与典型案例 …… 139

第一节　工程总承包模式下造价管理概述 …… 140
一、工程总承包项目的发包阶段及对应造价 …… 140
二、工程总承包项目的计价方式 …… 142
三、发包阶段的选择 …… 144
四、工程总承包模式下的风险分担 …… 145
第二节　招标工程量清单编制 …… 149
一、工程总承包模式下工程量清单的性质和地位 …… 149
二、不同阶段建筑工程设计文件编制深度对比 …… 150

三、不同阶段清单编制的关键问题……152
第三节　最高投标限价编制……155
一、工程总承包项目编制最高投标限价的必要性……155
二、最高投标限价编制与复核依据……155
三、工程总承包项目清单费用编制……156
第四节　投标报价编制……161
一、投标报价编制与复核依据……161
二、投标报价的有关规定……161
三、承包人建议书对发包人要求的响应性……162
四、价格清单与承包人建议书的一致性……163
第五节　工程总承包模式下工程价款调整……165
一、工程变更……165
二、合同价格调整……169
第六节　工程总承包项目政府审计……173
一、工程总承包项目审计的特点……173
二、工程总承包模式下造价审计的主要内容……177
三、现阶段工程总承包项目审计面临的挑战……178
四、工程总承包项目审计监督路径……179
本章小结……182

第五章　装配式混凝土建筑造价疑难问题与典型案例……185

第一节　装配式混凝土建筑造价管理阐述……186
一、研究装配式混凝土建筑造价管理的意义……186
二、从装配式混凝土建筑的施工过程分析对工程造价的影响……186
三、装配式混凝土建筑的计价内容……189
四、不同装配率下人、材、机在工程造价中的变化……191
第二节　装配式混凝土建筑对计价依据的影响机理与造价管理面临的问题……192
一、装配式混凝土建筑对计价依据的影响机理……192
二、装配式混凝土建筑造价管理面临的问题……193
第三节　装配式混凝土建筑造价管理实务……195
一、装配式混凝土建筑发承包阶段造价管理……195
二、装配式混凝土建筑实施及结算阶段造价管理……199
本章小结……205

第六章　工程造价争议化解与风险防范实务……207
第一节　新时期工程造价争议成因……208
一、行业标准不能满足工程造价精细化管理的需要……208
二、合同条款不完备、风险分担不合理……210
三、最高投标限价被人为压低……211
四、施工方案、进度计划审批及工程签证等不规范……211
第二节　工程造价鉴定中计价争议处理的三个原则……215
一、有效合同从约计价原则……215
二、合同履约过程计价原则……216
三、社会平均水平计价原则……217
第三节　投资风险与造价争议的十个典型问题……219
一、设计文件中仅描述功能或做法导致投资风险与造价争议……219
二、发包人延误工期导致计价争议……220
三、对标准规范不同理解引起的造价争议……222
四、施工规范质量标准允许有负偏差引起的造价争议……223
五、对有关政策文件理解不同引起计价争议……224
六、现场环境变化引起施工方法改变导致的造价争议……226
七、材料价格签批时不明确产生计价争议……228
八、违约解除固定价格合同引起的造价争议……229
九、合同文件改变招标文件中实质性计价依据导致计价争议……231
十、不按照合同约定进行工程造价审计导致计价争议……233
第四节　十种常见的“不一致”现象引发的造价争议及策略……234
一、计税方法与工程造价计算不一致……234
二、招标文件与招标工程量清单不一致……235
三、设计图纸与招标工程量清单不一致……236
四、合同文件与招标控制价不一致……238
五、中标人的投标文件与招标文件不一致……239
六、合同约定与投标文件不一致……241
七、发包人要求与国家标准规范不一致……242
八、投标时施工方案与实际施工方案不一致……243
九、现场做法与设计图纸不一致……244
十、结算时信息价格与实施时签认价格不一致……245
本章小结……246
参考文献……247

典型案例索引

第一章　新时期工程造价管理核心问题分析……1

案例 1-1：定额消耗量不能满足按照《规范》施工的需要……4
案例 1-2：招标文件一字之差引起的中标困境……9
案例 1-3：造价跟踪审价单位复核招标工程量清单和招标控制价……11
案例 1-4：超大型机场全过程一体化组织形式和投资集成管理……12
案例 1-5：人工、材料、机械价款调整应基于工程进度……18
案例 1-6：固定总价合同下发包人原因工期延长能否调整合同价款……20

第二章　清单计价模式下工程造价疑难问题与典型案例……25

案例 2-1：甲供钢材因发承包双方套取定额子目不同引起的造价争议……29
案例 2-2：综合单价分析表中人工、材料、机械消耗量引起的造价争议……29
案例 2-3：建设单位设计变更是否必然引起综合单价的调整……34
案例 2-4：未详细描述项目特征产生造价争议……36
案例 2-5：招标控制价组价明细不完整导致报价考虑不全……36
案例 2-6：设计文件未明确具体做法导致项目特征描述不唯一……37
案例 2-7：发包人措施项目列项不全导致的计价争议……47
案例 2-8：发包人以措施费用应包干使用为由拒绝调整价款产生计价争议……48
案例 2-9：政策性变化导致措施项目费变化从而引起的计价争议……50
案例 2-10：采用改进的报价浮动率计算工程变更价款……64
案例 2-11：分部分项工程变更估价……67
案例 2-12：既有建筑维修改造项目工程变更……68
案例 2-13：建设单位提出设计变更导致审计风险……70
案例 2-14：投标人对招标工程量清单与计价表中列明的项目未报价……72
案例 2-15：承包人预计设计方案变更时采用不平衡报价……74
案例 2-16：工程量变化较大时反不平衡报价案例……75
案例 2-17：评标委员会评标失误引起的计价争议……79
案例 2-18：合同约定的基准日期与《建设工程工程量清单计价规范》规定不一致……83

案例 2-19：合同约定承包人承担因政府规章和有关政策变化而产生的费用……83
案例 2-20：进度管理不到位导致的工程价款调整争议……84
案例 2-21：发承包阶段如何使用调值公式……88
案例 2-22：因设计文件不确定进行暂列金额计价……98
案例 2-23：因总包管理费与总承包服务费混淆计价……101

第三章　增值税下工程造价疑难问题与典型案例……103

案例 3-1：安装工程应纳税额产生“倒挂”现象……106
案例 3-2：具有一般纳税人资格的劳务分包方计取模板脚手架费用时能否适用简易计税方法……107
案例 3-3：含税材料单价除税……110
案例 3-4：同一建设项目建设单位是否可以采用不同的计税方法……113
案例 3-5：某土方开挖工程不同计税方法下工程造价计算……113
案例 3-6：采用“价税统一”原则化解造价争议……116
案例 3-7：因暂列金额等数额较大引起的不同计税方法下造价差异较大……117
案例 3-8：“混合销售”合作方的选择……122
案例 3-9：增值税税率变化引起的固定总价合同计价争议……124
案例 3-10：增值税税率变化导致的承包人税负及利润测算分析……126

第四章　工程总承包模式下造价疑难问题与典型案例……139

案例 4-1：工程总承包项目投标时未充分评估风险……148
案例 4-2：工程总承包项目必须摒弃“低价中标、高价结算”的策略……163
案例 4-3：固定总价合同下工程总承包项目工程变更……167
案例 4-4：EPC 项目中投标人现场考察不到位引起的变更争议……168
案例 4-5：总承包人满足预期目的前提下删除或增加部分工作价款是否变化……170
案例 4-6：工程总承包项目“按实审计”引发计价争议……176
案例 4-7：初设方案与深化后的施工图设计之间有差异……176

第五章　装配式混凝土建筑造价疑难问题与典型案例……185

案例 5-1：装配式混凝土建筑材料价格调整约定不明引起计价争议……197
案例 5-2：预制装配式混凝土构件检验试验费计价争议……198
案例 5-3：采用模拟工程量清单招标的装配式混凝土建筑造价争议……200
案例 5-4：监理人要求承包人改变预制构件堆放场地引起的造价争议……201
案例 5-5：装配式构件灌浆料实际用量小于设计用量引起的计价争议……204

第六章　工程造价争议化解与风险防范实务……207
案例 6-1：桩长计算长度引起计价争议……208
案例 6-2：监理签注意见不明确引起的计价争议……212
案例 6-3：补充协议约定的价格高于定额计价标准结算时产生计价争议……215
案例 6-4：合同约定不明但已履行产生计价争议……216
案例 6-5：合同约定内容存在冲突时产生计价争议……217
案例 6-6：合同对计价依据约定不明尚未履行产生的计价争议……218
案例 6-7：发包人延误工期导致计价争议……221
案例 6-8：设计文件与技术规程不一致引起的计价争议……222
案例 6-9：施工《规范》质量标准允许有负偏差引起的造价争议……223
案例 6-10：新政策文件对既有项目的适用性导致的计价争议……224
案例 6-11：发布人工单价调整文件导致的计价争议……225
案例 6-12：现场环境变化引起堆放弃土场地改变产生的造价争议……226
案例 6-13：材料价格签批时未明确是否为含税价格产生计价争议……228
案例 6-14：固定总价合同中止后按比例计算已完工程造价产生计价争议……230
案例 6-15：发包人不能违约解除合同获利……231
案例 6-16：合同文件改变招标文件中实质性计价依据……232
案例 6-17：材料采购合同改变招标文件中的质量标准……232
案例 6-18：政府审计对已标价工程量清单中的综合单价进行扣减……234
案例 6-19：投标时工程造价计税方法与合同约定税率不一致……234
案例 6-20：招标文件要求与招标工程量清单列项不一致……235
案例 6-21：招标文件要求与项目特征描述不一致……236
案例 6-22：总价合同下的设计图纸与招标工程量清单不一致……236
案例 6-23：招标控制价编制综合单价时与合同约定风险范围不一致……238
案例 6-24：中标人的投标文件与招标文件不一致……240
案例 6-25：签订合同前细化改进投标施工组织设计引起的计价争议……241
案例 6-26：发包人擅自发出停工令导致的窝工费计价争议……242
案例 6-27：因地勘报告导致的投标施工方案与实施施工方案不一致……243
案例 6-28：承包人优化施工方案产生的计价争议……244
案例 6-29：现场做法与设计图纸不一致引起计价争议……245

第一章

新时期工程造价管理核心问题分析

我国建筑业正处于转型升级和快速变革的关键时期，投资方式、发承包模式、政府监管和审计政策正发生深刻变化，财税政策等各项新政层出不穷，建设工程工程量清单计价规范不断修订完善，工程总承包模式和装配式建筑大力推进，PPP 模式建设项目日益规范。工程造价作为全过程项目管理的最长链条，是全过程工程咨询的核心。造价管理是建筑市场经济活动的重要基础性工作，我国工程计价仍处于从计划经济向市场经济转型的过程中，对各方市场主体而言，工程造价管理实践在新的历史时期面临诸多疑难问题。工程价格一直是建筑市场博弈的中心，近年来各类工程合同纠纷和工程价款结算风险越来越引起各市场主体的高度重视，建筑业企业利润率逐年下降，如何进行精细化造价管理已备受关注，把握工程造价管理的核心问题很有必要。

第一节　工程造价的属性和工程量清单计价的本质

一、工程造价的双重属性

工程造价的确定是发承包双方根据发包人提供的基础资料（发包人要求、设计图纸等），结合有关规范、消耗量定额、类似工程指标和施工方案等计价依据就具体工程价款进行计算，具有明显的专业性，是个技术问题；同时，是发承包双方根据合同约定的条件，是双方当事人经过利害权衡、竞价磋商等博弈方式所达成的特定的交易价格，具有明显的契约性，是个合同问题。

建设工程计价活动的结果既是工程建设投资的价值表现，同时又是工程建设交易活动的价值表现。价值属性是工程造价确定的基础，交易属性是市场经济条件下工程造价的体现，是工程造价的本质属性，合同是市场经济交易的纽带，合同管理是造价管理的核心。在整个建设期内，构成工程造价的任何因素发生变化都必然会影响工程造价的变动，不能一次确定可靠的价格，要到竣工结算后才能最终确定工程造价，因此需对建设程序的各个阶段进行计价，以保证工程造价确定和控制的科学性。纵观建设项目程序，无论是工程总承包模式还是施工总承包模式下，发承包阶段均是项目合同形成的关键环节，虽然项目实施过程中可以补充协议的形式对原有合同作出补充和变更，但是其不能更改中标建设工程施工合同约定的工程范围、建设工期、工程质量、工程价款等实质性内容。

二、工程量清单计价的本质

在施工总承包模式下，招标工程量清单的准确性和完整性由发包人承担，承包人承担合同约定范围内的综合单价的报价风险，体现了“量价分离、风险分担”的原则，但是仅仅从该角度认识清单计价的本质是远远不够的。综合单价的形成是基于工程消耗量定额中人、材、机的相应消耗量与之相对应的造价信息价格或市场资源价格相乘得到人工费、材料费和施工机具使用费单价；采用工程量清单计价方式以后，承包人不仅可以竞争各种资源的市场价格、管理费和利润率，更可以通过优化施工方案、提高管理水平降低合理的消耗量，体现工程量清单计价“技术与经济相结合”的原则。从目前市场主体编制综合单价的过程来看，往往还是停留在各种资源的市场价格、管理费和利润的竞争上，投标报价时罕见从消耗量方面进行竞争的案例，这充分说明了我国的工程量清单计价制度经过了逾 15 年的发展虽然已经受到市场主体的普遍认可，但是离真正意义上的工程量清单计价的本质属性还有相当的差距。

在工程总承包模式下，招标工程量清单的准确性和完整性不再由发包人承担，发包人提供的招标工程量清单不再是工程计价的决定性文件，仅仅对投标人报价起参考作用，将不再体现“量价分离”的原则。其中，初步设计后进行发包所提供的招标工程量清单的数量和列项仅供投标人参考，计价的决定性文件是发包人要求和其提供的初步设计文件；可行性研究及方案设计后进行发包所提供的招标工程量清单以建筑面积等作为计量规则，计价的基础是所有工程内容，具体的建设标准、发包人要求等，此时的招标工程量清单仅仅成为双方计价的一种表现形式而已。同时，由于在工程总承包模式下，大量的项目实施过程中的风险转移给了总承包人，发包人往往仅承担少量的总承包人无法管控的风险，“风险分担”原则的体现也在弱化；但是采用工程总承包模式后竞争的不仅仅是承包人项目实施中的消耗量，还包括设计文件的优化、设备以及材料的优选等，充分体现了“技术与经济相结合”的原则。

综上所述，工程量清单计价的本质在于鼓励承包人进行基于技术经济的竞争与优化，而不是简单地进行价格费率竞争，这对各方市场主体和造价管理人员提出了很高的复合型素质要求。

第二节　工程造价管理环境分析

一、新时期工程造价管理面临的环境

1. 传统定额计价影响深远

我国目前的造价管理过多受定额等反映社会平均水平的计价依据的限制，建设工程造价管理体制的计划色彩依旧明显 [1]，造价管理正处于向完善市场决定工程造价机制的转型过程中，工程价款的确定缺少对项目个性化特征的考虑，工期、质量、环境保护等诸多要素对造价的影响不予考虑或考虑并不充分，全要素造价管理在形成造价时没有市场各方认可的合理依据和方法，不同项目特殊要求下的造价也按照正常条件下的定额水平形成，造成价格扭曲、发承包双方利益明显失衡，严重影响了正常的市场秩序。

案例 1-1：定额消耗量不能满足按照《规范》施工的需要

某工程项目地下室底板采用卷材防水，由于地下室承台比较多，卷材附加层用量较大，严格按照有关《规范》施工，消耗量定额中的定额含量不能满足施工需要的正常消耗量。承包人要求调增防水卷材的消耗量，发包人主张本项目采用的是工程量清单计价方式，防水卷材的消耗量应在投标时自行考虑，不能予以增加。

笔者认为，虽然从逻辑上而言发包人的主张是成立的，但是由于招标控制价中的综合单价编制时也没有考虑该项目的特殊情况，从客观上造成了压低投标报价的不合理现状。对于此类情况，发包人还可以进一步核实承包人实际施工附加层的情况，进行现场取证测算其实际损耗率、留下影像资料等证据，如果承包人没有严格按照规范施工，则诉求是不能成立的。对发承包双方尤其是承包人而言，应熟知按照社会消耗量定额计算出的造价与实际成本的差异，构建企业定额

与社会平均消耗量定额之间的差异系数数据库，这样才能快速准确地进行投标报价，才能真正做好成本管控工作。

2. 外部环境发生深层次变化

（1）从建筑产业环境视角来看，面临装配式混凝土建筑等新型建造方式和工程总承包模式等管理模式的深刻变革，相关税收政策不断变化，“四新技术”层出不穷，而现有计价依据缺失（比如绿色建筑工程消耗量定额）或适用性不强（比如修缮和改造项目），定额计价缺失或与市场价格差异过大。

（2）从建筑市场环境的视角来看，市场主体契约意识增强和合同管理手段提高，但市场环境诚信度较差；建设单位项目招标、施工过程管理与竣工结算三方面管理行为不统一；招标代理机构往往仅注重程序合法，提供服务的科学性、专业化水平不高；造价咨询服务机构从事咨询服务的专业性、独立性、公正性有待于提高。

（3）从政府审计（评审）环境的视角来看，政府投资项目具有受国家计价政策、计价依据强约束的特点，政府审计约束趋紧，建设单位投资管理主体责任强化；各地审计局或者财政评审中心对相同问题的处理方式差异较大，“按实审计”的普遍做法往往过度干预合同约定。

3. 咨询服务需求呈多元化和高端化趋势

由于不同的项目类型，不同的投资来源、不同发包人的个性要求存在很大的差异，建筑产业化的推进，既有建筑环保、大修改造等对造价咨询服务提出了多元化需求；业主方对项目管理能力要求提升，催生由传统造价咨询服务向项目整体成本控制咨询服务转变[2]；PPP 模式、工程总承包模式的大力推进给高端造价咨询项目提供了新机遇；以造价管理为核心的项目管理体系正在形成，但对造价管理起核心控制作用的合同管理这一有效方式并未引起全面重视，对合同管理的服务水平还不足以满足市场的需要；咨询企业对政府定额和信息的依赖作用明显过大，未能充分体现全要素造价管理，单纯依靠政府发布的计价依据进行造价咨询已经不能很好地适应行业的发展需求，需要咨询人提高造价信息服务能力和高端专业服务供给水平。

4. 造价咨询服务同质化竞争普遍

目前造价咨询企业为了中标往往采用“拼价格、拼人脉”来获取业务，采用

“价低”而非“质优”的竞争方式，忽略了服务水平及工作质量，造成无序竞争、同质化竞争比较普遍；咨询服务费用是影响执业行为和执业质量的重要因素[3]，而高质量的服务需要合理的费用来保证，以竞价为导向的方式造成咨询服务收费普遍较低[4]，容易发生道德风险，使咨询服务质量难以得到保证，导致咨询服务地位下降、工作效益下滑的情况比较普遍。工程造价咨询企业只有依靠提高服务质量才能获得良好的社会信誉，但目前存在咨询企业内部质量控制薄弱、企业外部监管力度不足的现象，对造价咨询服务可行有效的质量评价体系和方法缺失，无法有效引导形成优质优价的市场竞争环境。同质化竞争普遍及服务质量评价体系缺失对执业质量的提升及规模效益的实现均不会产生实质性促进，这是在投资增长的行业背景下造价咨询企业实现了营业收入的持续增长，但是咨询服务质量并没有取得明显进步的重要原因。

二、全过程造价管理能力日益提高

1. 工程造价咨询业务范围扩展

目前的工程造价咨询服务主要局限于发承包阶段的招标工程量清单和招标控制价的编审以及竣工阶段的结算编审，并且往往由不同的造价咨询公司完成，项目未实现前后衔接，容易导致信息失真和不对称，不利于责任的一体化，造价咨询的增值服务功能难以很好地实现。实行全过程造价咨询不仅可以减少分阶段造价咨询的工作界面和协调难度，更加重视事前预控、重视合同管控，组织管理连贯性强，利于提高咨询服务质量和节约咨询费用[5]。同时，合同管理、造价信息服务、造价纠纷的鉴定等业务给咨询人提出了新的要求，《建设工程造价咨询规范》(GB/T 51095—2015)引导和顺应行业的发展变化，将全过程造价管理咨询、合同管理咨询、工程造价信息咨询服务、工程造价鉴定等内容纳入工程造价咨询业务范围。

2. 各方对造价信息管理日益重视

造价信息是一切有关工程造价的特征、状态及其变动信息的组合，是工程造价管理的基础，其时效性、准确性对造价结果具有决定性的影响。目前由政府单一提供的造价信息服务远不能满足市场主体对造价信息的需求，工程计价定额在发承包阶段对工程价格确定的影响明显过大，存在对市场过度干预问题（比如定

额人工单价与市场人工工资不够协调成为近年来建筑市场的顽疾），造价信息管理能力将成为我国造价管理改革的重要推动力。《建设工程造价咨询规范》（GB/T 51095—2015）中第 3.5.2 和 3.5.4 条规定咨询人应对造价信息资料整理分析、建立并完善工程造价数据库。咨询成果文件的审定人应依据工程经济指标进行工程造价的合理性分析，而能够达到精度要求的工程经济指标需要咨询人的长期科学积累。需要注意的是，工程造价信息种类繁多，同一种材料即使在同一地区，供求状况、支付方式、采购数量价格都不同。

造价信息管理应以为建设市场各方主体造价管理提供更加专业的信息服务、有效支持政府宏观决策为目的，工程造价指标是造价信息的重要体现形式。形成工程造价指标的实质是对工程造价资料的收集、整理和分析，必须满足准确可靠、数据化表达和定性描述清晰的要求，能够依据已有类似项目和基于编制期对建设期工程造价进行调整，指标体系应包括适应性指标、工程量指标、消耗量指标和造价指标等四类[6]。

适应性指标是指项目满足使用功能要求程度的指标，编制时需要从影响工程造价的主要因素出发和考虑，应侧重考虑建筑标准、设计方案（平面布置、空间组合、结构选型、材料选择等）和现场条件（地质、水文、环境等）；工程量指标是体现各种分部分项工程和构件工程量的指标，与设计图纸及其优化程度密切相关，也受设计规范影响较大，比如《混凝土结构设计规范》（GB 50010—2010）调整了混凝土的保护层厚度、钢筋的锚固长度和纵向受力钢筋的最小配筋率等内容，涉及钢筋用量的变化，相同构件所使用钢筋的规格型号、根数及间距与原设计均有所变化；消耗量指标体现了建筑业生产率的变化情况，定额消耗量的测算建立在施工现场的测定上，其编制应说明所采用定额的基期、当时市场的机械和人工生产率；造价指标反映各个分部分项工程影响造价的重要程度，造价指标编制时应注重项目特征描述、单方造价、人材机占比分析等内容，项目分析内容、特征和指标要统一。

三、逐步构建更为科学的造价咨询服务质量评价体系

委托人对咨询人的专业程度、服务质量要求越来越高，对咨询人的选择和评价是委托人与咨询人合作关系运行的基础，配套的激励 - 约束机制是咨询人正

常服务的保证，这就客观要求加速对咨询人的市场化评价与管理，以弥补行政管理的空缺。项目利益相关者对项目是否满意应该作为判定项目成功的标准[7]。所以，对咨询人咨询服务的质量评价主体不应仅仅局限在委托人，而应充分选择受造价咨询业务影响的利益相关者，构建多元化的质量评价主体。同时，提供咨询服务专职人员的技术水平直接决定着服务的质量，传统的基于企业业绩对造价咨询人进行选择，并不能保证符合资质要求机构的执业人员一定具备从事相应造价咨询业务的专业技术水平，进而也不能保证提供咨询服务的质量，应建立与项目咨询服务质量有关的个人绩效考核评价机制，强化个人执业水平在咨询服务中的作用，实现对咨询服务质量的及时、科学评价，将项目的评价结果与取费挂钩，体现优质优价，形成咨询服务的良性循环。

改革传统的行政信用评价制度，以真实、可靠、动态的市场信息为依据，创新建立市场化信用评价体系，完善评价内容，与市场竞争能力评价相结合，与从业人员执业水平、信用评价相结合，尽可能取消和减少单纯的主观评价指标和标准，采用客观具体的、可量化可操作性的评价指标和标准，有条件时引入第三方公正评价。由于委托人和咨询人双方信息不对称，委托人易产生信任两难困境，要解决委托人信任两难问题，需要有效披露咨询人值得信任的信息，建立行业评价信息平台，动态披露咨询服务质量信息，有助于为诚信优质的咨询人提供正向溢出效应[8]，为建立以咨询服务质量为导向的选择机制打下基础，也为行政监管提供依据，从而通过社会监督和市场选择促使咨询人提供科学优质服务。动态披露咨询服务质量信息，促进行业整体诚信体系建设和咨询服务质量的提升，引导大而强的优势咨询企业的形成。目前各地政府出台的对造价咨询企业的考核评价往往是局限在履约诚信层面上，部分地区开始体现对咨询服务质量专业化水平的质量评价。

第三节　工程结算策划

一、对竣工结算的再认识

工程结算是指发承包双方根据合同约定，对合同工程在实施中、终止时、已完工后进行的合同价款计算、调整和确认，包括期中结算、终止结算、竣工结算[9]。工程结算应贯穿于项目从发包直至竣工的各个环节，市场各方主体要做好造价管理工作，必须从发承包阶段开始为竣工结算做好策划，不应把竣工结算视为项目的终点工作。

工程价款是发承包双方权利义务在价格上的表达，涉及招标控制价、投标价、预付款、进度款、合同价款调整等内容，工程价款管理应贯穿于工程发包至竣工的各个环节。目前多数项目的最高投标限价、施工过程造价控制、结算审价由不同的咨询机构承担，人为分裂了其需进行全过程控制的特性。

案例 1-2：招标文件一字之差引起的中标困境

某工程项目招标文件中约定，因物价的异常变动导致合同总价变化时，人工、石材幕墙钢龙骨的结算价格按以下方法调整。

（1）计日工综合单价（不予调整）。

（2）人工、石材幕墙钢龙骨（特指幕墙用型钢及钢板）单价调法：

1）$\Delta_2 = (B_2 - B_1)/B_1 \times 100\%$；其中 B_1 ＝投标人投标文件中的相应价格。

B_2 ＝本工程实际施工合同工期内《××造价》的各月价格的加权平均值

2）如 $|\Delta_2| \leqslant 10\%$ 时，所有人工及材料结算价格不作调整。

3）$\Delta_2 > 10\%$ 时，人工、石材幕墙钢龙骨（特指幕墙用型钢及钢板）结算单价按超出 10% 的比例调增，即人工、石材幕墙钢龙骨（特指幕墙用型钢及钢板）结算单价＝承包人的投标单价 $\times[1 + (B_2 - B_1 \times 1.10)/B_1]$。

4）当 $\Delta_2 < -10\%$ 时，人工、石材幕墙钢龙骨（特指幕墙用型钢及钢板）结算单价按超出 10% 的比例调减，即人工、石材幕墙钢龙骨（特指幕墙用型钢及钢板）结算单价＝承包人的投标单价 $\times[1 - (B_1 \times 0.9 - B_2)/B_1]$。

该项目评标结束后，在确定中标人的过程中，发包人发现排名第一的中标候选人目前的总价最低，但将来结算价格会是最高的。原因在于该工程采用工程量清单计价，招标文件中规定 B_1 是投标人“投标文件”中的相应价格，而不是信息价格或者招标文件中的价格，该投标人把不能调的石材价报得比市场价高很多，把能调的热镀锌钢材（信息价是 5100 元，只报 3600 元）报价很低。发包人发现这“投”与“招”一字之差属于招标文件的一个重大错误，但是会对最终结算产生实质性影响。

问题：发包人的可能做法及后果分析。

分析：第一，发包人在发出中标通知书以前与该投标人进行合同签订细节谈判，要求修改招标文件中的此处错误，如果该投标人同意该要求，则双方在签订合同时将投标人投标文件中的相应价格改为信息价格或者招标文件中的价格。该做法并未直接修改工程价款，不属于最高人民法院关于审理建设工程施工合同纠纷案件适用法律问题的解释（二）（下文简称“施工合同司法解释二”）第十条规定的“当事人签订的建设工程施工合同与招标文件、投标文件、中标通知书载明的工程范围、建设工期、工程质量、工程价款不一致，一方当事人请求将招标文件、投标文件、中标通知书作为结算工程价款的依据的，人民法院应予支持”的情形。同时，只要双方当事人协商一致，意思表示真实，不违背国家法律、行政法规的强制性规定，对合同予以细化、修改和完善，法律上是有效的。

第二，如果该投标人不同意发包人修改招标文件中该错误的要求，发包人可以终止此次招标活动（无论是否已经发出中标通知书）。发包人发出招标文件后由于自身原因擅自终止招标的，发包人可能承担的责任有：1）根据《招标投标法》第 59 条规定：责令改正，可以处中标金额千分之五以上千分之十以下的罚款；2）根据《合同法》第 32 条规定：自双方当事人签字或者盖章时合同成立。此时合同尚未成立，承担的民事责任应属缔约过失责任，具体体现为：招标人应当退还投标保证金及投标人的其他实际损失；承担招标人重新招标所遭受的实际损失的责任；如果双方有约定，按照约定依法处理。

从以上案例可以看出，招标代理业务对建设项目的影响绝不仅仅是发承包阶段，而是贯穿于项目实施的全过程，招标代理咨询服务机构所提供咨询服务的专业化水平对提高招标人的合同管理水平，有效避免中标人与招标人之间的不必要纠纷、减少或规范施工过程中的索赔和工程签证具有提纲挈领的作用，对项目实施全过程具有全局性的影响，所以，对于工程招标代理咨询服务的生命周期应着眼于项目实施的全过程，对其咨询服务质量的评价，应该体现从招投标阶段开始到项目竣工结算完成为止的时间范畴。目前工程招标代理单位提供咨询服务时往往流于表面化的程序性操作，没有很深入地结合项目具体特点和委托方的要求提供有针对性、严谨性和科学性的服务方案，缺乏服务的专业性和科学性。现阶段在我国建设领域普遍存在招标代理咨询服务与造价跟踪审价咨询服务（或者结算咨询服务）相分离的现象，咨询服务的“碎片化”必将导致咨询服务空白和责任主体不单一。

笔者建议，针对造价有关的咨询服务“碎片化”现象，可以采用如下对策。

（1）造价跟踪审价咨询服务的范围往前延伸，使其包括招标文件中与工程计价有关内容的审核工作，以充分发挥造价咨询单位的专业优势，见案例 1-3。

案例 1-3：造价跟踪审价单位复核招标工程量清单和招标控制价

政府投资新建的市政道路总长为 2600m，路幅宽为 50m，面积 130000m^2，招标文件由某招标代理公司编制，招标工程量清单由某设计院编制，招标控制价为 9747 万元，某工程造价咨询公司对工程量清单进行了审核并实施全过程跟踪审价。工程造价咨询公司在对招标控制价审核时，发现工程量清单与招标文件内容、范围不一致，主要体现在以下两个方面：第一，根据现场情况考察测量路基上有 1m 杂填土不能作为路基使用，必须清除外运，重新外购土方回填。工程量清单只对外购回填土作了说明，而招标文件中明确了所有土方施工都包含在工程量清单招标控制价中；第二，该市政道路有一段要通过水库，处理该段地基的招标工程费清单和招标控制价中没有列出和计算围堰、清淤、抽水机台班等措施费用，而招标文件要求工程量清单招标控制价中包含上述费用。

跟踪审价咨询公司经过计算得出如下调整内容：第一，根据勘察资料在清除路基表层杂填土 130000m^3 后，增加外运距离 8km，由此增加造价 465.3 万元；增加回填土方 13000m^3，由此增加造价 546.8 万元；第二，增加水库地基处理费用 342.6 万元；第三，对工程量清单的其他费用进行修改，增加弃土堆放费、淤泥清除费共计 96.5 万元，调减原清单中的暂列金额 400 万元。以上共计增加 1451.2 万元，调减 400 万元，招标控制价调整到 10798.2 万元。

笔者认为，出现上述招标文件与招标工程量清单中部分内容不一致现象的原因在于设计院编制的工程量清单和招标控制价仅计算设计文件内容，没有考察现场实际情况，所编制的招标工程量清单和招标控制价没有真实反映完成工程必须发生的全部费用。而一旦招标工程量清单漏项，则应由发包人承担相应的责任，可能造成实际结算价款超出招标控制价甚至设计概算，使发包人的投资控制陷于被动。

（2）采用从发承包阶段到竣工结算为止的相对的全过程一体化工程咨询模式，由一家单位总体承担从招标文件编制到竣工结算为止的全部造价管理工作，突出责任主体的单一化，见案例 1-4。但是需要选择高专业水平和良好职业操守的咨询公司，并对其建立科学合理的质量控制体系和业绩评价体系。

案例 1-4：超大型机场全过程一体化组织形式和投资集成管理

机场建设项目一般采用指挥部形式，作为临时组织机构，其人员编制有限且其大型项目投资管控能力薄弱，自始至终均需要具有法律、投资控制能力的高水平专业人员为项目建设的资金筹集、采购、合同管理、价款条款设置及支付等提供一系列保证项目合法合规并顺利进行的咨询服务。但是国内市场环境的信任度不高，发承包双方之间的信息不对称仍严重存在，传统的咨询服务方式难以解决信息不对称下的激励相容问题。超大型机场建设项目管理具有高度的协同性和动态变化性，引入项目群管理的理念和方法，运用集中式协调管理的方法论和工具与技术。优势主要表现在三个方面：

1）咨询服务方与建设方组成项目投资控制团队；

2）咨询服务方与建设方内部审计部门的协同工作机制；

3）咨询服务方作为投资控制的总集成者角色，对其他所有造价咨询服务机构的服务过程、管理内容的监督管理。

全过程工程造价集成管理的主要内容：

1）投资控制的预测和分析；

2）各造价咨询公司协同管理和成果监督；

3）监督检查招投标工作，审查招标代理机构编制的招标工程量清单和招标控制价；

4）对合同文件及合同签订进行审核；

5）编制资金使用计划，工程款支付审核；

6）工程物资管理，预、结算工作监督审核等。

二、过程结算的本质要求

《建设工程工程量清单计价规范》（GB 50500—2013）竣工结算的依据中不再保留竣工图纸，而是强调将历次计量的结果直接进入结算、将发承包人已签字确认的工程进度结算价款作为办理工程竣工结算的依据，直接进入工程竣工结算。人力资源和社会保障部在解决企业工资拖欠问题部际联席会议发布的《2018年度保障农民工工资支付工作考核细则》中，在整顿规范建筑市场秩序部分加入“全面推行施工过程结算”考核指标。

施工过程结算是指发承包双方在工程项目实施过程中，依据依法签订的施工合同约定的结算周期内完成的工程内容（包括现场签证、工程变更、索赔等）实施工程价款计算、调整、确认及支付等的活动。施工过程结算资料包括施工合同、补充协议、招标文件、投标文件、中标通知书、施工图纸、施工方案以及经确认的工程变更、现场签证、工程索赔、材料和设备价格确认单等。

过程结算要求发承包双方授权的现场代表签字的签证以及发承包双方协商确定的索赔等费用，应在过程结算中如实办理，不得因发承包双方现场代表的中途变更而改变其有效性。经发承包双方签字确认的施工过程结算文件，应当作为竣工结算文件的组成部分，未经对方同意，另一方不得就已生效的结算文件进行重复审核。施工过程结算体现的本质是实质性问题一旦签认，双方不能再反悔，除了计算类错误，（一般）不再调整。过程结算是实现工程造价动态控制，有效解决“结算难”、缩短竣工结算时间的有效措施，不但是结算方式的改进，更是平衡发承包双方利益和规范工程交易市场的有效措施。

笔者建议，随着市场主体契约意识的增强和合同手段的提高，发承包双方务必重视过程结算方式，发包人应彻底改变靠竣工结算控制造价的做法，摒弃依赖政府审计（评审）和委托第三方竣工时审价控制投资的思想。

第四节　基于全要素的工程价款管理

造价是一定时期内各种要素物化后的反映，是各方主体利益的直接体现。工程造价除了本身的建造成本以外，还不可避免地受到工期、质量、安全与环保等诸多要素的影响。由于质量、安全与环保等因素对工程价款的影响比较复杂，不同案例之间的差异较大，很难通过归一化的思路进行处理，而进度对工程价款的影响较为明确，本书主要基于进度这一要素对工程价款的影响进行分析。

虽然《建设工程质量管理条例》中明确规定不得压缩合理工期，《政府投资条例》中明确规定按国家有关规定合理确定并严格执行建设工期。但由于目前建设工程市场是买方市场，发包方以投资效益为由任意压缩工期、把“合同工期”等同于“合理工期”现象比较突出[10]；拖延工期、延迟支付工程进度款、逾期支付工程结算款的现象屡见不鲜。工程量清单计价已成为我国造价管理的主流模式，《建设工程工程量清单计价规范》（GB 50500—2013）（以下简称“清单计价规范”）中发承包双方应当按照合同约定调整合同价款的 14 项事项中有法律法规变化、物价变化、提前竣工、误期赔偿 4 项与进度（支付时点、进度、工期等时间性因素统称为进度）直接相关，这些事项的影响往往是全局性的；工程变更、不可抗力、索赔、现场签证等 4 项事项也与进度间接相关，比如工程变更价款的确定原则中有关“已有适用或者没有适用但有类似”的判定离不开外部市场环境的变化，而不仅仅是工程项目特征本身，外部市场环境的变化显然是时间的函数。

目前，造价管理中资金时间价值对工程价款的影响没有科学体现，进度对造价的影响没有合理考虑，严重影响了承包人的合理利益，导致发承包双方的造价纠纷；受政府投资项目管理体制和发包人项目管理水平不足的影响，很多项目中不同程度地存在超进度支付问题、发包人提前进度超供材等现象，也损害了发包人的利益。成本管理和进度管理的整合是国际工程项目管理的趋势[11]，施工企业的微薄利润也倒逼其进行精细化的造价管理，进度已成为造价管理必须予以考虑的重要因素引起了各方的高度关注，但目前有关进度对工程价款的影响机理尚缺乏深入的研究。同时，PPP 模式等新型项目融资方式都要求充分考虑进度才能科学确定工程造价。

一、进度对工程价款的影响机理分析

多项工程价款与进度有关，从工程价款支付比例与时点（涉及预付款、进度款、结算款、质量保证金）、实际进度（涉及法律法规与物价变化引起的工程价款调整）、工期（涉及赶工补偿与误期赔偿）等三个方面深入分析进度对工程价款的影响机理。

1. 支付时点对工程价款的影响机理

工程价款按照进度支付的特性要求重视时间对造价的影响能力，为保证工程款的支付时间及比例对最终造价影响的现实性和可靠性，本书严格按照有关规范、文件等建立工程价款现值计算模型，由静态造价转变为动态造价，定量分析支付的周期、时间及比例对造价的影响。现将模型中工程价款发生的时点及依据作如下说明：

（1）预付款简化为在开工时支付，依据清单计价规范和工程实际。

（2）进度款在计量后的第二个月末支付，依据清单计价规范第 10.3.9 ～ 10.3.11 条。

（3）结算款在工程完工后的第三个月末支付，依据清单计价规范第 11.3.2 ～ 11.3.5 条。

（4）质量保证金按竣工结算价款的 3% 扣留；缺陷责任期按 6 个月、12 个月、24 个月来考虑，依据《建设工程质量保证金管理暂行办法》（建质 [2017] 138 号），缺陷责任期一般为 1 年，最长不超过 2 年。

通过计算如下案例定量说明资金时间价值对工程价款的影响。某土建工程总价为 9600 万元（没有暂列金额），承包人包工包料，建筑面积 4 万 m^2，12 层（工程类别 Ⅰ 类，利润率 7.4%），工期为 12 个月，1 年期贷款利率为 6%（参考银行同期基准贷款利率），按月计算利息，计算合同价格实际支付后在开工时点的现值。

情况一：每月均衡发生，工程按月计量，进度款按月支付，预付款在前 6 个月与进度款支付时平均扣回，最后 1 个月的进度款与结算款不合并支付。

模型 1：预付款支付比例 10%，进度款支付比例 60%，缺陷责任期为 24 个月。

$$\begin{aligned}P_1=&960+320(P/A,0.5\%,6)\ (P/F,0.5\%,1)+480(P/A,0.5\%,6)\ (P/F,0.5,7)\\&+3360(P/F,0.5\%,15)\ +480(P/F,6\%,3)\\=&9045.32\text{万元}\end{aligned}$$

模型 2：预付款支付比例 30%，进度款支付比例 90%，缺陷责任期为 6

个月。

$$P_2=2880+240(P/A,0.5\%,6)\ (P/F,0.5\%,1)+720(P/A,0.5\%,6)\ (P/F,0.5,7)$$
$$+480(P/F,0.5\%,15)+480(P/F,0.5\%,18)$$
$$=9237.34\text{万元}$$

情况二：按照形象进度支付，基础工程 3000 万元，工期为 5 个月；主体结构前一半 3200 万元，工期为 3 个月；主体结构后一半 3400 万元，工期为 4 个月；预付款在前两个节点均匀扣回；最后一个阶段的进度价款，不与结算款合并计算。分别按照上述模型 1、模型 2 的假定计算。

$$P_1'=960+1320(P/F,0.5\%,6)+1440(P/F,0.5,9)$$
$$+2040(P/F,0.5\%,13)+3360(P/F,0.5\%,15)+480\ (P/F,6\%,3)$$
$$=9050.68\text{万元}$$

$$P_2'=2880+1260(P/F,0.5\%,6)\ +1440(P/F,0.5,9)$$
$$+3060(P/F,0.5\%,13)\ +480(P/F,0.5\%,15)+480\ (P/F,0.5\%,18)$$
$$=9231.61\text{万元}$$

对比上述两种情况下的模型 1、2 计算结果可以发现:进度款的支付比例越高、缺陷责任期越短越有利于承包人，两种不同支付比例下的现值相差 192.02 万元，达到定额水平下利润 661.5 万元的 29%，足以引起发承包双方的高度重视；分别对比模型 1、2 在两种支付周期下的计算结果综合分析可以发现：一般情况下支付周期越短越有利于承包人，但还受预付款的支付比例及扣回方式的影响。

垫资施工时如果将贷款利率和融资成本按照每年 12% 计算，其余条件不变，上述两种情况下的 $P_1=8598.24$ 万元，$P_2=8897.54$ 万元，$P_1'=8608.92$ 万元，$P_2'=8887.38$ 万元。对比利率 6% 的计算结果，可以发现利率越大，资金的时间价值对工程价款的影响越大。按照资金时间价值计算的原理，还可以发现建设周期越长、实际支付时间越晚，时间价值对造价的影响越大。

2. 实际进度对工程价款的影响机理

建设要素市场价格在施工期内波动是一种常态，对于超出风险范围的部分应按照合同约定进行调整，风险范围的判定离不开基期和现行的信息价格，价格指数完全取决于不同时期的外部市场条件。因承包人原因造成对原约定竣工日期后继续施工的工程，在使用调值公式时应采用不利于承包人的价格指数[9]，但对于施工过程中项目实际进度对造价的影响没有充分的考虑。法律法规变化、物价变化引起的工程价款调整无论是采用价格指数还是造价信息来调整价格差额的方法均需要结合施工期的实际进度。

作为承包人三大获利来源的调值公式的运用与进度管理高度相关，调值公式中的 P_0 应理解为基期价格水平下的进度款，如果调整进度计划，改变不同调整周期下的 P_0 值，则调整后的 P 值会有所差别，这就要求价款调整时不仅要结合实际进度，还要将确定实际进度与合同进度是否相符作为一个极其重要的问题来关注。案例中仅对人工费、钢材、商品混凝土三种因素进行价格调整，基期价格指数分别为：158、117、126；权重系数分别为：0.17、0.30、0.37，实际进度与价格指数见表 1-1。

实际进度与价格指数表　　　　**表 1-1**

季　　度		1	2	3	4
情况 1：当季已完成工程量（万元）		2000	2600	2600	2400
情况 2：当季已完成工程量（万元）		1800	3000	2800	2200
当月适用的价格指数	人工费	162	175	181	189
	钢材	122	130	137	135
	商品混凝土	129	135	136	131

按照情况 1 计算得出每个季度需要调整的差额为 51.87 万元、202.94 万元、274.04 万元、226.08 万元，合计 754.93 万元；按照情况 2 计算得出每个季度需要调整的差额为 46.67 万元、234.15 万元、295.12 万元、207.24 万元，合计 783.18 万元；可以发现物价变化引起的价格调整对工程价款的影响应引起足够的重视。还可以发现情况 1 与情况 2 相差 28.25 万元，如果两者的进度差别越大，相应的差额也就越大，即在总价不变的情况下，实际进度不同，价款调整额度会有所不同，应予以充分的考虑。调值公式的运用与价格指数也有关系，施工期内价格指数变化越大，影响越大。同时，最终的调值结果还与权重系数有关，需要分析造价构成要素的比例。

在重视实际进度对造价影响的同时，从发承包双方的角度来看工程价款是否调整，还应分析实际进度的科学性、合理性，见案例 1-5。

案例 1-5：人工、材料、机械价款调整应基于工程进度

某年 10 月 1 日某地造价管理部门公布调整人工工日单价，问：是不是 10 月 1 日以后实际完成的工程量的人工费的计算均按新的人工单价调整？

笔者认为，应具体分析承包人是否有进度拖后现象，如果有进度拖后现象，非发包方承担责任的进度拖后部分不应调整。

3. 工期对工程价款的影响机理

工期是影响建设工程造价的关键性因素之一，赶工补偿、误期赔偿是引起工程价款调整的重要内容[11]。造价构成中有些费用会随着工期的缩短而增加，有些费用会随着工期的缩短而减少，识别与工期紧密相关的影响工程价款的造价构成要素并对其进行深入量化分析，科学分析开工延迟、付款迟延、设计变更等可能引起工期延误的因素或事项是否客观造成了停工、工期延长等后果，对于确定工期对价款的影响程度至关重要。无论是不同施工方案引起的造价变化、夜间施工造成的工效降低、安全事故增加的成本，还是工期延误（顺延）的因果关系及损失问题的界定都是比较复杂的专业问题，需要结合项目的具体特点和项目管理的实际进行个性化分析。实践中采用两种施工方案引起的造价变化的差额作为赶工费用，有一定的道理，但是没有系统分析工期提前对造价的影响问题，没有考虑效益增量和资金时间价值的影响，有失偏颇。以情况 2 的模型 1 为例定量分析工期对工程价款的影响，为解决类似问题提供参考和依据。假定工期提前奖励（误期赔偿）100 万元 / 月，基础结构、上部结构工程分别可压缩 1 个月，但需在相应的分部工程开始前增加技术措施费 80 万元。由于承包人原因开工推迟 1 个月的前提下，只加快基础施工、只加快结构施工、同时加快施工三种情况下的现值分别为 8970.68 万元、8973.04 万元、8985.83 万元，根据上述计算结果可以选择合理的赶工方案。在判定工期提前还是拖后时，还需要明确施工中可以索赔的工期，这就必须结合网络计划技术等精细化的项目管理技术进行。

二、作为工程价款管理依据的进度来源

进度的科学管理是造价精细化管理的基础，研究进度对工程价款的影响，必

须重视作为工程价款管理依据的进度来源。进度款的支付比例与支付时间、竣工结算款的支付时间、质量保证金的比例、缺陷责任期的长短、合同工期的期限、延误工期的分担等均通过合同文件约定。施工组织设计（可分为投标性施工组织设计和实施性施工组织设计）主要内容中的施工方案、施工进度计划、主要施工方法等会对造价产生重要影响[12]。但是施工组织设计是否作为合同文件的组成部分在实践中存在较大的争议，亟需将该问题加以明确，本书列出三种典型观点进行深入剖析。

第一种观点：投标性施工组织设计是合同文件的组成部分，实施性施工组织设计不构成合同文件。该观点的理由在于：投标性施工组织设计作为投标文件必不可少的重要组成部分，一旦投标文件被招标人接受，则施工组织设计也应视为被招标人所接受，投标文件是投标报价、工程竣工结算编制和复核的依据[9]，应将投标性施工组织设计作为合同文件的组成部分。如果投标性施工组织设计不视为合同文件的组成部分，则投标人以高标准的技术方案投标，中标后再以满足规范和合同要求的低标准技术方案实施，不符合招标人授标时的预期，对招标人和其他投标人来说显失公平；投标性施工组织设计与实施性施工组织设计具有先后次序、单向制约关系[12]，实施性施工组织设计的目的在于使投标性施工组织设计得以合理有效实施，仅仅是承包人指导施工的证据。

第二种观点：投标性施工组织设计与实施性施工组织设计均不构成合同文件。该观点的理由在于：承包人有权根据价值工程的理念，在保证设计、规范和合同要求的前提下，在施工过程中不断地改进施工组织设计，以达到节约成本的目的，这是承包人的权利，也是行业惯例，不应过早过多的限制。

第三种观点：经发包人审核批准的实施性施工组织设计构成合同文件[13]，投标性施工组织设计不是合同文件。该观点的理由在于：实施性施工组织设计是在承包人提交给发包人和监理人后，经发包人和监理人予以审核确认，双方达成了一致意见，视为形成了补充协议的一部分。现行的《建设工程价款结算暂行办法》（财建2004年369号令）第八条和《建筑工程施工发包与承包计价管理办法》（住建部2013年16号令）第十四条第（四）款均规定："发包人更改经审定批准的施工组织设计造成费用增加，合同价款应作相应的调整。"该项规定充分说明了经审核批准的实施性施工组织设计应作为施工合同文件的地位。

以上三种观点从不同的角度来看，都具有一定的合理性和局限性。正因为如此，在国际上的 FIDIC、AIA、NEC 的各类合同版本和我国九部委联合发布的《标准施工招标文件（2007 版）》、住房城乡建设部《建设工程施工合同示范文本》（GF—2017—0201）的合同条件中都没有将施工组织设计纳入合同文件。但这并不意味着施工组织设计必然不能成为合同文件的组成部分，应该充分吸收上述三种观点中的合理因素综合分析，无论是中标人的投标性施工组织设计还是其实施性施工组织设计，都要引起承包人和发包人的重视。比如在总价合同下，因发包人应当承担责任的事由在造成工期延误的同时导致承包人在施工组织设计中拟定的施工方案无法继续执行，而承包人所能采用的替代方案造价远高于拟订方案，总价合同应如何处理？施工组织设计可以作为证据（虽然其不一定是合同文件）来证明承包人的损失，进而变更合同总价。

为规避中标人更改投标性施工组织设计中的进度计划、施工方案等可能给发包人带来的风险，招标人可在起草招标文件时将施工组织设计列入合同文件。但是，将施工组织设计列入到合同文件对发包人来讲是把双刃剑，而不能作出贸然的决定。建议仅将施工组织设计中重要的部分列入到合同文件，可通过以下三种办法:（1）识别施工组织设计中对项目施工有重要影响的部分，尤其是修改了招标人招标要求的部分列出来，作为合同文件组成。（2）根据发包人的项目管理能力，有选择地将施工组织设计中认为可以约束承包人，又不过度干预承包人从而影响其自身内部优化的动机，且又不至于增加承包人索赔机会的有关内容识别出来，列入到合同条款中。（3）承包人在中标后，根据合同文件要求重新报送的一些文件构成合同文件，例如我国《标准施工招标文件（2007 版）》第 10.1 条和《建设工程施工合同示范文本》（GF—2017—0201）第 7.2 条规定，经监理人批准的施工进度计划称合同进度计划，是控制工程进度的依据。

案例 1-6：固定总价合同下发包人原因工期延长能否调整合同价款

某建设工程项目建筑面积约 1.5 万 m^2，工期为 1 年 2 个月，采用固定总价合同形式，合同约定中除建设单位原因引起的设计变更外价格不予以调整。由于建设单位原因导致基坑开挖后暂停 3 个月，在基坑施工暂停期间，有上万只崖沙燕在基坑四壁上筑巢，5 月底恢复施工时，发现雏鸟尚不能飞翔外出觅食。为保护燕子育雏，建设单位最终接受专家意见，决定暂停施工至 7 月底，等到雏鸟学会飞翔能外出觅食再行建设。

问题：该项目是否可以调整合同价款？

该案例的核心问题在于：第一，由于建设单位原因引起的工期拖延的情况下能否对固定总价合同进行调整；第二，保护燕子育雏的两个月带来的工期和价款影响责任应该由发包人承担还是承包人承担。

笔者认为，因为固定价格合同都是基于一定时期价格水平下的相对固定。由建设单位原因引起的工期拖延 3 个月应予以顺延，期间物价上涨并且超过合同约定的承包人承担的风险范围的情况下应对固定总价合同进行调整，即使在合同约定的可以调整价格的因素中未列明工期因素，否则，就会将工程造价的时间属性从工程计价活动中剥离。

保护施工现场属于承包人的责任，在暂停施工期间由于承包人对基坑四周未采取覆盖等措施，造成上万只崖沙燕在基坑四壁上筑巢应属于承包人承担的责任，但是如果承包人在 5 月下旬强行施工也不违反法律法规的强制性规定，暂停施工至 7 月底是建设单位认可的事项，可给予承包人顺延 2 个月的工期补偿，工期顺延 2 个月期间的物价上涨可由双方合理分担。

三、基于进度的工程价款管理措施

进度计划是资源计划、资金使用计划的基础，对工程价款的确定具有不可忽视的影响。进度对于工程价款影响的重要性尚未从发承包、项目实施过程的管理方面引起足够的重视，造成大量的造价结算纠纷，严重影响了建筑市场秩序，有针对性地提出基于进度的工程价款管理措施对于科学确定工程价款具有重要意义。

1. 深入分析支付比例与付款时点

招标控制价、投标价的编制中应考虑拟定的招标文件中有关进度款的支付比例、支付时间、竣工结算款的支付时间、质量保证金的比例、缺陷责任期的长短等影响现金流量，综合产生资金时间价值的各种因素对价格的影响，而不仅是依据定额等反映社会平均水平的计价依据来形成价格。

2. 科学制定合理工期与奖罚标准

合理的目标工期应具有与之相适应的工程造价，如果仅仅是将过多的工期风险转移给承包人，将失去激励或惩罚的效果。压缩的工期天数超过定额工期20%的应在招标文件中明示增加赶工费用[9]，计算费用的多少没有依据，对合理工期的界定有时缺乏支撑性标准。误期赔偿费往往明确每日历天应赔额度，也没有相应的可供参考的标准。奖罚标准应综合考虑项目的损失或者收益等因素后科学确定，合同工期与合理工期的形成应结合施工组织设计，建议参照技术规范标准，在合同中提出“合理工期确定”的程序，使“合同工期”和“合理工期”的界定及发生变更时权利义务的设定，可以在合同的相应条款中得到体现。

3. 明确具有约束效力的进度来源

施工组织设计是否可以作为合同文件的一部分，哪些内容应该构成合同文件的内容，怎样使其成为合同文件的组成部分，应由发包人在审批时予以明确或由合同双方通过合同方式予以明确，对进度计划的编制、提交、更新和使用提出详细的要求，避免产生争议。同时，承包人应杜绝施工组织设计千篇一律，不能针对性地向发包人描述合同目标的实现过程，对现场的施工无法起到有效指导，导致施工组织设计流于形式的现象，确保进度得到有效控制[13]。

4. 提高项目管理的精细化水平

工程竣工图及资料、招标文件不再作为工程竣工结算编制和复核的依据，强调在经发承包双方确认的合同工程期中价款结算的基础上汇总编制完成竣工结算文件[9]，以推行过程结算、简化竣工结算。这是对传统结算方式的颠覆性变化，但清单计价规范的造价形成体系不与进度结合，与按时间进度科学编制资源计划不相吻合、不相衔接，目前还较少采用这种先进的结算方式，也没有引起足够的重视，究其原因在于项目实施过程项目管理的粗放与这一精细化的要求不相适应。工程计量不准确引起的超进度支付、超前甲供等问题需要采用先进的项目管理技术（如网络计划技术）。BIM 情景下的可视化进度技术已趋成熟[14]，可以快速地制定项目的进度计划、资金计划等资源计划，并及时准确掌控工程成本，高效地进行进度分析及成本分析[15]，BIM 技术为基于进度的工程价款精细化管理提供了可能。

本 章 小 结

我国工程造价管理面临着前所未有的发展机遇和市场环境，市场经济条件下交易属性是工程造价的首要属性，合同管理是工程造价管理的核心，发承包阶段是合同形成的核心环节。无论是传统施工总承包模式还是工程总承包模式下的工程造价管理，从发承包阶段开始策划工程结算、基于全要素的价款管理是新时期造价精细化管理的必然要求[16-18]，本章结合实践中的典型案例进行了针对性的深入分析，以抛砖引玉，举一反三。在我国工程建设投资主体多元化及发承包模式个性化的背景下，造价咨询企业面临着良好的发展机遇也面临着市场竞争加剧和咨询服务转型升级的双重压力，亟需造价咨询人提高造价信息服务能力。

第二章

清单计价模式下工程造价疑难问题与典型案例

随着我国建设市场逐步建立和发展完善，与国际市场接轨的客观要求以及工程项目管理体制的深层次变革，我国工程造价管理模式在不断演进。我国自2003年7月1日开始推行工程量清单计价，目前其已成为我国工程造价管理的主流模式。2008年修订的清单计价规范将工程量清单计价从招投标阶段扩展到从招投标阶段到竣工交付的全过程，加强了对施工过程中清单计价行为的指导性。但由于长期以来对定额的过度依赖和专业水平不足，原本应由合同双方约定的一些内容成为行业中的典型热点和难点问题，需要加以指导和规范。2013年7月1日起施行的《建设工程工程量清单计价规范》(GB 50500—2013)深入分析建筑市场的热点和难点问题，着力解决存在的突出问题和矛盾，但是清单计价模式下仍然存在诸多工程造价疑难问题与典型案例需要进一步深入系统研究。

第一节　综合单价中风险的确定

一、综合单价中约定风险的必要性

综合单价是指完成一个规定清单项目所需的人工费、材料和工程设备费、施工机具使用费和企业管理费、利润以及一定范围内的风险费用[9]。在我国目前建筑市场存在过度竞争的情况下，综合单价中未包含规费和税金等不可竞争的费用，即使综合单价中包括了该两项费用，当前建筑业业态下笔者仍建议规定其作为不可竞争的费用，仅仅实现形式上的全费用单价。

从合同法的角度而言，建设工程合同是一类特殊的承揽合同，其本质是承揽合同，承揽合同的本质是来料加工，决定了材料价格的涨幅跟承包人没有关系，目前普遍采用的包工包料方式实质是由承包人代替发包人采购而已。

从风险管理的角度而言，在项目实施过程中，发、承包双方都面临许多风险，成熟的建设市场一定是风险分担相对合理的市场，实行风险共担和合理分摊原则是实现建设市场交易公平性的具体体现。

综上所述，约定一定的风险范围最终的受益人是发包人，发包人应在招标文件中清晰、明确约定由承包人承担的一定的风险范围，超出风险范围应由发包人承担，而不应将所有风险通过有利的市场地位过度转移给承包人。

具体而言，单价合同风险分担可以参照以下原则[19]：

（1）投标人应完全承担的风险是技术风险和管理风险，如管理费和利润。

（2）投标人应有限承担的是市场风险，如材料价格、施工机械使用费等风险。

（3）投标人完全不承担的是法律、法规、规章和政策变化的风险，此外还包括省级或行业建设主管部门发布的人工费调整、由政府定价或政府指导价管理的原材料等价格的调整，该类风险由发包人完全承担。

二、可调价材料范围的明确方法

综合单价中包含了一定范围内的风险费用，发包方应在合同中明确可以调整的风险范围、风险幅度以及基准单价等事项。材料费往往是工程造价的最主要组成部分，本书以材料费为例进行研究。

任何一项工程使用的材料种类较多，部分材料的造价占总造价的比重并不大，对工程造价的影响很小，价格变动幅度一旦超过一定幅度（例如 5%）便进行调整，给造价管理带来很大的不便，故应该在招标文件中明确可调价材料的范围（其余材料一律不予调整）。这就要求发包方不仅仅编制工程量清单和计算招标控制价，还应该对每种工程材料占总材料款的比重进行分析，比如单种材料合价占单位工程中分专业工程造价（如土建工程造价、装饰工程造价、安装工程造价等）的比例在 1% 及以上的材料，采用 ABC 分类法找出项目中对造价影响程度较大的材料，同时结合该材料在项目实施过程中可能发生的变化幅度来明确可调价材料的范围[20]。

三、可调价材料的风险幅度的确定

招标文件中应约定可调价材料的风险幅度，以及约定一旦超过约定风险范围幅度时，只调整超过约定部分还是一旦超过就调整全部风险范围。不同的材料风险幅度也可以给予不同的规定，比如承包人承担的钢材、水泥、商品混凝土、预拌砂浆的价格风险幅度值在 3% 以内（含 3%），其他可调价材料的价格风险幅度值在 5% 以内（含 5%）。同时，还应约定整个项目一起调整还是在项目实施过程中一旦发生超过合同约定的风险幅度就调整。如果约定整个项目一起调整时，还应在招标文件中约定当施工期材料加权平均价格（即“施工期价”）的计算方法，比如施工期价＝Σ（某种材料每期实际使用量 × 当期材料价格）/ 同种材料总用量[20]。

四、基准单价的确定

由于综合单价分析表中的材料价格可能包含承包方考虑的风险因素，其考虑的风险因素到底是多少，风险发生后，承包方可以在合同约定的幅度范围内作出有利于自己的解释，容易造成争执，所以发包人可直接约定以投标报价同期的信息价来作为价款调整的基准，也可以在招标文件中明确材料涨价时以信息价和投标报价中较高者为准、材料跌价时以信息价和投标报价中较低者为准，但是如果约定了可能采用投标报价中的价格时还应注意项目实施过程中对材料价格的签批。

五、甲供材料消耗量的确定

为了保证材料质量，发包人经常会负责重要材料的采购，但合理的消耗量如何确定对于工程价款调整具有重要影响。在传统定额计价模式下，甲供材的数量确定都是按照定额消耗量来确定的。但在清单计价模式下，综合单价的材料费不仅包括甲供材费用还包括一些乙购材料费用，在综合单价分析表中，投标人一般只明确该项清单的总材料费，并没有细分乙供材费用和甲供材费用，无法明确报价中甲供材的消耗数量。比如某工程地砖分项清单工程量 3600m^2、地砖（600mm×600mm）为甲供材（20 元 / 块），投标人所报综合单价为 80 元 /m^2，其中人工费 12 元 /m^2、材料费 58 元 /m^2、机械使用费 2 元 /m^2、管理费和利润 8 元 /m^2。本案例中每平方米地面地砖的消耗数量是不确定的，最低可以是 2.78 块 /m^2（损耗率为 0）、最高可以是 2.9 块 /m^2（损耗率为 4.1%，乙供材费用优惠不计），既然清单计价模式下承包商具有自主报价权，那么在甲供材结算时承包商可以作有利于自己的解释。因此，清单计价模式下发包方的招标文件中应要求投标人报价中必须明确材料的消耗数量，特别是甲供材料以及可能会变更的乙供材料（如施工中更换材料品牌）。《建设工程工程量清单计价规范》（GB 50500—2013）中第 3.2.4 条规定，发承包双方对甲供材料的数量发生争议不能达成一致的，应按照相关工程的计价定额同类项目规定的材料消耗量计算，也意味着发承包双方可以在合同中单独约定甲供材的消耗量[20]。

案例 2-1：甲供钢材因发承包双方套取定额子目不同引起的造价争议

某市政工程采用清单计价模式，综合单价计价，由建设供应所需钢材，在最高投标限价中甲供钢材的价格为 1200 万元，中标人的投标报价时按照招标文件中甲供钢材的价格计算出的甲供材部分的价格为 1000 万元，分析 1200 万元和 1000 万元差异的原因在于发包人和承包人套取的定额子目不同，而不同定额子目中钢材的消耗量有差异，结算时由于原招标文件中的工程量比实际工程量高，甲供钢材部分价格为 800 万元（按照承包人投标时所套取的定额子目计算出的综合单价计算）。发包人主张结算时应从工程造价中核减 1200 万元－800 万元＝400 万元，问发包人的主张是否合理?

笔者认为，发包人主张按照最高投标限价中的钢材价格进行核减是不合理的。理由在于：该项目采用清单计价模式，虽然《建设工程工程量清单计价规范》（GB 50500—2013）第 3.2.4 条规定“发承包双方对甲供材料的数量发生争议不能达成一致的，应按照相关工程的计价定额同类项目规定的材料消耗量计算”，但是此处仅仅是指双方就“甲供材”数量给出的推荐性意见。本案例结算时是按照综合单价计算，由于结算价格是按照承包人的综合单价分析表中的消耗量来计算的，应该以投标人综合单价中的消耗量为相同口径进行核减，即 1000 － 800 ＝ 200 万元。

案例 2-2：综合单价分析表中人工、材料、机械消耗量引起的造价争议

对比表 2-1 招标控制价和表 2-2 投标报价中的现浇构件钢筋综合单价分析表，可以发现：投标报价综合单价分析表中人工费和机械费单价明显偏高，但是人工工日单价未作调整，材料费单价明显偏低，材料消耗量未作调整。

现浇构件钢筋综合单价分析表（招标控制价）　　表 2-1

<table>
<tr><td>项目编码</td><td>010515001002</td><td colspan="2">项目名称</td><td colspan="4">现浇构件钢筋</td><td>计量单位</td><td>t</td><td>工程量</td><td>43.946</td></tr>
<tr><td colspan="12">清单综合单价组成明细</td></tr>
<tr><td rowspan="2">定额编号</td><td rowspan="2">定额名称</td><td rowspan="2">定额单位</td><td rowspan="2">数量</td><td colspan="4">单价</td><td colspan="4">合价</td></tr>
<tr><td>人工费（元）</td><td>材料费（元）</td><td>机械费（元）</td><td>管理费和利润（元）</td><td>人工费（元）</td><td>材料费（元）</td><td>机械费（元）</td><td>管理费和利润（元）</td></tr>
<tr><td>5-2</td><td>现浇构件非预应力钢筋 圆钢 ϕ5以上</td><td>t</td><td>1</td><td>716.26</td><td>3202.67</td><td>152.13</td><td>312.19</td><td>716.26</td><td>3202.67</td><td>152.13</td><td>312.19</td></tr>
<tr><td colspan="2">人工单价（元）</td><td colspan="6">小计</td><td>716.26</td><td>3202.67</td><td>152.13</td><td>312.19</td></tr>
<tr><td colspan="2">二类工：65 元 / 工日</td><td colspan="6">未计价材料费</td><td colspan="4">0</td></tr>
<tr><td colspan="8">清单项目综合单价（元）</td><td colspan="4">4501.31</td></tr>
<tr><td rowspan="4">材料费明细</td><td colspan="5">主要材料名称、规格、型号</td><td>单位</td><td>数量</td><td>单价（元）</td><td>合价（元）</td><td>暂估单价（元）</td><td>暂估合价（元）</td></tr>
<tr><td colspan="5">圆钢 ϕ5 以上</td><td>t</td><td>1.035</td><td>3000</td><td>3105.00</td><td></td><td></td></tr>
<tr><td colspan="7">其他材料费</td><td>—</td><td>97.67</td><td>—</td><td>0</td></tr>
<tr><td colspan="7">材料费小计</td><td>—</td><td>3202.67</td><td>—</td><td>0</td></tr>
</table>

现浇构件钢筋综合单价分析表（投标报价） **表 2-2**

<table>
<tr><td>项目编码</td><td>010515001002</td><td colspan="2">项目名称</td><td colspan="3">现浇构件钢筋</td><td>计量单位</td><td>t</td><td>工程量</td><td>43.946</td></tr>
<tr><td colspan="12">清单综合单价组成明细</td></tr>
<tr><td rowspan="2">定额编号</td><td rowspan="2">定额名称</td><td rowspan="2">定额单位</td><td rowspan="2">数量</td><td colspan="4">单价</td><td colspan="4">合价</td></tr>
<tr><td>人工费（元）</td><td>材料费（元）</td><td>机械费（元）</td><td>管理费和利润（元）</td><td>人工费（元）</td><td>材料费（元）</td><td>机械费（元）</td><td>管理费和利润（元）</td></tr>
<tr><td>5-2</td><td>现浇构件非预应力钢筋圆钢 ϕ5以上</td><td>t</td><td>1</td><td>787.89</td><td>2892.17</td><td>167.34</td><td>343.41</td><td>787.89</td><td>2892.17</td><td>167.34</td><td>343.41</td></tr>
<tr><td colspan="2">人工单价（元）</td><td colspan="6">小计</td><td>787.89</td><td>2892.17</td><td>167.34</td><td>343.41</td></tr>
<tr><td colspan="2">二类工：65元/工日</td><td colspan="6">未计价材料费</td><td colspan="4">0</td></tr>
<tr><td colspan="8">清单项目综合单价（元）</td><td colspan="4">4190.81</td></tr>
<tr><td rowspan="4">材料费明细</td><td colspan="4">主要材料名称、规格、型号</td><td>单位</td><td>数量</td><td>单价（元）</td><td>合价（元）</td><td>暂估单价（元）</td><td>暂估合价（元）</td></tr>
<tr><td colspan="4">圆钢 ϕ5以上</td><td>t</td><td>1.035</td><td>2700</td><td>2794.50</td><td></td><td></td></tr>
<tr><td colspan="6">其他材料费</td><td>—</td><td>97.67</td><td>—</td><td>0</td></tr>
<tr><td colspan="6">材料费小计</td><td>—</td><td>2892.17</td><td>—</td><td>0</td></tr>
</table>

分析上述差异的原因，在于投标报价的依据可以是企业定额，投标人作出上述调整是基于如下两点考虑：

（1）当地计价依据中管理费和利润的取费基数是人工费和机械费，通过调整人工和机械的消耗量，会影响综合单价中管理费和利润的计取。

（2）招标文件中有如下约定条款：1）人工单价根据省级造价管理部门公布的人工单价进行调整。2）钢材物价上涨5%以内的风险由承包人承担，超出部分由发包人承担，采用“造价信息调整价格差额”的方法进行价款调整，但是未明确基准价格的来源。

问题：项目实施过程中省级造价管理部门发布了人工工日单价调整文件，钢筋价格上涨幅度超过了5%，应按照招标控制价中的综合单价分析表还是投标报价中的综合单价分析表中的信息来调整合同价款？

分析：该问题的关键在于承包人的综合单价分析表是否是合同文件的组成部分。综合单价分析表是随投标文件一同提交，是评标委员会评审和判别综合单价组成和价格完整性、合理性的主要基础，对因物价上涨、工程变更等调整综合单价也是必不可少的基础价格数据来源。按照《建设工程施工合同示范文本》（GF—2017—0201），已标价工程量清单是指构成合同的由承包人按照规定的格式和要求填写并标明价格的工程量清单，包括说明和表格。已标价的工程量清单是合同文件的组成部分，从这个角度来说，综合单价分析表作为投标报价的工程量清单的组成部分，中标后一般可作为合同文件的附属文件，该分析表所载明的价格数据对发承包人是有约束力的。

就本案例而言，如果该项目实施过程中人工工日单价由65元/工日调整为80元/工日，则综合单价中的人工费应调增（80－65）×（787.89/65）＝181.82元/t，比（80－65）×（716.26/65）＝165.29元/t高出16.53元/t，高出约10%，这就是承包人通过调整消耗量定额对结算价格调整带来的“放大效应”；综合单价分析表（招标控制价）中的材料费明细中表明圆钢ϕ5以上的价格为3000元/t，相对应的综合单价分析表（投标报价）中的材料费明细中表明圆钢ϕ5以上的价格为2700元/t，在合同中未明确基准单价来源的情况下，是否可以将综合单价分析表（投标报价）中的2700元/t视为双方认可的基准价格？如果可以，在圆钢ϕ5以上的价格上涨时，由于投标报价时的基准单价低于同期的招标时单价，则有利于增加承包人的价格调整概率和增加其调整幅度。

通过上述基于该案例的具体分析可以发现，承包人的综合单价分析表属于合同文件的组成部分对发包人可能会存在风险，但是如果通过投标人须知将该分析表提交的方式作出规定，不将其视为已标价工程量清单的组成部分，从而否定该分析表的合同地位，则对物价上涨、工程变更等调整综合单价将失去基础价格数据来源。所以，发包人应重视清标环节对综合单价分析表的评审，通过评标过程中的质疑、澄清、说明和补正机制，不但解决清单综合单价的合理性问题，而且将合理化的清单综合单价反馈到综合单价分析表中，通过合同文件的相应规定规避发包人面临的风险，从而将综合单价分析表定义为有合同约束力的文件。

但是，将承包人的综合单价分析表视为合同文件的组成部分尚可明确：如果是由于承包人在报价时定额子目套用不全、定额子目套用错误导致的投标单价偏低时，应视为承包人自己承担的报价风险，不能将此类错报和漏报等作为依据寻求招标人的补偿。

第二节 项目特征描述

一、项目特征描述的地位

项目特征决定了工程实体的实质内容，是确定一个清单项目综合单价不可缺少的重要依据，是区分清单项目的依据，是履行合同义务的基础，必须对其项目特征进行准确和全面的描述。项目的特征决定工程实体的自身价值，凡是对确定工程造价有影响的特征均应该描述，具体来讲，可按《房屋建筑与装饰工程工程量计算规范》（GB 50854—2013）等附录中规定的项目特征结合技术规范、标准图集、施工图纸，按照工程结构、使用材质及规格等，予以详细而准确的表述和说明，以满足准确组价的需求。如果招标人提供的工程量清单对项目特征描述不清甚至漏项、错误，使投标人无法准确理解工程量清单项目的构成要素，导致评标时难以合理地评定中标价；结算时，发、承包双方引起争议。

案例 2-3：建设单位设计变更是否必然引起综合单价的调整

某房地产项目采用施工总承包模式，发包阶段建设单位提供的设计图纸结构说明中明确现浇混凝土框梁 KL1 的混凝土强度均为 C25，发包人提供的招标工程量清单中现浇混凝土梁 KL1 的项目特征描述为 C30，某投标人为降低投标报价，发现这一错误后自行在投标报价的组价过程中用 C25 的商品混凝土价格代替 C30 的商品混凝土价格，该投标人中标后与发包人签订了施工合同，在施工单位入场后，建设单位发出了设计变更通知单，通知单显示：原来结构设计说明中现浇混凝土框梁 KL1 的混凝土强度由 C25 变更为 C30。承包人以发包人设计变更为由要求调整 C30 商品混凝土与 C25 商品混凝土之间的价差，要求调整综合单价。

问题：建设单位原因引起的设计变更是否必然引起综合单价的调整？

分析：承包人的法定职责是按照审批的设计图纸施工，但是其对项目实体部分投标报价的基础是招标工程量清单中的分部分项工程量清单，而招标工程量清单与图纸不必然完全一致，这就造成按图施工与按招标工程量清单计价的本质冲突，这是我国施工总承包模式下工程造价管理的独有之处，应引起发承包双方的高度重视。综上所述，该案例中虽然发生了设计变更，但是该变更并没有导致招标工程量清单的本质变化，没有影响到承包人投标报价的基础，所以，建设单位原因引起的设计变更不必然引起综合单价的调整，该案例中应由承包人自行承担按照 C25 商品混凝土对 KL1 进行投标报价带来的风险，不能因建设单位设计变更调整综合单价。

二、项目特征描述的原则

在进行项目特征描述时，可按照以下原则进行[19]：

1. 必须描述的内容

（1）涉及结构要求的内容必须描述：如混凝土构件的混凝土的强度等级，是使用 C20 还是 C30 或 C40 等，因混凝土强度等级不同，其价格也不同，必须描述。

（2）涉及材质要求的内容必须描述：如油漆的品种：是调合漆，还是硝基清漆等；管材的材质：是碳钢管，还是塑料管、不锈钢管等；还需要对管材的规格、型号进行描述。

（3）涉及安装方式的内容必须描述：如管道工程中的钢管的连接方式是螺纹连接还是焊接；塑料管是粘结连接还是热熔连接等就必须描述。

（4）涉及正确计量的内容必须描述：如门窗洞口尺寸或框外围尺寸，以“樘”计量，1 樘门或窗有多大，直接关系到门窗的价格，对门窗洞口或框外围尺寸进行描述就十分必要。

2. 可不详细描述的内容

（1）无法准确描述的可不详细描述：如土壤类别，要求清单编制人准确判定某类土壤的所占比例是困难的，在这种情况下，可考虑将土壤类别描述为综合，注明由投标人根据地勘资料自行确定土壤类别，决定报价。

（2）施工图纸、标准图集标注明确的，可不再详细描述：对这些项目可描述为见 ×× 图集 ×× 页号及节点大样等。

（3）还有一些项目可不详细描述，但清单编制人在项目特征描述中应注明由投标人自定，如土方工程中的“取土运距”“弃土运距”等。首先要清单编制人决定在多远取土或取、弃土运往多远是困难的；其次，由投标人根据在建工程施工情况统筹安排，自主决定取、弃土方的运距可以充分体现竞争的要求。

3．可不描述的内容

（1）对计量计价没有实质影响的、应由施工措施解决的内容可以不描述：如对现浇混凝土板、梁的标高的特征规定可以不描述，因为混凝土构件是按“立方米”计量，对此描述实质意义不大。因为同样的板或梁，都可以将其归并在同一个清单项目中，但由于标高的不同，将会导致因楼层的变化对同一项目提出多个清单项目，虽然不同的楼层工效不一样，但这样的差异可以由投标人在报价中考虑，或在施工措施中去解决。

（2）应由投标人根据施工方案确定的可以不描述：如对石方的预裂爆破的单孔深度及装药量的特征规定，如由清单编制人来描述是困难的，由投标人根据施工要求，在施工方案中确定，自主报价比较恰当。

案例 2-4：未详细描述项目特征产生造价争议

某高校新建教学楼基坑工程，土方开挖项目特征描述为碎石和孤石综合考虑，施工企业为避免孤石比重较大，对土方开挖综合单价报价时考虑了孤石破碎的定额子目，综合单价报价较高。实际开挖后发现只有为数不多的几块孤石。建设单位认为全部土方开挖量按照原来的综合单价计算比实际需要高太多，要求实际计量孤石体积以投标综合单价计算，其余工程量以扣除破碎孤石定额子目以后的综合单价计算，政府审计时也要求“按实审计”，要求扣减综合单价，引起造价争议。

问题：政府审计时要求“按实审计”的做法是否合理？

分析：由于该项目特征描述符合项目的实际施工情况，并不具备调整综合单价的前提条件，综合单价不应予以调减，应尊重已标价工程量清单中的综合单价，政府审计时要求“按实审计”的做法并不合理。

笔者建议，如果建设单位在合同中约定了土方开挖项目按照实际项目特征分别予以计量，相应的综合单价分别采取已标价工程量清单中的综合单价和扣减相应定额后的综合单价，则可以采用案例中建设单位的要求来进行实际结算。另外，招标时还可以分别对土方类别进行描述，采用模拟工程量清单的方式招标，由投标人分别报价。无论采用上述两种方式中的哪一种，承包人均有可能根据自己的工程经验预判可能发生的实际工程量采用不平衡报价，比如承包人在综合单价分析表中调低孤石破碎定额子目的价格，将降低部分调整到其余的定格子目价格中，对此类分部分项工程，发包人可以在招标文件中明确对其进行重点评审，以限制承包人的过度不平衡报价。

案例 2-5：招标控制价组价明细不完整导致报价考虑不全

某工程项目地质勘察报告中显示有二、三等多种类型的土，招标工程量清单中挖土方项目特征描述中为土方综合，某承包人投标报价时按照二类土报价，实际开挖时经监理工程师确认为二、三两种类型土。

问题：结算时承包人以招标控制价中相应的综合单价中是考虑的二类土组价为由提出综合单价调整申请，是否成立？与招标控制价是否公布综合单价明细有关？

分析：实践中招标控制价的组价明细发包人一般不会公布其计算明细，但是承包人可能会通过一定途径将其获得，从而引发上述争议。笔者认为，不管招标控制价公布的同时是否公布综合单价组成明细，均不能作为承包人进行调整综合单价的理由，因为在施工总承包模式下承包人对分部分项工程投标报价的基础就是项目特征描述，只要项目特征描述与实际情况一致，就不存在调整综合单价的基础。如果承包人发现招标控制价的组成明细存在问题，可以按照清单计价规范的有关规定进行投诉，而不能轻易以招标控制价的组价明细为基础来申请调整价款。本案例中既然项目特征描述中为土方综合，实际开挖情况与地质勘察报告一致，虽然发包人在组价时存在故意压低价格的事实，但是并未造成投标人计价基础的变化，不能予以调整综合单价。

三、设计文件未明确项目特征时的处理策略

工程实践中由于发包人原因或者设计文件编制深度等原因，有时施工图设计文件中并未明确项目的唯一性特征，造成招标工程量清单编制时无法做到项目特征唯一确定，有时候甚至不同的项目特征价格差异较大，导致发承包阶段评标时无法对比，结算时产生计价争议。

案例 2-6：设计文件未明确具体做法导致项目特征描述不唯一

某市道路维修改造项目，工程内容为总长约 1.2km，合同约定采用工程量清单计价，由于工期较短，采用固定综合单价形式，包括沥青路面刨铺维修、雨水口和支管改造、更换井盖等，合同总价约 900 万元。

招标时的施工设计图纸显示：设计要求粗集料采用“辉绿岩”或“玄武岩”，细集料“宜采用石灰岩、辉绿岩、玄武岩等破碎机制砂”。沥青混凝土路面分部分项工程投标报价综合单价分析表见表 2-3。

投标报价综合单价分析表　　表 2-3

序号	项目编码	项目名称	项目特征描述	计量单位	工程量	金额（元）		
						综合单价	合价	其中：暂估价
1	040203004001	SMA-13 改性沥青混凝土路面	4cm 厚采用进口 PG 76-16 高品质改性沥青，粗集料采用辉绿岩或玄武岩，细集料采用机制砂，粘层喷洒乳化沥青	m^2	83950	79.26	6653877	

会议纪要文件显示：为解决沥青泛白影响路面质量的问题，原合同要求采用“辉绿岩或玄武岩”作为粗细集料的，统一采用玄武岩，并要求全部采用黑色玄武岩作为粗细集料。

设计变更通单显示：设计单位对原施工图设计 SMA-13 沥青面层粗细集料设计变更为文件要求的玄武岩。

结算时承包人认为：SMA-13 改性沥青混凝土路面的骨料（粗、细集料）由“辉绿岩”变更为“玄武岩”，每平方米变更增加费用 16.75 元，结算工程量 63877m^2，增加分部分项工程费用约 107 万元。

问题：是否应增加分部分项工程费？

分析：由于招标工程量清单中已经列明“粗集料采用辉绿岩或玄武岩”，承包人报价时应综合考虑，而不能再以设计变更等原因提出变更价款，不应增加分部分项工程费。

笔者建议，若设计阶段不能唯一确定项目特征，招标工程量清单编制时仅将项目特征描述时将价格高的材料进行描述，投标人按照这个唯一性特征进行报价，将该综合单价乘以工程量后计入投标总价。

若实际发生的是价格低的材料，则可以进行如下处理：

（1）按照类似工程进行价差调整，确定综合单价。

（2）同时将价格低的材料进行描述，列出单独的分部分项工程量清单，让承包人按照当地消耗量定额和信息价格报价（不计入投标总价），结算时再考虑报价浮动率，对该分部分项工程进行实质上的费率招标。

第三节　招标控制价编制

一、招标控制价的内涵

1. 招标工程量清单和招标控制价的本质

招标工程量清单是编制招标控制价的基础，同时《建设工程工程量清单计价规范》（GB 50500—2013）以强制性条文的形式规定“招标工程量清单必须作为招标文件的组成部分，其准确性和完整性应由招标人负责”。在施工总承包模式下，投标人依据工程量清单进行投标报价，对工程量清单不负有核实的义务，更不具有修改和调整的权力。招标工程量清单应该是结合国家标准、规范和技术资料对设计文件的全面描述和精确表达，必须全面、准确地反映图纸和技术规范的内容。同时，应紧密结合招标文件以及施工现场自然情况和社会环境，是体现承包人合同责任和义务的价格表达。总之，一份理想的招标工程量清单应是对设计图纸、技术标准规范、招标文件以及现场实际情况的全面表达。

招标控制价是在招标工程量清单的基础上，依据计价依据和办法，围绕招标文件和合同类型，结合市场实际和工程具体情况编制的明示的最高投标总限价，是对工程的进度、质量、安全等各方面在成本上的全面反映。招标工程量清单在招标文件中不是孤立的，需要结合其他文件阅读，以确定工作范围（承包范围）。

2. 招标控制价对造价管理的重要作用

招标控制价在总价上直接限制投标报价，对有效遏制投标人之间的串标、围标、哄抬报价等一系列合谋问题具有积极的限制作用。由于项目实施过程中涉及合同价款的调整往往以已标价的工程量清单中的价格为依据，比如清单计价规范中工程变更估价的原则就是基于原来的报价是合理的这一基本前提。对投标人报价的合理性的判定并不应仅仅局限在现在的总价上，更应该体现在每一分部分项工程和措施项目上。投标报价不得低于工程成本，但实践中如何判定一直是个难题，经评审的合理低价中标在实践中往往演变为绝对的最低价中标，由于建筑市场的投标企业参差不齐和市场竞争的不规范性，有些企业低于成本价恶性竞争，中标后再靠偷工减料或者恶意变更等手段进行获利，严重扰乱了建筑市场秩序。

所以，招标控制价还应作为对投标人所报综合单价的合理性进行分析的重要参考和依据。合理的招标控制价应在引导投标人符合市场规律的前提下自主报价、公平竞争，对规范市场秩序、预防造价纠纷起到积极的促进作用。

3. 招标控制价的公布时间

《建设工程工程量清单计价规范》（GB 50500—2013）以强制性条文的形式规定招标工程量清单是招标文件的组成部分，但是并没有强制规定招标控制价也是招标文件的组成部分。鉴于招标时间较短，招标控制价的公布时间可以适当拖后，不一定满足最终公布的时间至招标文件要求提交投标文件截止时间 15 天的要求，这对预防投标人之间的串标、合谋也将起到积极的作用。

二、招标控制价编制中存在的问题

1. 招标工程量清单的准确性和完整性不足

招标工程量清单必须作为招标文件的组成部分，是发承包及实施阶段重要的基础文件，其准确性和完整性由招标人负责，编制质量的好坏直接影响项目造价的有效控制。清单项目的特征描述是定额列项的重要依据，如果项目特征描述有问题，则投标人无法准确理解工程量清单项目的构成要素，导致投标报价出现偏差、评标时难以合理的评定中标价，结算时易引起发承包双方争议。最常见的质量问题是清单子目列项存在漏项或重项错误和工程量计算错误，清单项目特征描述不具体，特征不清、界限不明，达不到综合单价的组价要求。

2. 与招标文件的关联度和契合度不高

编制招标控制价时往往不考虑招标文件中有关合同条款对工程造价的影响，存在招标文件与招标控制价相脱节的现象，合同条件对工程造价的影响并没有很好地体现出来，以至于投标人考虑也不充分，造成项目实施阶段的造价纠纷。比如综合单价中并没有充分考虑一定范围内的风险费用，没有合理地体现工期提前、质量标准、环境保护要求、进度款的支付条件及比例对工程造价的影响等，但是

在项目实施过程中，合同条件中的上述内容往往会对工程成本产生重要影响。

3. 未充分体现项目环境对造价的影响

施工现场的水文、地质、气候环境资料，以及交通运输条件、资源供应情况等外部社会市场环境都会对工程造价产生重要影响。比如某火车站项目采用钻孔灌注桩，由于项目处于以前的露天垃圾填埋场，没有充分考虑地质情况对合理材料消耗量的影响，按照常规土质来考虑，但是实际的混凝土消耗量要比定额的消耗量高出 30%，导致施工企业在该分部分项工程上受到了巨额损失。措施项目费的计算依赖于采用的施工方案和施工组织设计，而不同的施工方案和施工组织设计之间的所需工程成本又存在较大的差别，比如深基坑工程的支护形式以及降水工程的工期等都会对工程措施费用产生重要影响。只有充分考虑项目环境、采用科学的施工方案和合理的施工组织设计，才能编制出科学合理的招标控制价。所以，编制招标控制价时应对采用的施工方案和施工组织设计进行合理化论证。

4. 过度依赖消耗量定额和社会信息价格

计算规范中给出的工程量清单项目具有滞后性、项目特征描述也仅仅列出了影响综合单价的常规内容，社会信息价格也存在不完备、价格偏离市场等问题。长期以来，编制工程造价过度依赖消耗量定额和社会信息价格，使招标控制价不能充分体现市场经济的特征。随着科学技术的不断发展和劳动生产率水平的不断提高，工程建设中“四新技术”的不断涌现，发包方的个性化要求与采用传统定额的矛盾日益突出，清单计价规范也重视个性化的合同条件对工程造价的影响，比如承包人作为招标人组织给定暂估价的专业工程发包的，组织招标工作有关的费用、甲供材料消耗量竞争等在招标控制价中应如何体现以及体现的数额是多少均不是套用定额可以解决的问题，更不允许采用直接不予考虑的办法。

三、编制合理招标控制价的保障措施

1. 管理措施

（1）提高招标图纸的设计深度和质量

由于某些项目设计时间太短或者设计方专业水平不足，导致图纸设计深度不足，造成招标工程量清单出现漏项错项，严重影响招标控制价的准确性，应提高招标图纸的设计深度和质量，使用详细完善的施工图招标。一旦出现设计图纸深度不足的问题，要求造价人员具有丰富的造价咨询经验，可以给出模拟招标工程量清单，以利于投标人的充分竞争。而对于需要承包方完成的专业工程深化设计，采用固定总价更有利于发挥工程总承包企业的技术优势，建议延长投标准备时间，采用固定总价而不采用暂估价的形式，结算时不再据实调整。

（2）建立咨询服务的质量评价机制

由于目前普遍存在的招标工程量清单和招标控制价的编制人往往不提供施工过程的跟踪造价咨询和最后的竣工结算服务，导致招标工程量清单和招标控制价的质量无法有效评价，比如招标工程量清单的错项、漏项、工程量计算错误、项目特征描述不符等常规问题，均可以通过咨询服务的质量追溯机制和反馈机制来实现对招标工程量清单和招标控制价的质量评定。虽然清单计价规范明确了招标控制价的投诉机制，要求将招标控制价及有关资料报送工程所在地或有该工程管辖权的行业管理部门工程造价管理机构备查，但是缺乏明确的项目实施全过程的质量评价主体。对于咨询服务的质量评价，应贯穿到项目实施过程直至项目竣工结算，不仅仅停留在发承包阶段。行业组织可以依据发包人、承包人、监理人、审计部门等项目的主要利益相关者对咨询人进行长期客观评价，形成社会认可的造价咨询人的信用业绩评价体系，引导咨询人重视服务质量的提高。

2. 经济措施

（1）建立基于质量和费用的咨询服务选择机制

招标方往往不具备编制招标控制价的能力，需要委托专业工程造价咨询人来完成，如何选择并激励约束造价咨询人，对招标控制价的编制质量具有重要意义。目前造价咨询按照工程造价的百分比来取费，没有充分考虑具体项目中影响咨询服务费用的因素，委托方选择咨询人时往往重视企业的资质和业绩，弱化甚至忽视具体造价咨询工程师在业务承接中发挥的作用，过多的关注报价使得咨询公司配备人员的数量、专业素质、投入程度等不能保证，不合理的服务期限要求使得专业人员无法充分考虑对工程造价有影响的所有因素。所以，在选择造价咨询人时应该提高技术建议书尤其是参与该项目咨询的工程师的职业道德、经验业绩、能力水平等所占的比重，降低企业资质的比重，评审时建议采用“双封制”的办法，先评审技术标，合格后再评审投标报价，提高技术标所占的比重和降低咨询服务报价所占的比重。

（2）建立基于质量的咨询服务激励约束机制

目前咨询人提供咨询服务的质量优劣无法通过咨询服务的取费来体现，招标控制价的编制质量没有相应的激励约束机制，这不利于咨询服务质量的提高。编制招标工程量清单和招标控制价过程中的常规问题带来的造价失控风险，应由咨询人承担一定的责任，明确招标控制价误差大于 ±3% 的，组织复核的费用由编制单位承担。同时，发包人对于高水平的咨询服务应该给予后续项目承接的优先权或者一定的奖励。

3. 组织措施

（1）组建专业完善的招标控制价编制团队

编制招标工程量清单和招标控制价是一项综合性、专业性很强的技术工作，应组织有类似工程的造价经验、施工经验，对目前当地建设市场比较了解的人员参加，相关专业人员应加强对相关政策法规的理解与运用水平，减少或杜绝招标控制价出现较大偏差的情况。

（2）建立招标控制价的质量控制体系

对招标工程量清单和招标控制价的编制应遵循严密的工作程序：收集完整的编制资料；参与招标、设计交底，了解招标、设计意图；参与招标文件的统稿；踏勘现场、确定施工方案；招标控制价编制的总结，分析中标单位的施工方案与控制价的方案是否有较大偏差等[21]。同时，还应建立内部审核机制和外部跟踪的反馈机制，强化绩效考核，通过项目实施阶段的造价控制和竣工结算等环节进行质量后评价。审查招标工程量清单中包含项目的完备性和核实清单计价计算的准确性，审查招标控制价组成中是否充分考虑招标文件合同条件中对工程造价影响有关的因素，以保证招标控制价的科学性和合理性，一旦发现问题，要及时明确或作出补充说明。

4. 技术措施

（1）细化结合招标文件，重视完善编制说明

由于合同管理是造价管理的核心，发承包阶段是造价形成的关键环节，也是发包方进行实施阶段造价控制的最有利时机。招标文件与招标控制价相互依存、紧密联系，招标文件要尽量细化明确对造价有影响的因素，比如总承包服务的内

容在不同的项目中有所不同。招标控制价的编制应符合招标文件要求、准确完整地反映招标文件中对工程造价有影响的因素，比如综合单价中风险的范围、进度款的支付、项目现场条件（比如挖基础土方时场内外运输的距离）、要素价格信息甚至市场惯例、工期提前对招标控制价的影响等，都应该在编制说明中明确是怎样考虑的，使得编制说明尽量详细和全面，尤其是清单计价规范中并没有确定的计算方法和数值、需要结合项目和市场实际综合考虑确定的内容，以减少双方的理解偏差。

（2）紧密结合项目实际，全面描述项目特征

项目特点和项目现场实际决定了项目的施工方法、机械配置、安全措施等，决定了项目措施费用，如施工场地狭窄，会影响到塔吊等垂直运输设备的搭设，材料、设备的二次搬运等费用就会增加。招标工程量清单中的措施项目清单应科学考虑各种因素，招标控制价应反映施工方案实际。所以，采用的常规施工方案和施工组织设计必须保证科学合理，重大工程还应进行专门论证。先进的措施方案可以引导施工企业采用先进的施工方案，产生良好的社会效益和经济效益，应适当借鉴先进的措施方案。比如上海市轨交汉中路枢纽13号线车站，基坑深达33.1m（超过“上海中心”深基坑深度），为控制地面沉降，以往都采用优质自来水回灌，而采用“隔”“降”“灌”体系的新型地下水回灌技术，在大幅减少抽取总量的基础上，地下水一律回灌到原地层，可以节约回灌16万t水[22]，不仅节约成本和保护环境，还有利于引导施工企业采用先进的施工技术。

项目特征描述和工作内容是组价的基础，发包人在招标工程量清单中对项目特征的描述，应被认为是准确的和全面的，并且与实际施工要求相符合，能够体现项目本质区别的特征和对报价有实质影响的内容都必须描述，不能仅仅局限在描述计量规范中列出的内容。

（3）科学确定消耗量，合理确定材料设备价格

对采用“四新技术”在消耗量定额中没有的项目，应在熟悉其特点后合理确定消耗量，可以采用类似定额调整使用或者现场测定等方法。合理地确定材料设备价格对招标控制价至关重要，根据已有的信息资料，建立科学的询价机制，尽可能了解项目实施期间主要材料价格情况及供求发展趋势，同时还应考虑材料设备用量、采购渠道等多方面因素，从而更加合理地取定材料价格。

四、基于招标控制价形成参考工程造价

招标控制价既然伴随着我国招投标领域的改革深化而产生，理应结合目前建设市场招投标领域中存在的突出问题，不断调整和变化来适应市场的客观要求。目前编制的招标控制价没有考虑定额滞后性和采用工程造价管理机构发布的信息价可能使人工、材料、机械的价格偏离市场价格的问题[23]。这样确定招标控制价往往不符合市场的真实价格，不利于引导市场竞争形成价格机制的建立。由于招标控制价是最高限价，如何在招标控制价的基础上形成合理参考工程造价，作为识别不平衡报价、判定报价是否低于工程成本等的重要参考，起到评审投标报价科学性和合理性的尺度和依据的作用，从而有利于引导市场形成价格。

如果简单地将招标控制价下浮一定的比例引入评标环节作为评标的参考依据，则存在没有考虑各个专业和具体项目的特点、招标控制价编制的具体精度等问题，显然科学性和准确性不足。所以，在编制招标控制价的过程中，对于重要的分部分项工程和措施项目的综合单价应进行重点分析，结合前期中标人的类似项目的投标价格，充分考虑项目实际、市场惯例以及企业定额与地区消耗量定额之间的差额，编制合理的参考综合单价，在此基础上形成体现市场价格的参考工程造价[24]。

第四节　措施项目清单计价

一、措施项目计价概述

措施项目影响因素复杂，其费用的发生贯穿于工程始终，数额大小与施工方法、持续时间紧密相关，与实际完成的实体工程量不必然线性相关，计价依据往往综合考虑诸多因素。虽然措施项目不属于工程实体，但造价占比并不低，以房屋建筑和装饰工程为例，通常在 12.85% ～ 27.08%[25]。由于工程施工的多样性和复杂性，有经验的承包人可利用工程变更或者不利物质条件、施工环境变化等外部条件变化，通过工程签证等途径来追加措施项目费，发包人为有效控制项目投资，充分体现措施项目费竞争的充分性，往往在合同中约定无论情况如何变化措施项目费一律不调。措施费包干使用的管理方式对简化工程结算、有效控制投资具有积极意义，但是投标报价是基于初始合同状态和外部环境做出的，简单笼统的规定措施费用一律不调会影响到项目总体目标的实现，在承包人微利的行业收益水平下不利于行业持续健康发展。所以，措施项目费在体现充分竞争的基础上尚应有一定的价格弹性。

措施项目费是发包人与承包人计价争议较多的地方，近年来国内学者围绕措施项目从不同角度进行了较为系统的研究。严玲、李建苹通过对措施项目调整的条件以及缺项的责任划分建立措施项目缺项的调整路径[26]；严玲、王飞等研究了施工方案对措施项目的影响，确定工程变更引起施工方案变化时单价措施项目和总价措施项目的调整原则和方法[27]；严玲、陈丽娜确定总价包干措施项目的合同价款调整因素与调整方法[28]；宗恒恒基于风险归责视角分析工程量偏差对措施项目费调整的影响[29]。上述文献对解决某一类措施项目计价疑难问题有积极的借鉴意义，但目前仍缺少从计价风险防范、争议化解视角对措施项目系统研究的文献，深入分析措施项目计价风险与争议对建设工程的造价控制具有较强的理论与实践意义。

二、清单计价模式下措施项目计价的特点

1. 措施项目计价具有不确定性

措施项目多数没有明确的设计图纸，完成工程实体不同的承包人可以采用不同的施工方法和施工工艺，针对同一项目不同的承包人采用的施工方案可能千差万别，常规施工方案往往也存在诸多选择，施工方案的多样性及可选择性导致发承包阶段措施项目费的不确定性；措施项目实施过程中受天气、不利地质条件等自然因素以及环保、安全要求提高等外部客观约束影响较大，加之承包人在项目实施过程中可能进行施工方案优化，承包人不断地改进施工组织设计，很难在施工前准确选择措施项目并计算其工程量，导致实施阶段措施项目费的不确定性。

2. 措施项目计价具有模糊性

以项列项的措施项目往往以费率计算，费率是综合多种因素参考社会平均水平测算出来的。定额编制依据是按自有材料进行一定次数的周转摊销，实际可能

是租赁使用，对文明施工有特殊要求和危险性较大的分部分项工程，定额中包含的工作内容及范围与实际可能不一致，现有计价依据不能很好地满足工程计价需要，定额计价与实际支出存在较大的差异。同时，装配式建筑、综合管廊等新技术的出现，措施项目计价依据适应性较差或者缺失。综上所述，措施项目计价具有一定的模糊性。

三、措施项目计价争议的成因

1. 招标措施项目清单漏项或不准确导致计价争议

招标人（或其代理人）通常按照清单计价规范提供的模板对措施项目清单来列项，而不能根据工程特点和实际施工需要，对可能发生的措施项目来列项和准确计算数量，由于影响措施项目设置的因素较为复杂，导致招标措施项目清单漏项或不准确。

承包人认为，发包人除根据设计图纸进行分部分项工程列项外，还应结合施工现场和常规施工方案编制措施项目工程量清单，确保招标工程量中措施项目清单的准确性和完整性是发包人的义务和责任；招标人编制招标工程量清单时若没有列出必要的措施项目，视为漏项，如果措施项目清单数量不满足实际施工需要，视为计算不准确，均应由发包人承担责任。而发包人认为，招标工程量清单中列出的措施项目及相应的清单数量仅供投标人参考，承包人投标时应结合拟定的施工方案进行修改、完善，所报措施项目费视为考虑施工实际情况后的全部报价。

案例 2-7：发包人措施项目列项不全导致的计价争议

某建设项目采用清单计价模式单价合同，地质勘查报告中无地下水，基坑工程原工期处于春季，招标工程量清单中没有列出排水费用，招标人要求措施项目由承包人投标报价时综合考虑，结算时不予以调整。由于发包人原因导致进度拖延到夏季，基坑开挖过程中正处于雨季，增加了大量的排水费用。承包人主张原来的报价是基于春期施工基坑工程，投标报价时将此项措施项目费进行了竞争，并没有计取排水费，拖延到夏期施工属于发包人的责任，该项费用必须给予补偿；发包人主张排水费用属于措施项目费，投标人在投标时没有报价视为已经包含在其他项目的报价中，已经计取包干使用，不能再予以调整。

问题：结算时该排水费用能否予以增加？

分析：笔者认为，发包人在招标工程量清单中并没有对排水费用列项，投标人在投标时没有对排水费用进行报价视为已经包含在其他项目的报价中的理由是不成立的，该排水费用应该予以增加。原因在于发包人原因导致的进度拖延造成措施项目费增加的责任理应由发包人承担；对于此类问题的处理，可以按照以下两种方式进行计算：

（1）合同中没有明确约定，可按照当地定额水平再考虑报价浮动率适当下浮计算。

（2）根据发包人认可批准的已实施的施工组织设计计算增加的排水措施费用。

2. 合同约定不合理或不尊重合同审计导致计价争议

单价计量的措施项目理应参考分部分项工程进行管理，合同中往往不约定风险范围，而是完全由承包人承担风险；基于分部分项工程费用计算的总价措施项目费，合同约定计算基数变化后（尤其是较大变化后）仍然不予以调整。上述合同约定过度转移了措施项目费的变化由发包人所承担的责任所引起的、政策性变化引起人工单价变化时措施项目费的调整等应由发包人承担（或部分承担）的计价风险。在竣工结算时审计方往往以“按实审计”为由，对于实际造价比投标时造价低的部分按照承包人优化后的施工方案进行审计，对于实际造价比投标时造价高的部分采用投标时的报价，理由是审计应“审减不审增”，对同一项目采用不同的审计原则，不充分尊重合同导致双方计价争议。

案例 2-8：发包人以措施费用应包干使用为由拒绝调整价款产生计价争议

某建设项目采用清单计价模式总价合同，工期为 1 年，自当年 11 月到次年 10 月，合同价格为 X 万元，由于发包人设计变更原因导致总体进度拖延 4 个月，承包人主张增加冬期施工费，理由是合同工期中只有 1 次冬季，实际施工时需要经历 2 次冬季，在原来的报价中只是考虑了 1 次冬期施工费，需要按照投标报价的水平再增加 1 次冬期施工费。同时，由于工期拖后，要求建设单位补偿相应原合同综合单价分析表中没有计取的抗冻等外加剂的费用。发包人以措施费用应包干使用为由拒绝调整价款产生计价争议。

问题：该措施费用是否包干使用？

分析：由于建设单位引起的进度拖延导致的措施费用增加理应由建设单位承担相应责任，该措施费用不属于包干使用的范畴。若合同工期结束后原合同还有 Y 万元工程量没有完成，当地定额解释中规定冬雨期施工费费率为 $a\%$，其中冬期施工措施费占 $b\%$，则冬雨期施工费可分情况按照如下两个公式计算。

公式 1：$X \cdot a\% \cdot (1-b\%) + (X-Y) \cdot a\% \cdot b\% + Y \cdot a\% \cdot b\% = X \cdot a\%$

公式 2：$X \cdot a\% \cdot (1-b\%) + (X-Y) \cdot a\% \cdot b\%$ ＋双方认可的第 2 个冬期施工增加费

情况 1：定额工期大于等于合同工期 + 拖延工期。由于冬雨期施工增加费用是根据建设工程施工的有关因素综合考虑的，不论实际是否发生，均应按规定费率计取。以分部分项工程为基数按照一定的费率计算时，计算过程与项目经过几次冬雨期施工并无直接关系，由于定额费率是与定额工期相一致的，应采用公式 1 计算冬雨期措施项目费，即不应予以调整。

情况 2：定额工期小于合同工期＋拖延工期。可以参考公式 2 来计算，双方认可的第 2 个冬期施工增加费的计算需要根据审批的施工方案进行现场计量需增加的临时设施、防滑、排除雨雪等项目，对于人工及施工机械效率降低等需要进行现场测定制定相应的补充定额。在未公布冬期施工措施费占比（$b\%$）的地区可以采用如下公式来计算：$X \cdot a\%$ ＋双方认可的第二冬期施工增加费，该公式与公式 2 相比，略有利于承包人。

抗冻等外加剂费用属于相应的分部分项工程费，在进度拖延由发包人承担责任的情况下，抗冻等外加剂的费用计取可结合原报价中相应分部分项工程综合单价分析表中的报价水平，综合考虑合同中风险的约定和市场价格变化情况，对发包人拖延工期导致的冬期施工的分部分项工程相应调增综合单价。

3. 对措施项目计价管理不当引起争议

一般而言，发包人或其代表审批的施工方案仅仅是程序性审核，但是承包人在报批时融入了经济的要素，发包人审批时未能有效甄别，使得审批的施工方案具有了工程签证的性质，结算时双方因发包人对施工方案审批不规范产生计价争议。同时，发包人签证不合理等引起计价争议，例如按照合同不应该予以签证但是监理人和发包人现场代表在施工过程中予以了签证认可，最终结算时发包人又要求扣减该部分措施项目费用，双方产生计价争议。

4. 全要素（进度、安全与环保等）影响措施项目费导致计价争议

发包人有对工期、质量高于定额水平的要求，在最高投标限价中未明确赶工措施费、按质论价等费用计算方法；项目实施过程中进度、环保等要素的变化必然引起措施项目费改变，在发生应由发包人承担的进度拖延或环保要求提高等因素引起造价提高的客观情况下，合同中缺少相应的合理可行的调整依据，调整措施项目费时产生因约定不明或没有约定而导致的计价争议。

案例 2-9：政策性变化导致措施项目费变化从而引起的计价争议

某工程项目位于黄河沿线城市，多属于淤泥性地质，承包人投标时仅按照已有类似施工方案进行报价，承包人中标后，当地建筑管理部门为预防安全事故，颁发文件要求当地工程塔吊基础必须采用桩＋混凝土承台基础，承包人以国家法律、法规、规章和政策变化影响合同价款的因素出现应由发包人承担为由，要求发包人增加塔吊桩＋混凝土承台基础的费用；发包人以塔吊基础归于措施项目费，并且不属于安全文明施工费，不能予以调整价款，双方产生计价争议。

问题：该塔吊桩＋混凝土承台基础的费用能否予以增加？

分析：该案例的情形属于政策性变化导致措施项目费变化，在合同没有明确约定的情况下，双方发生争议时清单计价规范的推荐性条款可作为参考，应该予以调增价款。同时，该项费用用于安全施工，确保施工安全的必要措施费用也是发包人的义务，应该予以补偿。

四、措施项目计价风险与争议防范

1. 清单计价模式下措施项目计价风险

若招标时选用的施工方案不合理，导致措施项目清单漏项或者不准确，必然

引起最高投标限价的降低，承包人在投标时往往为了低价中标不能充分考虑，导致其投标报价不完备。措施项目费的足额计取不仅关系到承包人的盈利水平，更是项目顺利进行的有效保障，由于措施项目费调整的计价依据往往不充分、不完备，使得其准确计算很难实现，给措施项目价款调整带来了很大的障碍。同时，合同约定措施项目费一律不予调整，导致实质上发包人没有支付必然发生的必要措施项目费，可能会影响到工程质量和安全，也势必导致双方利益失衡。尤其需要指出的是，根据《危险性较大的分部分项工程安全管理规定》（住房和城乡建设部令 2018 年第 37 号），建设单位应当在施工招标文件中列出危大工程清单，及时支付危大工程施工技术措施费以及相应的安全防护文明施工措施费。确保危大工程施工安全也是建设单位的重要责任，如果发包人没有考虑并支付危大工程相应的措施费用，发生安全事故时发包人也应承担相应责任。

2. 措施项目计价争议防范对策

（1）发包人通过招标文件要求投标人在发承包阶段对措施项目清单进行核对质疑，发包人确认完善修改招标工程量清单。招标文件明确要求投标人对措施项目清单进行核对，在投标报价时应充分考虑施工组织和技术措施，根据自身实际需要，对招标人未列出的措施项目，应根据实际情况自行补充、修改，如有招标工程量清单的缺项（漏项）或计算错误应该在招投标阶段及时提出，若投标人没有提出则该风险应由投标人承担，构建投标人发承包阶段质疑后由发包人进行修改完善招标工程量清单的机制。清单计价模式下，无论是施工总承包项目还是工程总承包项目，对于措施项目投标人既然有修改的权利，也就可以具有核对义务、补充完善的能力。若投标人对施工中必须发生的措施项目在已标价工程量清单中没有列项或者数量不满足实际施工需要，视为其费用在报价中已综合考虑。

（2）发包人通过合同合理分担并有效管理措施项目的计价风险。在编制招标文件时，对需要采用非常规施工方案的工程项目应组织专家论证，对措施项目清单的列项和数量可咨询专业机构或者专家意见，以提高招标措施项目清单的适用性和准确性；在合同条款中明确措施项目费的调整范围，不随分部分项工程费和使用期限变化而变化的措施项目费（如大型机械设备进出场及安拆费）应不予调整。对属于危险性较大工程范围的措施项目，招标时予以明确并要求投标人应确保施工方案的可行性的基础上投标报价时充分考虑，或者在项目实施过程中按照发包人审批后的施工方案进行计量与计价，采用定额计价的还可以考虑报价浮动率调整措施项目价款。发包人在审批施工方案时严格按照审批程序和内容，可能涉及价款时首先明确是否是应由其承担的责任，若否，应杜绝审批相应内容，避免审批的施工方案具有工程签证的性质。

3. 对按施工组织设计规定计算措施项目费的思考

《房屋建筑与装饰工程工程量算量规范》（征求意见稿）中指出脚手架工程（编码：011701）中单独铺板、落翻板（编码：011701014），施工运输工程（011702）中大型机械基础（编码：011702004）、垂直运输机械进出场（编码：011702005）、其他机械进出场（编码：011702006），施工降排水及其他工程（011703）中集水井成井（编码：011703001）、井点管安装拆除（编码：011703002）、排水降水（编码：011703003）等8项单价措施项目的计算规则为“按施工组织设计规定计算”，为发承包双方清晰计算措施项目费提供了很好的指引。但是建筑施工组织设计按照编制阶段的不同，分为投标阶段施工组织设计和实施阶段施工组织设计[30]。两种施工组织设计的侧重点有所不同，投标时的施工组织设计不一定是实际实施的施工组织设计，不同的施工方案必然导致措施项目费的差异。如果双方按照实施阶段的施工方案计算措施项目费，则措施项目费具有了实报实销的属性，承包人可以在投标时为了中标不予以充分考虑，中标后结合项目需要甚至提高措施项目标准，发包人如果不批准较高水平的措施方案会导致进度不畅，甚至影响质量安全，若批准则增加措施费用，会损害发包人利益也不利于维护正常的建筑市场秩序。如果施工方案的改变并不是由发包人原因引起的，由发包人承担不合理，应杜绝承包人不断改进施工组织设计对结算时措施项目费的影响。

因此，措施项目费的计取一般应按照投标人投标文件中列明的施工组织设计来进行，这就要求投标人在编制投标文件时内容和深度应满足措施项目计价的需要[31]；如果项目实施过程中由于发包人所承担的责任所引起的投标阶段施工组织设计需要修改完善才能够满足施工需要，在结算时应该按照发包人批准的实施施工组织设计进行计量与计价。

综上所述，措施项目费占工程造价比重较高，是发包人和承包人计价风险与争议较多之处，理应由发承包双方合理分担风险。上文从招标措施项目清单漏项或不准确、合同约定不合理或不尊重合同审计、对措施项目管理不当、进度与安全环保等全要素影响措施项目造价等四个方面系统论述了计价争议的成因；分析了措施项目存在的计价风险，提出了计价争议的防范对策，对按施工组织设计规定计算措施项目费提出了切实可行的操作路径。从计价风险防范、争议化解视角对措施项目进行了较为系统的研究，对建设工程造价管控具有较强的理论与实践意义。

第五节 暂估价计价

一、暂估价计价概述

暂估价是指总承包招标时不能确定价格而由招标人在招标文件中暂时估定的工程、货物、服务的金额[32]。对必然发生但在发包时不能合理确定价格设置暂估价，是顺利实施项目的有效制度设计。但结算时据实调整的属性使承包人的报价风险转向发包人，在建设市场诚信环境仍需进一步完善的行业背景下给发包人带来了较大风险，现行计价依据和办法也给总承包人带来了管理风险，暂估价占总价比重（很多项目的暂估价占合同价比例达到 10% ～ 20%）越大双方风险越大。虽然《建设工程工程量清单计价规范》（GB 50500—2013）（以下简称《清单计价规范》）和《建设工程施工合同（示范文本）》（GF—2017—0201）（以下简称《合同示范文本》）针对暂估价实施作出了操作性规定，但是暂估价计价仍然是造价管理的模糊区域，是各方市场主体较难把握和界定的事项，也是政府投资管理的重要风险点。

随着建筑业转型升级和新型建造方式的深刻变革，“四新技术”的不断出现，暂估价管理面临着新的问题，相关政策尚未形成完整的体系以及招标文件、合同中相关条款的缺失，暂估价计价往往存在诸多争议。同时，在政府审计（财政评审）约束强化的背景下，审计（评审）过程中暂估价计价往往存在程序合法但与合理计价结果偏差较大的矛盾，不利于进行顺利竣工结算。及时防范并有效解决施工过程中的合同价款争议，是工程建设顺利进行的必要保证，仍需从理论和实践层面不断深化对其认识并进一步完善操作程序。

二、暂估价设置原则及发承包双方的风险

1. 暂估价设置原则

（1）材料、设备暂估价设置原则

1）设计图纸和招标文件未明确材料、设备的品牌、规格及型号。

2）同等质量、规格及型号，但品种多、市场价格悬殊。

（2）专业工程暂估价设置原则

1）在施工发承包阶段，部分工程只完成初步设计，施工图纸不完善，工程量暂时无法确定。

2）某些专业性较强、总承包单位无法自行完成的分包工程，例如电梯安装、强弱电安装、消防工程、幕墙工程等。

2.《清单计价规范》和《合同示范文本》对暂估价的有关规定

（1）《清单计价规范》对暂估价计价的有关规定

现行《清单计价规范》针对公开招标和不需公开招标两种情况分别对材料、设备和专业工程暂估价项目的计价给出了明确规定，主要内容见表 2-4。

《清单计价规范》对暂估价项目计价的规定 [9]　　表 2-4

序号	发包方式	暂估内容	采购主体及采购费用	发包人管控措施
1	不需公开招标	材料和设备	承包人	发包人确认单价
		专业工程	承包人	参照工程变更处理
2	公开招标	材料和设备	发承包双方	双方共同招标、确定价格；中标价取代暂估价
		承包人不参加投标专业工程	承包人	发包人批准；中标价取代暂估价
		承包人参加投标专业工程	发包人	中标价取代暂估价

（2）《合同示范文本》对暂估价的操作性规定

现行《合同示范文本》对依法必须招标和不需招标的暂估价项目分别给出了2种和3种可以操作的方式供选择，给出了总承包人履行的关键程序及发包人的管控措施，对暂估价的操作性规定见表2-5。

《合同示范文本》对暂估价的操作性规定[33]　　表2-5

序号	发包方式	承包人履行的程序	情形	发包人管控的措施
1	不需公开招标	承包人根据施工进度计划在签订合同前提出书面申请	发包人认可	按计划实施
			发包人不认可	要求承包人重新确定
2	公开招标	承包人应当根据施工进度计划，在招标前提交招标方案、招标文件、招标控制价	承包人招标	审查招标方案，审批招标文件，确定招标控制价，参加评标，与承包人共同确定中标人
		承包人应按照施工进度计划，在招标前提交暂估价招标方案和工作分工	由发包人和承包人共同招标	确定中标人后，由发包人、承包人与中标人共同签订暂估价合同

综合分析可得出以下结论：（1）不需要公开招标的材料、设备，均需要认质认价，需要在实施过程中规范管理程序，严格认质认价的管理过程。（2）须公开招标的专业工程按招标实施主体分为以下三种情况：1）由总承包人组织招标时，均由发包人审批招标工作的关键环节。2）由发包人招标时，由发包人与中标人签订暂估价项目合同。3）由双方共同招标时，由双方与中标人共同签订暂估价项目合同。

3．设置暂估价给发包人带来的风险分析

（1）不属于依法必须招标的暂估价项目。关键问题在于发包人（或其代表）的认质认价，因为《建设工程造价鉴定规范》（GB/T 51262－2017）第5.6.4条第二款规定“材料采购前未报发包人或其代表认质认价的，应按合同约定的价格进行鉴定[34]”，承包人若得不到发包人的认可价格将不予采购，导致暂估价合同订立和履行迟延，可能导致进度拖延。由于双方对价格达不成一致意见而导致的进度延误责任是无法划清责任界限的，发包人往往屈服于整体进度目标而妥协价格。

（2）采取公开招标方式的暂估价项目。从评标方法和中标条件的角度，在产品质量和专业资质能够满足项目要求的情况下，发包人更加倾向于选择价格低和综合实力较强的专业分包人，而承包人显然更加关注产品质量和专业分包人提供的专业服务水平而不是价格，双方在招标操作的关键问题上往往存在争议。

由总承包人单独进行招标时，如果总承包人的所有程序均合法，发包人无权否定招标结果，往往政府审计（财政评审）也很难否定。发包人是否具有科学合理审查招标方案、审批招标文件和确定招标控制价的专业水平，发包人能否有效控制承包人的招标行为不存在寻租行为，存在较大不确定性。

由双方共同招标时，发包人可牵制总承包人的控制权，利于发包人更多监控分包合同的履行，有效保护发包人的合法权益。但是双方共同招标不利于责任的单一化，签订三方合同后由于建设单位和总承包单位的责任权利划分不清晰产生争议。

4. 设置暂估价给承包人带来的风险分析

采用公开招标方式的材料设备暂估价项目，承包人将失去会赚取与发包人签署合同中的材料、设备价格与实际采购材料、设备价格之间的价差；采用公开招标方式的专业工程暂估价项目，与发包人结算时以中标价代替暂估价，承包人不仅不能赚取价差，目前的计价方式中承包人尚不能得到应有的管理费和利润。

三、暂估价项目计价争议的成因

1. 以中标价取代暂估价作为结算价格

虽然 FIDIC 合同条件中也是以中标价取代暂估价，但是我国的计价依据和造价管理体系与国际惯例存在较大差异，存在工程计价与合同管理兼容性问题。由总承包人对暂估价专业工程发包时，存在如下计价问题：总承包人与暂估价专业工程分包人之间是总分包合同关系，总承包人对该专业工程承担总包管理的法定责任，但是以中标价为依据取代暂估价使得总承包人只有义务而没有利益，在暂估价额度较大时发承包双方明显利益失衡，总承包管理费的计取缺失导致计价争议；招标工程量清单的缺项和计算不准确现象很难杜绝，项目实施过程中的设计

变更等价格调整因素仍然存在，专业工程的中标价也不一定是其最终的结算价，若发包人通过合同约定该责任由总承包人承担，将来结算时不作任何调整，引起计价争议。

由建设单位对暂估价专业工程发包时，总承包人存在不能中标情形，此时总承包人与暂估价专业工程中标人之间是总承包服务关系，总承包人对该专业分包人提供总承包服务，理应计取总承包服务费，以中标价为依据取代暂估价同样使得总承包人只有义务而没有利益，对暂估价专业工程不予以合理计取总承包服务费导致计价争议。

2. 总承包人组织招标费用无法直接计入工程造价

《清单计价规范》第 9.9.4 条第一款规定“与组织招标工作有关的费用应当被认为已经包括在承包人的签约合同价（投标总报价）中[9]”，但是总包合同的招标控制价编制时往往没有考虑暂估价专业工程招标费用。总承包人组织暂估价专业工程招标时，如果总承包人要求该暂估价专业工程招标费用（比如编制招标工程量清单及招标控制价等费用）由中标人承担，从而将该费用转移给发包人，但是发包人在审批招标文件时不同意该规定，导致招标工作不顺畅。

3. 暂估价材料消耗量不明确引起计价争议

综合单价分析表中的材料费是由材料单价与材料消耗量的乘积得到的，现行《清单计价规范》仅明确投标报价时材料暂估单价不得改变，但未明确相应材料的消耗量。存在以下两个方面的问题：

（1）部分消耗量定额中部分定额子目缺失，尤其是涉及“四新技术”方面的定额子目，而此处恰好是暂估价项目的常见区域，从而导致结算时的材料价款争议。

（2）发包人在招标文件中规定暂估价结算时只调整材料价差及相应的规费和税金，故意压低暂估价以降低管理费和利润，投标人为了确保一定的管理费和利润，把投标报价综合单价分析表中的材料消耗量适当提高，虽然材料单价严格按照招标工程量清单中的报价，但是材料消耗量提高以后相应的材料费也会相应提高，最终结算时发包人要求套用当地社会平均消耗量相应定额子目中的消耗量进行调整，总承包人坚持以投标报价综合单价分析表中明确的材料消耗量为准进行结算。

4. 认质认价不清晰产生计价争议

发包人代表或监理工程师对入场材料检验时把关不严，比如地面铺贴的石材，设计文件规定为25mm，但是市场上供应的石材厚度多为23mm左右，在最后结算时，造价人员通过与现场情况复核，发现质量达不到设计文件要求，扣减部分费用，因质量问题引起计价争议。

不需要公开招标的材料、设备价格，项目实施过程中需要发包人代表签批价格（认价）。由于采用不同的计税方法时，材料价格需要严格区分是否含税，如果签批价格时没有明确是否含税、未明确材料价格中所包含的内容（比如是否含运输费用）将导致计价争议。在采用一般计税方法计算造价时，如果签批价格是含税价格，除税过程中的税率是适用13%还是综合考虑运输费用等影响后的综合税率容易导致双方的计价争议。

5. 直接通过合同约定结算价不得高于暂估价

发包人为了避免结算价超过合同价带来的管理风险和廉政风险，在合同中直接约定："暂估价部分由总承包人实施，但是实施的价格不能超过暂估价，超过部分由总承包人承担，实际价格低于暂估价时以实际价格代替。"虽然该约定内容从合同效力来讲不属于合同约定无效的情况，但是之所以采用暂估价的方式，就是因为招标时无法确定价格，发包人将暂估价项目计价风险完全转移给承包人，承包人认为不得约定所有物价上涨风险均由其承担，导致造价争议。

四、暂估价设置原则的再思考

从国内外工程管理的实践来看，基于施工图纸招标时发包人控制造价、引导投标人充分竞争的最有效环节是发承包阶段。发包人应充分利用发承包阶段有利于控制工程造价这一国际惯例，将暂估价界定为总承包招标投标时不能确定价格，虽然招标人不能准确确定价格，但是承包人凭借其类似经验和丰富的数据积累，加之信息技术的有效支撑，有能力合理确定造价。所以，发包人（或其咨询服务委托人）可利用类似项目指标数据、充分进行市场调查等大致确定暂估价项目的合理参考价格，并在招标文件中要求投标人复核发包人提供的参考价格，发现参考价格低于正常合理价格的，应及时书面通知发包人，发包人应对投标人的诉求给出科学合理答复。通过减少暂估价项目设置，适当延长投标时间，可减少

计价风险与争议，也有利于激发市场活力。

1. 通过评标环节和实施过程控制材料及设备品质

对于设计图纸和招标文件未明确材料、设备，通过在招标文件中明确描述功能要求、性能指标等，由投标人结合已有类似经验和市场调查在投标时进行充分竞争，在评标时侧重评审投标人选择的品牌、型号是否满足招标文件的实质性要求，评审投标报价与采用材料设备的一致性。

将中标人投标文件中列明的品牌、型号（唯一或同档次价格差异不大时列出短名单）列入合同文件的组成部分。从施工合同文件的组成来分析，由投标人递交体现价格属性的“已标价工程量清单”中也无法明确品牌型号的唯一性，综合单价分析表也不必然属于已标价工程量清单的范畴。所以，应要求投标人在投标函附录中予以明确采用材料、设备的品牌与型号。项目实施过程中，承包人如需更换投标时承诺的材料、设备的品牌与型号，应报发包人审批。

2. 对施工图设计深度不足的暂估价专业工程采用总价合同

在建筑业大力推进工程总承包的背景下，基于方案设计或者扩大的初步设计进行招标将成为建筑业的常见发包方式，虽然发包人不能准确确定其价格，但是承包人凭借其丰富的经验积累，具有深化设计及报价的能力，此时如果要求总承包人深化设计并施工专业工程，对暂估价部分工程采用固定总价合同，由总承包人投标报价时进行竞争，投标报价中除了专业工程施工价款之外还应包括深化设计的服务费用，采用单价合同下部分专业工程用总价合同的混合模式。需要指出的是，此时发包人对总承包人控制的重心不再是按图施工，而是总承包人的深化设计是否满足合同文件要求和符合国家标准规范。目前工程总承包模式存在市场主体计价能力不足的客观现实，采用单价合同条件下部分专业工程总价合同的混合合同类型，利于工程总承包计价经验的积累，也有利于工程总承包的发展。

3. 对专业性较强的专业工程暂估价要求在投标时明确分包人

对总承包人不能自行完成的专业性较强的专业工程，发包人应通过充分市场调查，合理设定参考价格供投标人参考，并在招标文件中要求投标人复核，计价时不再采用暂估价形式。总承包人投标时进行相应专业分包市场调查后先进行内部招标（竞争性磋商等），要求分包人做出明确报价，总承包人参考中标分包人价格进行投标报价，并要求中标分包人承诺一旦总承包人中标，不得要求变更合同价格。

五、防范建设工程暂估价计价争议的对策

1. 完善暂估价专业工程计价依据

由总承包人进行专业工程发包时，总承包人投标报价中的专业工程暂估价应包含招标工程量清单中的暂估价及总承包人的管理费和利润，此时发包人可要求总承包人进行管理费费率和利润率竞争，也可以直接计取固定的总承包管理费；由发包人进行专业工程发包时，应在总承包服务的内容中对暂估价专业工程进行描述并予以单列，要求投标人投标时进行报价，若出现总承包人不能中标情形时将计取该总承包服务费，否则，将投标时的该费用从中标价中扣除。招标控制价编制时应对上述总承包管理费和总承包服务费结合当地计价依据予以充分考虑，以从源头平衡双方的利益。

2. 清晰约定计税方法及价格是否含税

专业工程暂估价由总承包人发包时，采用哪种计税方法可由总承包人自行选择，由于总承包人往往会选择有利于自己进项税额抵扣的计税方法，发包人在批准招标控制价时会对比计算不同计税方法下的含税造价，并在总承包合同中约定暂估价专业工程采用的计税方法。材料、设备价格无论是采用公开招标方式还是认质认价方式均需要明确价格是否是含税价格，要尽量采用与工程造价计算相一致所需要的价格（是否含税），以避免除税引起的计价争议。

3. 明确暂估价材料的消耗量处理原则

暂估价材料的消耗量理论上是由投标人在投标时结合自己的施工经验和管理水平决定的，如果约定不明，往往参考社会平均消耗量水平，但是总承包人在投标时可能在综合单价分析表中调高相应材料的消耗量，从而达到提高材料调整价款的目的。所以，可以通过合同明确约定投标人相应综合单价分析表中的暂估价材料明细中材料消耗量高于当地社会平均消耗量水平时，在材料价款调整时按照社会平均消耗量水平计算，并约定投标人提供的含有暂估价材料的综合单价分析表构成合同文件的组成部分，评标时重点予以评审。

综上所述，暂估价计价是市场主体较难把握的事项，是建筑市场各方主体高

度关注的造价管理风险点。目前常见的暂估价设置原则给发承包双方带来了较大的风险，现行的清单计价规范以中标价（或认质认价）取代暂估价作为结算价格的计价机制存在对承包人的利益失衡，在简要梳理暂估价设置原则的基础上，深入分析设置暂估价给发承包双方带来的风险；基于清单计价模式从五个方面深入探讨暂估价计价争议的成因，提出了暂估价设置优化改进三种策略和预防暂估价计价争议的针对性措施，对有效防范投资风险和及时化解暂估价计价争议有一定的理论和实践意义。

第六节　工程变更

一、不同合同文本下工程变更的范围对比

1.《建设工程施工合同（示范文本）》（GF—2017—0201）中工程变更的范围

根据《建设工程施工合同（示范文本）》（GF—2017—0201）的规定，工程变更的范围和内容包括：

（1）增加或减少合同中任何工作，或追加额外的工作；

（2）取消合同中任何工作，但转由他人实施的工作除外；

（3）改变合同中任何工作的质量标准或其他特性；

（4）改变工程的基线、标高、位置和尺寸；

（5）改变工程的时间安排或实施顺序。

2.《标准施工招标文件》（2007 年版）中工程变更的范围

根据《标准施工招标文件》（2007 年版）第 15.1 条款的规定，除专用合同条款另有约定外，在履行合同中发生以下情形之一，应按照本条规定进行变更。

（1）取消合同中任何一项工作，但被取消的工作不能转由发包人或其他人实施；

（2）改变合同中任何一项工作的质量或其他特性；

（3）改变合同工程的基线、标高、位置或尺寸；

（4）改变合同中任何一项工作的施工时间或改变已批准的施工工艺或顺序；

（5）为完成工程需要追加的额外工作。

3.《建设工程工程量清单计价规范》(GB 50500—2013)中工程变更的定义

根据《建设工程工程量清单计价规范》(GB 50500—2013)第2.0.16条规定，工程变更是指合同工程实施过程中由发包人提出或由承包人提出经发包人批准的合同工程任何一项工作的增、减、取消或施工工艺、顺序、时间的改变；设计图纸的修改；施工条件的改变；招标工程量清单的错、漏从而引起合同条件的改变或工程量的增减变化。

通过对比可以发现，不同合同文本下工程变更的范围并不完全一致，发承包双方应深刻理解不同文本可能对项目造价的影响，双方在合同中对于工程变更范围和内容可根据项目的具体特点作出有个性化的约定。

二、工程变更估价原则的对比

1.《建设工程施工合同(示范文本)》(GF—2017—0201)中有关工程变更估价的规定

《建设工程施工合同(示范文本)》第10.4.1条变更估价原则，除专用合同条款另有约定外，变更估价按照本款约定处理：

(1)已标价工程量清单或预算书有相同项目的，按照相同项目单价认定；

(2)已标价工程量清单或预算书中无相同项目，但有类似项目的，参照类似项目的单价认定；

(3)变更导致实际完成的变更工程量与已标价工程量清单或预算书中列明的该项目工程量的变化幅度超过15%的，或已标价工程量清单或预算书中无相同项目及类似项目单价的，按照合理的成本与利润构成的原则，由合同当事人按照第4.4款[商定或确定]确定变更工作的单价。

此处“变更估价”三原则的正确运用可从以下三个方面进行把握：

(1)直接采用适用的项目单价的前提是其采用的材料、施工工艺和方法相同，亦不因此增加关键线路上工程的施工时间；如某栋楼地面贴瓷砖，合同中写明工程量是7000m^2，在实际施工过程中，业主进行工程变更，增加了墙面贴瓷砖工程，面积增加至7600m^2。尤其需要注意的是，因为工程价款都具有一定的时效性，承包方所报的综合单价都是在一定的价格水平下提出的，故应充分考虑对实际施工时间的影响，比如混凝土结构主体加层，虽然原来的分部分项工程中存在相应的综合单价，但是由于会延长工期，若正好在这个时间阶段内商品混凝土价格上涨（超过合同约定的幅度），则“不适用”。

（2）采用类似的项目单价的前提是其采用的材料、施工工艺和方法基本相似，人工、材料、机械消耗量不变，不增加关键线路上工程的施工时间，可仅就其工程变更后的差异部分，参考类似的项目单价由发、承包双方协商新的项目单价，如商品混凝土强度等级由C25变为C30。

（3）因为企业个别成本无法判定，合理成本应是指社会平均成本。采用的计价依据是当地消耗量的定额和信息价格，信息价格缺项时采用双方认可的市场价格。合理利润一般是指参考相应的社会平均水平的利润，即当地定额规定的利润取费水平；也应结合在合同订立时当事人双方确认的利润取费比例和建筑市场的收益惯例来进行确定。该条款对合理成本与合理利润的规定为原则性规定，可操作性较差，与国内造价管理环境不相容。

2.《建设工程工程量清单计价规范》（GB 50500—2013）中有关工程变更估价的规定

《建设工程工程量清单计价规范》（GB 50500—2013）第9.3条对关于工程变更作出了如下规定：

情况1：因工程变更引起已标价工程量清单项目或其工程数量发生变化时，应按照下列规定调整：

（1）已标价工程量清单中有适用于变更工程项目的，采用该项目的单价；但当工程变更导致该清单项目的工程数量发生变化，且工程量偏差超过15%时，该项目单价应按照本规范第9.6.2条的规定调整。

（2）已标价工程量清单中没有适用但有类似于变更工程项目的，可在合理范围内参照类似项目的单价。

（3）已标价工程量清单中没有适用也没有类似于变更工程项目的，应由承包人根据变更工程资料、计量规则和计价办法、工程造价管理机构发布的信息价格和承包人报价浮动率提出变更工程项目的单价，并应报发包人确认后调整。承包人报价浮动率可按下列公式计算：

招标工程：承包人报价浮动率L =（1 －中标价 / 招标控制价）×100%

非招标工程：承包人报价浮动率L =（1 －报价 / 施工图预算）×100%

（4）已标价工程量清单中没有适用也没有类似于变更工程项目，且工程造价管理机构发布的信息价格缺价的，由承包人根据变更工程资料、计量规则、计价办法和通过市场调查等取得有合法依据的市场价格提出变更工程项目的单价，并应报发包人确认后调整。

分析：工程变更导致该清单项目的工程数量发生变化超过 15% 时进行相应综合单价调整，使得价款更加符合工程实际，也可以视为对承包人不平衡报价的再平衡，这对于采用模拟工程量清单招标时尤为重要。

承包人报价浮动率的计算发包人可以在合同中进行单独约定，存在暂列金额、暂估价的情况下，由于暂列金额、暂估价属于不可竞争的范畴，将暂列金额、暂估价以及所有的规费和税金等不可竞争性费用全部从中标价和招标控制价中扣除，更有利于体现承包人的竞争程度。按照该思路计算出来的报价浮动率会低于按照规范计算出来的报价浮动率，发生工程变更尤其是发生大量工程变更时对发包人有利。

案例 2-10：采用改进的报价浮动率计算工程变更价款

某建设项目采用一般计税方法，规费以分部分项工程费、措施项目费和其他项目费为基础，费率为 1%，适用税率为 9%，招标控制价含税价为 4950 万元，其中暂列金额为 500 万元（已含规费和税金），投标报价含税价为 4730 万元，按照《清单计价规范》的计算方法，$L=(1-4730/4950)\times100\%=4.44\%$，按照改进后报价浮动率计算方法$L=[1-(4730\div1.1-500-42.57)/(4950\div1.1-500-44.55)]\times100\%=5.01\%$。

通过市场调查等取得有合法依据的市场价格在实际操作时如何获得各方市场主体的认可不是件容易的事情，如果该项目所需采购的材料价格总额超过必须招标的范围，采用公开招标的方式进行，通过合法程序以规避可能的风险。如果达不到必须公开招标的规模，应采用书面形式至少向 3 家以上供应商进行正式询价，并留好原始记录。

除“信息价格缺项”外，四新技术的出现还可能有“消耗量定额缺项”的情况，套用类似项目的消耗量定额或者需要在现场进行定额测算，经过双方签认后作为工程变更价款的调整依据。

情况 2：工程变更引起施工方案改变并使措施项目发生变化时，承包人提出调整措施项目费的，应事先将拟实施的方案提交发包人确认，并应详细说明与原方案措施项目相比的变化情况。如果承包人未事先将拟实施的方案提交给发包人确认，则应视为工程变更不引起措施项目费的调整或承包人放弃调整措施项目费的权利。拟实施的方案经发承包双方确认后执行，并应按照下列规定调整措施项目费：

（1）安全文明施工费应按照实际发生变化的措施项目依据《清单计价规范》第 3.1.5 条的规定计算。

（2）采用单价计算的措施项目费，应按照实际发生变化的措施项目，按情况 1 的规定确定单价。

（3）按总价（或系数）计算的措施项目费，按照实际发生变化的措施项目调整，但应考虑承包人报价浮动因素，即调整金额按照实际调整金额乘以情况 1 规定的承包人报价浮动率计算。

分析：对于安全文明施工费和按单价计算的措施项目费的规定可操作性较强，具有很强的指导意义，但是其主要考虑了工程变更导致的投资增加问题，对于工作删减时造成的管理费和利润的计算并未给出指导做法。对于按总价（或系数）计算的措施项目费，如果是新增项目，按照上述规定计算没有异议，但如果是已有的总价措施项目，由于工程变更导致总价措施项目取费基数发生变化后可按相应比例进行调整，由于已标价的工程量清单中已经体现了承包人的竞争程度，无需再考虑报价浮动率，同样的，对于工程变更导致的工作删减时造成的管理费和利润的计算也未给出指导做法。

情况 3：当发包人提出的工程变更因非承包人原因删减了合同中的某项原定工作或工程，致使承包人发生的费用或（和）得到的收益不能被包括在其他已支付或应支付的项目中，也未被包含在任何替代的工作或工程中时，承包人有权提出并应得到合理的费用及利润补偿。

分析：该规定仅仅是原则性规定，具体操作时费用和利润的计取标准并未予以明确，容易导致双方的计价争议。

3.《建设工程造价鉴定规范》(GB/T 51262—2017)中有关工程变更估价的规定

情况1：当事人因工程变更导致工程量数量变化，要求调整综合单价发生争议的；或对新增工程项目组价发生争议的，鉴定人应按以下规定进行鉴定：

（1）合同中有约定的，应按合同约定进行鉴定。

（2）合同中约定不明的，鉴定人应厘清合同履行情况，如是按合同履行的，应向委托人提出按其进行鉴定；如没有履行，可按现行国家标准计价规范的相关规定进行鉴定，供委托人判断使用。

（3）合同中没有约定的，应提请委托人决定并按其决定进行鉴定，委托人暂不决定的，可按现行国家标准计价规范的相关规定进行鉴定，供委托人判断使用。

分析：遵从双方合同约定和参考现行国家标准计价规范的相关规定，融会贯通有关国家标准计价规范的实质性内容很有裨益。

情况2：因发包人原因，发包人删减了合同中的某项工作或工程项目，承包人提出应由发包人给予合理的费用及预期利润，委托人认定该事实成立的，鉴定人进行鉴定时，其费用可按相关工程企业管理费的一定比例计算，预期利润可按相关工程项目报价中利润的一定比例或工程所在地统计部门发布的建筑企业统计年报的利润率计算。

分析：明确了费用和利润的计取标准，利润的计算反映了当时当地的市场情况，可操作性较强。

通过对比上述三本国内现行的规范（文本）可以发现：不同规范（文本）对于同一事项的约定不完全相同，行业标准的多元化给建设单位的选择带来了较高的专业要求，直接采用某一现行的合同文本，较难满足建设项目投资管理需求，建设单位应加强相关规范（文本）的理解与深度学习，需要在招标文件编制环节细化完善投资控制的有关条款。

三、工程变更估价适用原则的前提条件

合同中的价格之所以被适用和参考是基于合同价格中每一个子项价格都是科学合理的前提。但由于承包人采用不平衡报价、报价失误或者让利等原因，合同

价格中某些子项价格可能会明显偏高或偏低，此时工程变更估价适用原则的前提条件已经失去，不能再采用。

案例 2-11：分部分项工程变更估价

某市投资集团负责旧城改造小区建设任务，与承包人签订的施工协议中约定：××品牌入户门，单价为1100元/户，整个小区共6栋33层的高层建筑，每栋2个单元，每单元3户，共需要1188个入户门，总计1306800元（约130万元）。实际上，该品牌的入户门的市场价约1800元/户，承包人的报价比正常市场价低约39%，市场价总计2138400元（约210万元）。从投标报价来看，承包人愿意用130万元完成210万元的工程。

项目实施过程中，在不增加总投资的情况下，按照居民建议，提高厨卫防水标准，降低入户门规格（某品牌市场价格为1000元/户），建设单位同意采用低规格的某品牌的入户门，但是要求实际造价低于合同造价则扣除，造价工程师按照上述“变更估价原则”进行了核算。工程变更后，根据上述现有的各种合同版本的变更估价原则对防火门造价进行核减，其核减的金额为1306800－1188000＝118800元。

分析：承包人本来要承担比正常市场价低约39%的报价风险，工程变更后，则承包人的报价风险无需承担，发包人用1188000元买了市场价格1188000元的入户门，不再是用1306800元买2138400元的入户门了。可以视为建设单位会因本工程变更“亏损”约80万元。所以，在工程变更中，如可适用参照子项价格明显偏高或偏低，适用变更估价规则将引起承发包双方利益的不平衡。

四、工程变更的规避与变更程序

从工程实践来看，因为工程变更发生在项目实施过程中，发包人此时与承包人谈价格，已经失去了发承包阶段的最有利环节，工程变更的发生总体而言对于发包人是不利的，所以，对于发包人而言，应尽可能地完善前期工作，规避工程变更的发生。同时，在政府审计强约束的社会背景下，工程变更的提出程序也可能面临审计风险。

案例 2-12：既有建筑维修改造项目工程变更

某高校七栋学生宿舍楼为六层框架建筑，于 2009 年 8 月竣工验收投入使用，窗户为普通玻璃，屋面防水保温采用的是正置式屋面的做法，如图 2-1（*a*）所示。2017 年部分顶楼宿舍有漏水迹象，学校研究决定 2017 年暑假进行屋面防水维修和窗户进行节能改造，由于涉及节能工程，学校申请到当地政府一笔节能改造资金用于该工程，项目结束后可能面临政府审计。通过公开招标方式选择施工单位，采用一般计税方法，招标工程量清单中屋面防水维修部分仅仅涉及替换原有的卷材防水层，投标人所报的综合单价组价时仅仅考虑了卷材防水层和保护层的相应定额子目。合同条款中约定：合同未约定事宜，参考现行施工合同示范文本和清单计价规范执行。

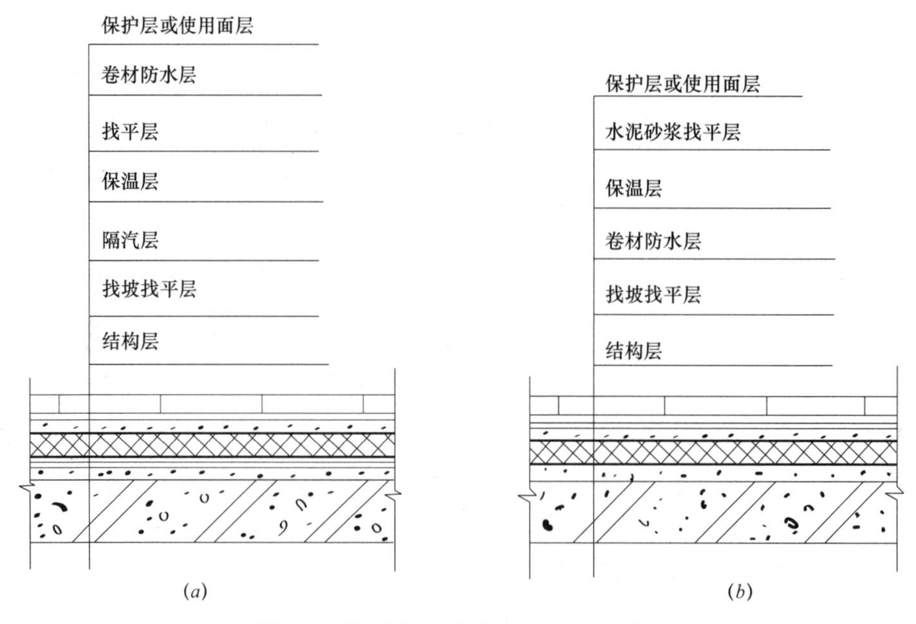

图 2-1　卷材防水屋面构造层次示意图

但是实际施工时发现防水层下部的水泥砂浆找平层已经大面积损坏，并发现原来的岩棉保温板已经大面积吸湿受潮，由于工期的强约束加之暑期天气原因，不允许将原来的保温材料进行晾晒，如果仅仅采用原来的维修方案性价比极低。

学校有关领导对此事高度重视，组织召开了施工单位、监理单位参加的专题会议，经过建设、施工、监理三方协商，变更原定维修方案，一致认可倒置式屋面方案，如图 2-1（*b*）所示，屋面保温材料改用憎水性强的 EPS 聚苯板，与会各方在会议纪要上签字，学校决定在原有政府资金的基础上追加维修投资。

在确定维修方案变更后，承包人及时要求变更单价，声称：在未达成一致意见之前，考虑暂时停工。

发包人认为，由于施工工艺的改变和客观上造成的影响总工期，不适用“已有适用原则”和“参照类似项目原则”，但是可以采用参照社会消耗量定格和信息价格计算后再考虑报价浮动率的做法确定变更后的综合单价。

承包人认为，原投标报价综合单价组价时采用的是当地的社会平均消耗量定额和市场价格，目前的工程变更应采用当地的计量规则和计价办法、工程造价管理机构发布的信息价格进行变更单价，可以不顺延工期，也不再要求赶工补偿。由于不能再考虑报价浮动率，理由是该保温材料占工程造价的比例太高，原来采用的保温材料是公司的大批量订货产品，所以价格较低，变更后使用的材料不属于公司大批量采购范围，具体采购的市场价跟信息价格基本相同。

对承包人综合单价分析表进行分析时发现：投标时材料费报价较低，人工费报价较高（因为当地是管理费和利润以人工费作为取费基数）。工程变更的责任主体往往在建设单位，从国际惯例来看，工程变更是承包人获利的重要来源，一旦发生变更，往往不利于建设单位，做好前期工作以减少或避免变更是建设方投资控制应遵循的重要原则。

针对此类工程，如何避免工程变更的产生？

前期需要详细地现场踏勘，甚至是使用破坏性的措施，查看结构情况。再比如教室墙面改造过程中，最关键的质量控制因素便是基层处理的质量。但是此类现场踏勘只能是局部选取破坏查看，很难准确确定所有屋面的破坏程度，如果在现场踏勘发现存在水泥砂浆找平层破坏以及原有保温材料吸湿受潮，则招标时应如何处理？

方案一：直接对原有方案进行优化改进，确定为工程变更后的方案。

方案二：招标阶段编制分部分项工程和单价措施项目工程量清单时将两种方案分别列项，要求投标人在填报综合单价时按照当地消耗量定额和信息价格分别组价后进行费率竞争，不管具体实施哪一个方案均采用中标人下浮的费率计算。

发包人认为，既然清单计价规范和造价鉴定规范对该类问题的处理已经有明确的规定，参照清单计价规范的规定执行将有助于降低本项目将来面临的审计风险。但是承包人的主张也有其合理性，在双方争执不下的情况下，如何寻求双方均可以接受的方式呢？笔者认为，对于双方争议的保温材料的采购费用的确定，发包人可采用的策略如下：

策略一：由发包人采购变更后的保温材料，数量按照相关工程的计价定额同类项目规定的材料消耗量计算，按照实际采购单价和定额消耗量给予承包人相应的规费及税金的调整。

对承包人而言，丧失自行采购材料所赚取的价差，丧失进项税抵扣。

对发包人而言，获得的材料进项发票不能抵扣，造成发包人投资增加，比如100元的材料在承包人的合同价格内，发包人只需支付109元就可以得到含税造价，甲供时则需要113元。

策略二：将该保温材料价格以暂定价格的方式计入，采购前由发包人进行认价，结算时按照发包人的认价进行。

案例2-13：建设单位提出设计变更导致审计风险

某保障性住房项目由市重点工程局负责建设，项目开工后全市倡导落实做好民生工程，工程局决定进行设计变更，室内防水由一般防水改为SBS高分子防水，外保温消防等级由二级提高到一级，有关专家论证后一致认为技术方案合理。项目结束后，由于该设计变更导致项目的暂列金额不足，最终工程结算价格超过合同价格。政府审计时发现设计变更的会议纪要中有如下内容：由建设单位负责人率先讲话，提出具体设计变更指示，最后带头在会议纪要上签字。

针对本设计变更，政府审计人员通常会认为，由于建设单位对设计文件考虑不充分导致设计变更，在后续设计变更中采用的防水材料由建设单位采购，承包人外保温工程原报综合单价报价较低，设计变更后承包人通过利用设计变更得到了更高的收益，建设单位应作出说明。政府审计人员会怀疑建设单位是否跟防水材料供应商和承包人有利益交换问题，为什么原来考虑不充分？笔者建议，工程变更会导致承包人原有的综合单价不再适应，会带来投资管控风险。在政府审计约束加强的背景下，建设单位应增强“审计意识”以降低审计风险。政府投资项目中尽量不要由建设单位提出设计变更，虽然发包人和监理人均可以提出变更，但是由监理人提出设计变更发包人进行确认对发包人更有利。如果承包人提出合理化建议经发包人批准的，由监理人发出变更指示。本案例中，如果会议纪要显示：监理单位建议将室内防水由一般防水改为SBS高分子防水，外保温消防等级由二级提高到一级，则工程变更主体不再是发包人。

第七节　投标报价与不平衡报价

一、投标报价应注意的四个问题

（1）投标人工程量清单中的项目编码、项目名称、项目特征、计量单位、工程量必须与招标工程量清单一致。

由于招标工程量清单的内容繁杂，信息量大，如果投标人在投标时将项目特征描述、工程量等招标工程量清单的实质性内容有意或无意作出了修改，评标时未被评标委员会有效识别出来，发包人在发出中标通知书前也未发现，最后以投标人的已标价的工程量清单签订了合同，结算时才发现承包人的投标文件并未响应招标工程量清单的实质性内容，比如书面投标文件中将某个项目特征描述进行了修改，修改后的综合单价明显低于修改前的综合单价，此时，发包人认为既然没有设计变更等发生，应该将该投标人做废标处理，虽然评标时未能及时有效识别出承包人的错误，但是仍然不应给予调整相应的综合单价，但是承包人认为已标价的工程量清单才是合同文件的组成部分，应该以已标价的工程量清单中所载明的信息作为价款调整的基础。笔者认为，根据合同形成的邀约承诺机理，发包人应对自己对投标报价的评审不严不到位“买单”，承包人投标时修改招标工程量清单的做法一旦被有效识别即为废标，但是如果未被有效识别，则应以已标价的工程量清单中所载明的信息作为价款调整的基础。

（2）招标工程量清单与计价表中列明的所有需要填写单价和合价的项目，投标人均应填写且只允许有一个报价。当竣工结算时，此项目不得重新组价予以调整。

该条规定实质是“漏项不补”原则，但是其适用应是在招标工程量清单与实际施工图纸一致的前提下，如果失去该前提，无论是工程量增加还是减少，由于承包人没有进行报价，对后续变更部分均无法直接确定其综合单价。

案例 2-14：投标人对招标工程量清单与计价表中列明的项目未报价

某工程项目，招标图纸中并没有某分部分项工程，但是招标工程量清单中已经列出了，投标人报价时并没有报价。项目实施过程中建设单位设计变更，需要有该分部分项工程，但是数量比招标工程量清单中的数量大幅度增加，由于投标人没有报价，根据“未填写单价和合价的项目，可视为此项费用已包含在已标价工程量清单中其他项目的单价和合价之中”，该设计变更部分是否应该增加工程价款，如何增加？或者在招标工程量清单中的工程量很大，投标人报价时并没有报价，后来设计变更时需要取消，此时如何扣减该部分的造价？

笔者认为，不能简单地套用清单计价规范中“当竣工结算时，此项目不得重新组价予以调整”的规定，此处规定应是在未发生工程变更的情况下才能适用。由于投标人没有进行相应的报价，对该工程变更已经没有“已有适用”原则和“参照类似项目”原则确定综合单价的基础，对于按图施工后的实际工程量与招标工程量之间的量差部分可以采用参照社会消耗量定格和信息价格计算后再考虑报价浮动率的做法确定变更后的综合单价。

（3）投标总价应当与分部分项工程费、措施项目费、其他项目费和规费、税金的合计金额一致。

该条规定是过程结算实质性内容的体现，不允许投标时进行总价让利。如果每项分部分项工程的综合单价与分部分项工程费不相吻合，由于项目实施过程按照工程量计量结果和所报单价进行计价，则导致最终的结算价格将超过投标时的合同总价，失去投标报价的意义。这对投标人采用突然降价法提出了较高的要求，在运用突然降价法时，必须将所降低价格准确反映到相应的子项中。同时，该限制性规定对于后续可能发生的工程变更，也提供了可借鉴的计价基础。

（4）投标报价不得低于工程成本，不得高于最高投标限价。

无论是工程成本还是最高投标限价均是指投标总价，由于承包人自身技术水平和管理水平的差异，应允许其个别分部分项或者措施项目的报价高于最高投标限价中的相应综合单价，并不能适用于具体的每个分部分项或者措施项目的报价。工程成本是指企业的个别成本，在实践准确判断时存在较大的困难。

当投标人的评审价（投标报价扣除不可竞争性费用）低于招标控制价相应价格的一定比例（比如85%、90%等）时，启动是否低于成本价的评审，并要求投标人在投标报价中对其低报价进行说明，阐明理由和依据，并在投标文件中附相关证明材料。

清单计价规范和有关法律对投标报总价作出了一定的限制，但是并未对投标人每个分部分项的综合单价是否合理设置相应的判定方法。投标总价的合理是建立在每个分部分项的综合单价合理性基础之上的，所以，加大对每个分部分项的综合单价合理性的评审具有很强的现实意义。

综合单价的评审以保证清单项目必须的实体消耗和工程质量为目标，主要评审分部分项工程量清单项目的主要材料（工程设备）消耗量及其单价。招标人应在招标文件中附需要评审的主要材料（工程设备）表，并明确品种、规格、质量档次等必需信息。

（1）主要材料（工程设备）消耗量评审

综合单价中的主要材料（工程设备）消耗量明显不合理时，评标委员会应向投标人提出询问，投标人对评标委员会提出的询问不能说明理由或评标委员会经评审认为其理由不成立的，报价评审组应否决其投标。

（2）主要材料（工程设备）单价评审

综合单价中的主要材料（工程设备）单价明显不合理时，评标委员会应向投标人提出询问，投标人不能合理说明或者不能提供相应证明材料的，评标委员会应当认定该投标人以低于成本报价竞标，应当否决其投标。

二、不平衡报价

不平衡报价法也叫前重后轻法，是指在总价基本确定以后，通过调整内部子项目的报价，既不提高总价影响中标，又能在结算时得到理想的经济效益的报价方法。实际操作中，对前期发生的分部分项工程费或者措施项目费报价较高，后期进行的项目报价较低；对预计工程量增加的项目报价适当提高，预计工程量降低的项目报价适当降低，不平衡报价的实质可以简要概括为“早收钱、多收钱”。

案例 2-15：承包人预计设计方案变更时采用不平衡报价

某工业厂房基础工程，上部荷载大，对沉降要求较高，初步设计拟采用强夯地基处理。投标人考察施工现场时对地质条件进行了深入研究，根据以前类似经验发现该地质条件不适合做强夯处理，实际施工时处理方法必然要被弃用。因此投标人采用不平衡报价法，降低了招标工程量清单中强夯地基的综合单价，相应调高了其他分部分项工程的综合单价。在施工中承包人对原设计地基处理方案建议改用碎石灌注桩且得到了建设单位的认可，则实现了不平衡报价的成功运用。

发包人应加强对不平衡报价的评审，不平衡报价项目包含分部分项工程量清单综合单价项目和措施项目。对于投标人不平衡报价的识别，可以借鉴以下做法：

1. 分部分项工程量清单综合单价项目不平衡报价的确定

（1）当投标人的某分部分项工程量清单项目综合单价低于或高于招标控制价相应项目综合单价一定比例时（具体偏差幅度由招标人在招标文件中明确，比如15%～25%），该项目的报价视为不平衡报价。

（2）当综合单价项目的报价与投标人采取的施工方式、方法（如土石方的开挖方式、运输距离，回填土石方的取得方式及运距等类似项目）相关联时，若投标人该类项目的综合单价低于或高于招标控制价相应项目综合单价一定比例时（具体偏差由招标人在招标文件中明确，比如20%～30%时），投标人应在投标报价中对该类综合单价组成作出专门说明，并在施工组织设计中编制相应的施工方式、方法。该类项目的报价是否视为不平衡报价按下列原则确定：

1）投标人在投标报价中未作出说明或其说明明显不合理的，视为不平衡报价。

2）投标人在其施工组织设计中未编制相应的施工方式、方法，但施工组织设计评审未否决其投标的，视为不平衡报价。

3）综合单价的组成与其施工组织设计内容不对应或报价评审组经评审认为其综合单价组成不合理的，视为不平衡报价。

2. 措施项目不平衡报价的确定

当投标人措施项目（安全文明施工费除外）总价低于或高于招标控制价相应价格15%～25%时（对于措施项目费用占工程总造价比例较大的工程项目，上述偏差幅度可适当增大，具体偏差由招标人在招标文件中明确），措施项目报价视为不平衡报价。

投标人不平衡报价项目的金额＝∑（确定为不平衡报价的分部分项工程量清单项目综合单价×相应工程量）＋确定为不平衡报价的措施项目总价

当投标人不平衡报价项目的金额超过其投标总价（修正后）的一定比例（具体幅度由招标人在招标文件中明确，比如10%～20%）时，评标委员会应否决其投标。

当投标人不平衡报价项目的金额未超过其投标总价（修正后）的一定比例（具体幅度由招标人在招标文件中明确，比如10%～20%）时，评标委员会应在评标报告中记录，提醒招标人在签订合同时注意，并在施工过程中加强风险管控。

案例2-16：工程量变化较大时反不平衡报价案例

某市政施工用水管道工程，投标文件中*DN*219×8综合单价为2855元/m，*DN*820×10综合单价为1550元/m。但*DN*219×8合同数量只有150m，设计变更后结算数量为1750m，增加了1600m。承包人投标时采用了不平衡报价，在送审的结算报告中按*DN*219×8原投标综合单价2855元/m计算，该项送审造价约为500万元。

依据合同专用条款约定：合同数量在15%以内管道长度按合同单价执行；工程数量增加15%以上的，其增加项目的单价按工程量清单的单价下浮10%计算;若因设计出现较大变更，使新增项目工程的造价累计超过合同价款15%以上，发包人有权对新增工程项目另行组织招标，按投标单价计算的管道价值达到合同总价款15%（对应的*DN*219×8的管道长度为420m）后的管道价格必须给予调整。

笔者认为，本项目发包人对工程量变化较大时成功采用了反不平衡报价，应该按照以下要求计算：

（1）合同数量115%（即172.5m）管道长度按合同单价2855元/m执行。

（2）172.5～420m的结算数量，结算单价按工程量清单的单价下浮10%计算，即2855×（1－10%）＝2569.5元/m。

（3）结算工程量超过420m的结算单价按合同约定新增单价原则处理。

第八节　清标、评标与授标

一、清标的内涵及意义

清标是在《建设工程造价咨询规范》（GB/T 51095—2015）中首次提出的概念，是指招标人或工程造价咨询企业在开标后，评标前，对投标人的投标报价是否响应招标文件、违反国家有关规定，以及报价的合理性、算数性错误等进行审查并出具意见活动。

基于招投标制度下评标工作完备性和科学性的假定之下，《建设工程工程量清单计价规范》（GB 50500—2013）明确招标工程量清单必须作为招标文件的组成部分，投标人必须按招标工程量清单填报价格，同时指出招标文件与中标人的投标文件不一致的地方，应以投标文件为准。由于投标报价的复核性评审工作量很大、合理性评审专业性很强，评标的项目越来越细、投标单位报价策略越来越灵活，对评标委员会的评审工作提出了很高的要求，也带来了很大的很难实现的工作量。人工、材料等要素的市场价格一直处于变化之中，增加了评标委员会对报价合理性评审的难度，加之现实中限于评标时间不足和评标专家专业水平的限制，评标委员会难以对投标文件作出完备和科学性的判断，给招标人带来了巨大的风险。在既有的招投标制度很难作出调整的情况下，为降低招标人的风险和规

范市场秩序，《建设工程造价咨询规范》（GB/T 51095—2015）从国家标准的层面正式提出了清标的概念和做法，明确增加清标为发承包阶段的重要工作内容。通过清标报告说明发现的具体问题，供专家质疑和评标参考，让评标委员会集中精力和时间来解决少量的定性分析和关键性问题，从而提高工作效率，以降低中标后可能带来的履约风险，有较强的现实意义。

二、清标工作的内容及质量保证

根据《建设工程造价咨询规范》（GB/T 51095—2015），清标工作应包括下列内容：

（1）对招标文件的实质性响应；

（2）错漏项分析；

（3）分部分项工程量清单项目综合单价的合理性分析；

（4）措施项目的清单的完整性和合理性分析，以及其中不可竞争性费用正确性分析；

（5）其他项目清单项目完整性和合理性分析；

（6）不平衡报价分析；

（7）暂列金额、暂估价正确性复核；

（8）总价与合价的算术性复核及修正建议；

（9）其他分析和澄清的问题。

清标是对原有评标制度缺陷的有效补充，清标结果供评标委员会正式评标时参考，《建设工程造价咨询规范》（GB/T 51095—2015）规定清标实施的责任主体是招标人或造价咨询企业，清标结果的可靠性、准确性和科学性就理应由招标人或造价咨询企业承担，但是依据《招标投标法》及《招标投标法实施条例》，投标文件对招标文件实质性响应的评审责任属于评标委员会。清标的内容可分为两类：一类是复核性内容，主要体现为错漏项分析、总价与合价的算术性复核等工作；另一类是合理性内容，主要包括综合单价的合理性分析和不平衡报价分析。对于第一类复核性的清标内容运用目前的评标软件通过定量分析、对比等评定工作基本可以完成，但是对于第二类合理性的清标内容应充分考虑项目特点和招标文件的个性化要求，专业性较强，清标结果的准确性和科学性理应引起重视。

工程变更估价原则的适用依赖于投标时所报的综合单价是否科学合理。目前的评标制度和评标做法不能有效防范招标人风险，不能满足对投标时综合单价合理性的评审，建设单位应在招标文件中编制有针对性的评审条件，编制针对性的评标标准和增加弥补评标缺陷的做法，既能起到客观上对投标人的震慑限制作用，又能将评标委员的工作具体化。例如：过度不平衡报价在招标时如果不通过制度设计加以限制，有些地方的审计做法：单价若在合理范围内，政府审计会尊重合同，但是一旦超出合理范围，采用“审减不审增”的原则处理，这将给建设单位带来管理上的风险。为保证清标结果的可靠性，可从以下两个方面着手：

第一，明确合理参考单价和变化幅度范围。专家的经验往往没有招标文件中项目具体特征的影响，按照既有经验作出的识别和判断往往准确性较低。由编制招标文件和招标控制价的单位进行清标工作，编制招标文件时充分考虑清标评标工作的需要，对于重要的分部分项工程和措施项目的综合单价进行重点分析，在招标控制价的基础上形成合理参考工程造价，作为识别不平衡报价、判定报价是否低于工程成本的重要参考[24]。比如，《湖南省房屋建筑和市政基础设施工程施工投标报价成本评审暂行办法》，该办法自 2019 年 1 月 1 日起执行，其中第五条规定：重点评审的工程量清单综合单价（含能计量的措施项目）和材料、设备单价（以下简称“重点评审单价”）由招标人委托工程造价咨询机构从危险性较大、直接影响工程实体质量、占最高投标限价总价比重较大的分部分项工程和能计量的措施项目以及材料、设备中选取，并采用单独列表方式公布其最高投标限价。重点评审单价中，工程量清单综合单价一般为 20 项，且其对应的合价之和不超过最高投标限价总价的 30%；材料、设备单价一般为 15 项。

第二，强化评标委员会的评审责任。在现有清标技术的前提下，把复核性评审交由评标软件自动完成，专业性评审由评标委员会完成（或者重新评审部分重要内容），将清标的责任交由评标委员会，如果评标委员会使用了不准确和不完备的清标结果要承担相应的法律责任，这有利于责任的一体化。由于投标人的施工方案等内容与造价关系紧密，对措施项目清单的完整性和合理性分析要紧密结合技术标中列明的施工方案，由评标委员会评审利于分析投标报价的匹配性和合理性。

三、评标与授标

对投标文件的充分评审和授标前的细致检查是发包人规避风险的重要环节，务必引起高度重视。

案例 2-17：评标委员会评标失误引起的计价争议

某高校教学楼工程，采用工程量清单计价，单价合同，基础C20混凝土垫层，厚度10cm，合理价格为3元，结果某投标人报价时报价为30元，相差10倍，而该分部分项工程的总价仍为按照3元计算出来的价格，评标委员会评审时并未发现这一算术性错误。结算时投标人坚持采用30元结算，发承包双方产生争议。

现行的评标做法存在瑕疵，对于投标文件的评审不充分、不到位，主要体现为不能有效识别：投标文件与招标文件不一致；投标人过度不平衡报价。投标人故意利用（七部委30号令）第五十三条的规定：除招标文件另有约定外，应当按下述原则进行修正：单价与工程量的乘积与总价之间不一致时，若单价有明显的小数点错位，应以总价为准，并修改单价，如果评标时被发现计算错误，则可以按照本款规定进行修正，按规定调整后的报价经投标人确认后产生约束力，承包人如此报价没有任何不利之处；如果评标委员会评审时不能够识别，由于是单价合同，则结算时要求采用高的单价。

问题：应采用哪个单价进行结算?

笔者认为，由于已标价的工程量清单是合同文件的组成部分，应采用30元的单价进行结算。由于评标委员会评审不尽职导致的评审失误带来的投资风险由发包人承担，理由如下：

（1）《建设工程施工合同（示范文本）》（GF—2017—0201）第1.5条没有将招标文件作为合同文件的组成部分。

（2）《建设工程工程量清单计价规范》（GB 50500—2013）11.2.1条在竣工结算编制和审核依据中去掉了招标文件。

（3）《建设工程工程量清单计价规范》（GB 50500—2013）第7.1.1条中规定招标文件与中标人投标文件不一致的地方，以投标文件为准。

综上所述，在评标委员会提供中标候选人名单以后，发包人在发出中标通知书以前应组织专业人员对中标候选人的投标文件进行全面细致检查，及时识别项目实施过程和结算时可能面临的价款争议，在发承包阶段进行具体的合同谈判和细节修改，在不违反有关法律法规的前提下及时通过合同手段规避风险。

第九节　合同价款调整

一、合同价款调整的事项

合同价款往往不是发承包双方结算的最终价款，在项目实施阶段由于项目实际情况与招标投标时相比经常发生变化，所以发承包双方在施工合同中应约定合同价款的调整事项、调整方法及调整程序。

一般来说，发承包双方在合同中约定的调整合同价款的事项可分为五类：（1）法律法规政策变化导致的调价；（2）工程变更导致的调价；（3）物价波动导致的调价；（4）工程索赔导致的调价；（5）其他因素导致的调价。常见的合同价款调整的因素、调整内容以及风险承担主体见表2-6。

常见的调价因素一览表　　表2-6

<table>
<tr><th>序号</th><th colspan="2">因　素</th><th>风险主体</th><th>调整内容</th></tr>
<tr><td>1</td><td colspan="2">法律、法规、规章、政策因素</td><td>发包人</td><td>人工及国家定价或指导价材料的价差</td></tr>
<tr><td>2</td><td colspan="2">工程变更</td><td>发包人</td><td>单价项目调整相应的综合单价；总价项目调整总价</td></tr>
<tr><td rowspan="3">3</td><td rowspan="3">招标工程量清单缺陷</td><td>清单缺项</td><td>发包人</td><td rowspan="3">调整单价项目的综合单价</td></tr>
<tr><td>清单项目特征描述不符</td><td>发包人</td></tr>
<tr><td>工程量偏差</td><td>发包人、承包人</td></tr>
<tr><td rowspan="2">4</td><td rowspan="2">物价波动（含暂估的材料、工程设备）</td><td>材料、工程设备</td><td>发包人、承包人</td><td>调整材料、工程设备价差</td></tr>
<tr><td>施工机械</td><td>承包人</td><td>—</td></tr>
</table>

续表

序号	因　素		风险主体	调整内容
5	索赔	工程索赔	发包人、承包人	费用、工期、利润
		不可抗力	发包人、承包人	
		赶工补偿	发包人	费用
		误期赔偿	承包人	
6	计日工		发包人	工程量
7	现场签证		发包人	工程量及综合单价

二、法律法规变化引起的合同价款调整

因国家法律、法规、规章和政策发生变化影响合同价款的风险，发承包双方可以在合同中约定由发包人承担。由于法律法规变化导致价格调整的需要，还应明确基准日期的价格或相关造价指数、结算期的价格或价格指数，以便调整价差。

1. 法律法规政策变化风险的主体

根据《建设工程工程量清单计价规范》(GB 50500—2013)，法律法规政策类风险影响合同价款调整的，应由发包人承担。这些风险主要包括：

(1) 国家法律、法规、规章和政策发生变化；

(2) 省级或行业建设主管部门发布的人工费调整，但承包人对人工费或人工单价的报价高于发布的除外；

(3) 由政府定价或政府指导价管理的原材料等价格进行了调整。

2. 基准日期的确定及调整方法

(1) 基准日期的确定

为了合理划分发承包双方的合同风险，施工合同中应当约定一个基准日，对于基准日之后发生的、作为一个有经验的承办人在招标投标阶段不可能合理预见的风险，应当由发包人承担。对于实行招标的建设工程，一般以施工招标文件中规定的提交招标文件的截止时间前的第 28 天作为基准日；对于不实行招标的建设工程，一般以建设工程施工合同签订前的第28天作为基准日。

基准日期除了确定了调整价格的日期界限外，也是确定基期价格（基准价）和基期价格指数的参照，基准日期和基期价格共同构成了调价的基础。

（2）调整方法

施工合同履行期间，国家颁布的法律、法规、规章和有关政策在合同工程基准日之后发生变化，且因执行相应的法律、法规、规章和政策引起工程造价发生增减变化的，合同双方当事人应当依据法律、法规、规章和有关政策的规定调整合同价款。

但是，也要注意如果由于承包人的原因导致的工期延误，在工程延误期间国家法律、行政法规和相关政策发生变化引起工程造价变化的，造成合同价款增加的，合同价款不予调整；造成合同价款减少的，合同价款予以调整，如图2-2所示。

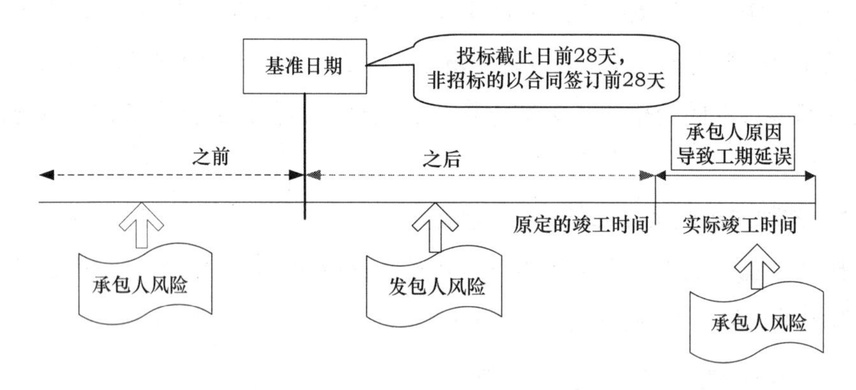

图2-2　法律、法规、规章、政策变化价款调整责任界定

图2-2可从定性的角度清晰表达责任划分，但是实践操作中的关键在于能够准确界定延误责任的承担主体和将责任定量化计算。

3. 工期延误期间的特殊处理

由于承包人的原因导致的工期延误，按不利于承包人的原则调整合同价款。在工程延误期间国家的法律、行政法规和相关政策发生变化引起工程造价变化的，造成合同价款增加的，合同价款不予调整；造成合同价款减少的，合同价款予以调整。

案例 2-18：合同约定的基准日期与《建设工程工程量清单计价规范》规定不一致

某建筑工程 6 月 1 日投标截止，6 月 15 日发出中标通知书，6 月 28 日发包人与承包人签合同。约定合同签约日期（即 6 月 28 日）为基准日期。而 5 月 30 日当地工程造价管理机构发布新的价格信息，钢材、商品混凝土等主要材料价格上涨幅度较大，发包人与承包人因以哪个基准价格为基础进行调价发生纠纷。发包人认为，既然合同约定基准日期是签约日期，则应该以基准日期的价格作为调整价格的基础，当地工程造价管理机构发布新的价格信息发生在基准日期之前，应该由承包人承担风险；承包人认为，《建设工程工程量清单计价规范》第 9.2.1 条规定，招标工程以投标截至日前 28 天为基准日，本案中该工程 6 月 1 日投标截止，应在 6 月 1 日前 28 天（即 5 月 2 日）基准日，当地工程造价管理机构发布新的价格信息发生在基准日期之后，应该由发包人承担风险。

问题：应以哪个日期作为价款调整的基准日期？

分析：笔者认为，《建设工程工程量清单计价规范》第 9.2.1 条为推荐性条款，其效力不及合同条款，应以合同条款约定为准。

案例 2-19：合同约定承包人承担因政府规章和有关政策变化而产生的费用

2018 年 2 月某建设单位与施工单位签订建筑工程施工合同，采用工程量清单计价、综合单价方式，合同约定承包人应负责支付在工程期间由于政府规章和有关政策变化而产生的费用。2018 年 7 月，当地建设主管部门发布《建设工程项目人员实名制管理办法》，要求建设单位对本单位投资建设工程的实名制情况进行统筹管理，落实经费保障，人员信息识别设备由建设单位通过购买或者租赁等方式选定，费用在安全文明措施费中列支，施工单位应当专款专用，施工单位应当对所承包工程的实名制工作负总责。

在竣工结算过程中，建设单位认为，按照合同的相关约定，实名制管理的相关费用应由施工单位承担。施工单位认为，实名制管理的相关费用不属于施工单位在工程期间有经验的承包人应承担的安全文明施工费的范畴，既然管理办法中已经明确规定由建设单位承担相应的人员信息识别设备费用，因此，实名制管理的相关费用应由建设单位承担。

有观点认为，尽管签约后法律、法规、规章、政策变化造成施工成本的增加应该相应调增合同价款是行业惯例，但因合同已约定要求承包人承担此项风险，则认为该项费用包含在投标报价中，承包人应对报价的完整性和充分性承担责任。虽然合同在该约定有不合理之处，但未达到显失公平的程度，应按合同约定处理。

笔者认为，实名制管理的相关费用应属于安全文明施工费的范畴，安全文明施工费作为不可竞争性费用，应该由建设单位承担。既然《建设工程项目人员实名制管理办法》明确规定人员信息识别设备费用由建设单位在安全文明措施费中列支，则该笔费用应由建设单位承担，对于建筑企业为承担施工现场建筑工人实名制管理职责而配备专职建筑工人实名制管理人员产生的人员工资等费用，应属于管理费用的计价范畴，应该按照合同约定不予以调整。如果变化的不是属于安全文明施工费等不可竞争的费用，所有费用应按合同约定处理。

案例 2-20：进度管理不到位导致的工程价款调整争议

某工程项目采用工程量清单计价方式，综合单价，合同工期 14 个月，双方签订的合同中约定以提交招标文件的截止时间前的第 28 天作为基准日，当月的信息价格作为工程价款调整的基础，钢材物价风险范围为 5%，招标时钢材价格正处于高位，约 5800 元 /t，项目开工后钢材价格一路走低，2 个月后截止到合同工期日降价幅度超过 5%，最大降幅达到了 15%，但是该工程未能按时竣工，逾期两个月，在逾期的时间内，钢材价格又出现小幅上涨，处于风险范围为 5% 以内。发承包双方就逾期的两个月完成的工程能否调减钢材价格产生争议。发包人认为：既然在合同工期内自 2 个月以后的钢材价格跌幅超过了 5%，就应该进行相应的价款调减，相应价款归发包人所有。承包人认为：钢材价格变化是基于一定的时间而言的，应按照发包人批准的进度计划作为价格调整的依据，实际施工也是按照经审批的进度计划进行的，这才反映出工程建设的实际情况，逾期的两个月钢材物价上涨是客观实际，实际采购钢材时也是按照较高的市场价格采购的，不应再扣减。

笔者认为，逾期两个月完成的工程所使用的钢材价格是否调整要根据逾期责任由谁承担来确定，如果是承包人原因导致的进度拖延，钢材价格应进行扣减，如果是发包人原因导致的进度拖延，钢材价格则不应扣减。具体扣减额的计算要结合施工进度计划来判定，准确计算需要将项目实施全过程的实际进度与批准的总体进度计划来对比分析，由于项目实施过程中承包人提交的进度计划通常仅是阶段性进度计划，从而缺少经审批的总体进度计划，或者经审批的进度计划过于笼统，不满足准确对比分析的需要，使得该类工程价款的调整具有较大的不确定性。实践过程中，如果工期延误责任不能进行清晰的划分，则无法进行该类问题的判定，只能由双方友好协商，给工程价款的科学确定带来了较大的不确定性。

三、物价变化引起的合同价款调整

施工合同履行期间，因人工、材料、工程设备和施工机械台班等价格波动影响合同价款时，发承包双方可以根据合同约定的调整方法，对合同价款进行调整。因物价波动引起的合同价款调整方法有两种：一种是采用价格指数调整价格差额，另一种是采用造价信息调整价格差额。承包人采购材料和工程设备的，应在合同中约定主要材料、工程设备价格变化的范围或幅度，如没有约定，则材料、工程设备单价变化超过 5%，超过部分的价格可采用以下两种方法之一进行调整。

1. 采用价格指数调整价格差额 [9]

采用价格指数调整价格差额的方法，主要适用于施工中所用的材料品种较少，但每种材料使用量较大的土木工程，如公路、水坝等。

（1）价格调整公式。因人工、材料、工程设备和施工机械台班等价格波动影响合同价款时，根据投标函附录中的价格指数和权重表约定的数据，按以下价格调整公式计算差额并调整合同价款：

$$\Delta P=P_0\left[A+\left(B_1\times\frac{F_{t1}}{F_{01}}+B_2\times\frac{F_{t2}}{F_{02}}+B_3\times\frac{F_{t3}}{F_{03}}+\cdots+B_n\times\frac{F_{tn}}{F_{0n}}\right)-1\right]$$

式中 ΔP——需调整的价格差额；

P_0——根据进度付款、竣工付款和最终结清等付款证书中，承包人应得到的已完成工程量的金额。此项金额应不包括价格调整、不计质量保证金的扣留和支付、预付款的支付和扣回。变更及其他金额已按现行价格计价的，也不计在内；

A——定值权重（即不调部分的权重）；

B_1，B_2,，B_3，…，B_n——各可调因子的变值权重（即可调部分的权重）为各可调因子在投标函投标总报价中所占的比例；

F_{t1}，F_{t2}，F_{t3}，…，F_{tn}——各可调因子的现行价格指数，指根据进度付款、竣工付款和最终结清等约定的付款证书相关周期最后一天的前42天的各可调因子的价格指数；

F_{01}，F_{02}，F_{03}，…，F_{0n}——各可调因子的基本价格指数，指基准日的各可调因子的价格指数。

以上价格调整公式中的各可调因子、定值和变值权重，以及基本价格指数及其来源在投标函附录价格指数和权重表中约定。价格指数应首先采用工程造价管理机构提供的价格指数，缺乏上述价格指数时，可采用工程造价管理机构提供的价格代替。

在计算调整差额时得不到现行价格指数的，可暂用上一次价格指数计算，并在以后的付款中再按实际价格指数进行调整。

（2）权重的调整。按变更范围和内容所约定的变更，导致原定合同中的权重不合理时，由承包人和发包人协商后进行调整。

（3）工期延误后的价格调整。由于发包人原因导致工期延误的，则对于计划进度日期（或竣工日期）后续施工的工程，在使用价格调整公式时，应采用计划进度日期（或竣工日期）与实际进度日期（或竣工日期）的两个价格指数中较高者作为现行价格指数。

由于承包人原因导致工期延误的，则对于计划进度日期（或竣工日期）后续施工的工程，在使用价格调整公式时，应采用计划进度日期（或竣工日期）与实际进度日期（或竣工日期）的两个价格指数中较低者作为现行价格指数。

从我国建筑业的实践情况来看，使用价格指数调整价格差额法进行价款调整的情况还不多见，市场各方主体对其还存在诸多疑惑。为提高各方对该工具的准确理解与使用能力，现编写《价格指数调整价格差额法》使用指南，主要内容如下。

第一部分　招标文件中投标函附录：价格指数权重表的编制

第一步，招标文件编制时参考社会平均消耗量，根据分部分项工程量清单和相应综合单价分析表中人材机的消耗量确定人工、材料、机械的实际具体数量；

第二步，招标文件编制时参考信息价格，了解可采购的市场价格区间，确定人材机的单价水平及变化区间；

第三步，实际具体数量与相应确定的人材机单价（区间）相乘，得出每种人工、材料、机械的具体价款（区间）；

第四步，根据各省计算管理费和利润的计价依据计算出包含管理费和利润的每种人工、材料、机械价款占总价款（含管理费、利润）的百分比。

第五步，确定不可调值部分的权重，确定各种可调值因子及其允许的变化范围。

第二部分　投标文件中投标函附录：价格指数权重表的编制

第一步，参考企业定额中的消耗量，根据分部分项工程量清单和相应综合单价分析表中人材机的消耗量确定人工、材料、机械的实际具体数量；

第二步，参考人材机市场价格并预测市场价格变化，确定人材机的单价水平（区间）；

第三步，实际具体数量与相应确定的人材机单价（区间）相乘，得出每种人工、材料、机械的具体价款（区间）；

第四步，根据企业定额计算出含管理费和利润的每种人工、材料、机械价款占总价款（含管理费、利润）的百分比；

第五步，与招标文件中不可调值部分的权重、各种可调值因子及其允许的变化范围进行对比分析，在允许范围内选取唯一确定值。

取值技巧分析：

（1）预计调值因子上涨幅度较大时，权重在允许范围内取较大值。

（2）自行计算的调值因子区间比招标文件中的调值因子权重偏高时，权重取较大值。

（3）招标文件中要求承包人承担的风险范围较小时，权重取较大值。

同时，应注意调值公式使用时与合同中约定的风险范围相衔接，目前采用的造价信息调整价格差额的方法是仅仅对超过风险范围部分进行调整。但是利用调值公式时虽然可以在风险范围内不予以调整，但是一旦超过风险范围，直接使用调值公式时就是据实调整了。如果仍然延续仅对超过风险范围部分进行价格调整，需要对调值公式进行改进。改进后的公式如下：

$$P=P_0[A+B_1(F_{t1}/F_{01}-x\%)+B_2(F_{t2}/F_{02}-x\%)+B_3(F_{t3}/F_{03}-x\%)+\ldots+B_n(F_{tn}/F_{0n}-x\%)]$$

其中 $x\%$ 为承包人承担的价格风险范围，不同的调值因素可以根据合同进行不同范围的约定。

第三部分　调值公式在项目实施过程中的应用

P_0 是约定的付款证书中承包人应得到的已完成工程量的金额。此项金额应不包括价格调整、不计质量保证金的扣留和支付、预付款的支付和扣回。约定的变更及其他金额已按现行价格计价的，也不计在内。在施工总承包模式下，由于设计图纸是建设单位提供的，参考实际进度按照清单计量规则进行确认相应的进度款较容易操作，但是在工程总承包模式下，往往总价合同，承包人承担了部分设计工作，由于招标工程量清单中并没有相应的分部分项工程数量或者数量不作为最终结算的依据，在进行工程价款调整时进度款 P_0 的确定是个非常关键的问题，正常情况下承包人设计优化后的实际工程量会小于投标时预估的工程量，采用实际完成的工程量作为确定 P_0 的基础更加有利于发包人。在工程总承包模式下，如果需约定材料、人工费用的调整，也可以在招标时先固定调差材料、人工在工程总价中的占比，结算时以中标价中的工程建安费用乘以占比作为基数，再根据事先约定的调差方法予以调整。

案例 2-21：发承包阶段如何使用调值公式

某学校教学楼建筑面积 19120m^2，现将其中的多媒体教室进行装饰装修施工，拟对部分材料采用调值公式法进行价款调整，其余人工、机械、材料不予以调整，占工程造价的比重为60%，材料费（含规费和税金）占工程造价的比重为40%。

第一部分　招标文件中投标函附录：价格指数权重表的编制

第一步，计算出每种材料的数量，确定每种材料的信息价格及可能的变化区间，见表2-7。

建筑装饰材料清单表　　　　**表2-7**

序号	材料名称	材料数量	计量单位	材料信息单价（元）	材料最低单价（元）	材料最高单价（元）
1	细木工板	12	m^3	930.0	880	940
2	砂	32	m^3	24.0	20	25
3	实木装饰门扇	120	m^2	200.0	170	205
4	铝合金窗	100	m^2	130.0	106	135
5	白水泥	9000	kg	0.4	0.35	0.42
6	乳白胶	220	kg	5.6	5.12	5.65
7	石膏板	150	m	12.0	8.6	12.5
8	地板	93	m^2	62.0	50	70
9	醇酸磁漆	80	kg	17.08	16	18
10	瓷砖	266	m^2	37.0	34	38

第二步，计算每种材料占材料总价款的百分比，见表2-8。

装饰材料占材料总价款的百分比表　　　　**表2-8**

序号	材料名称	材料数量	材料信息单价（元）	材料价款（元）	信息价所占比例（%）	材料最低单价（元）	材料最低价款（元）	最低价所占比例（%）	材料最高单价（元）	材料最高价款（元）	最高价所占比例（%）
1	细木工板	12	930.0	11160	15.39	880	10560	16.83	940	11280	15.01
2	砂	32	24.0	768	1.06	20	640	1.02	25	800	1.06
3	实木装饰门扇	120	200.0	24000	33.09	170	20400	32.51	205	24600	32.74

续表

序号	材料名称	材料数量	材料信息单价（元）	材料价款（元）	信息价所占比例（%）	材料最低单价（元）	材料最低价款（元）	最低价所占比例（%）	材料最高单价（元）	材料最高价款（元）	最高价所占比例（%）
4	铝合金窗	100	130.0	13000	17.92	106	10600	16.90	135	13500	17.97
5	白水泥	9000	0.4	3600	4.96	0.35	3150	5.02	0.42	3780	5.03
6	乳白胶	220	5.6	1232	1.70	5.12	1126.4	1.80	5.65	1243	1.65
7	石膏板	150	12.0	1800	2.48	8.6	1290	2.06	12.5	1875	2.50
8	地板	93	62.0	5766	7.95	50	4650	7.41	70	6510	8.66
9	醇酸磁漆	80	17.08	1366	1.88	16	1280	2.04	18	1440	1.92
10	瓷砖	266	37.0	9842	13.57	34	9044	14.41	38	10108	13.45
合计				72534	100	合计	62740.4	100	合计	75136	100

第三步，确定调值因子及其权重允许范围。

主要材料的确定可以借鉴 ABC 分类法的思路，A 类材料为主要材料；也可以在招标文件中明确占比重达到一定比例及以上的材料为主要材料。

本案例中确定占比大于 10% 的为主要材料，确定以下四种调值因子，见表 2-9。

调值因子及其权重允许范围 **表 2-9**

序号	调值因子	信息价所占比例（%）	最低价所占比例（%）	最高价所占比例（%）	平均所占比例（%）	占造价比重	允许区间
1	实木装饰门扇	33.09	32.51	32.74	32.78	0.13	0.10 ～ 0.15
2	铝合金窗	17.92	16.90	17.97	17.60	0.07	0.06 ～ 0.09
3	细木工板	15.39	16.83	15.01	15.74	0.06	0.05 ～ 0.07
4	瓷砖	13.57	14.41	13.45	13.81	0.06	0.05 ～ 0.07

固定不可调值因子的权重为：1 − 0.13 − 0.07 − 0.06 − 0.06 = 0.68。

同时应确定基期价格指数及价格指数的来源。

2. 采用造价信息调整价格差额 [9]

合同履行期间，因人工、材料、工程设备和机械台班价格波动影响合同价格时，人工、机械使用费按照国家或省、自治区、直辖市建设行政管理部门、行业建设管理部门或其授权的工程造价管理机构发布的人工、机械使用费系数进行调整；需要进行价格调整的材料，其单价和采购数量应由发包人审批，发包人确认需调整的材料单价及数量，作为调整合同价格的依据。

（1）人工单价发生变化且符合省级或行业建设主管部门发布的人工费调整规定，合同当事人应按省级或行业建设主管部门或其授权的工程造价管理机构发布的人工费等文件调整合同价格，但承包人对人工费或人工单价的报价高于发布价格的除外。

（2）材料、工程设备价格变化的价款调整按照发包人提供的基准价格，按以下风险范围规定执行：

1）承包人在已标价工程量清单或预算书中载明材料单价低于基准价格的：除专用合同条款另有约定外，合同履行期间材料单价涨幅以基准价格为基础超过5%时，或材料单价跌幅以在已标价工程量清单或预算书中载明材料单价为基础超过5%时，其超过部分据实调整。

2）承包人在已标价工程量清单或预算书中载明材料单价高于基准价格的：除专用合同条款另有约定外，合同履行期间材料单价跌幅以基准价格为基础超过5%时，材料单价涨幅以在已标价工程量清单或预算书中载明材料单价为基础超过5%时，其超过部分据实调整。

3）承包人在已标价工程量清单或预算书中载明材料单价等于基准价格的：除专用合同条款另有约定外，合同履行期间材料单价涨跌幅以基准价格为基础超过±5%时，其超过部分据实调整。

4）承包人应在采购材料前将采购数量和新的材料单价报发包人核对，发包人确认用于工程时，发包人应确认采购材料的数量和单价。发包人在收到承包人报送的确认资料后5天内不予答复的视为认可，作为调整合同价格的依据。未经发包人事先核对，承包人自行采购材料的，发包人有权不予调整合同价格。发包人同意的，可以调整合同价格。

前述基准价格是指由发包人在招标文件或专用合同条款中给定的材料、工程设备的价格，该价格原则上应当按照省级或行业建设主管部门或其授权的工程造价管理机构发布的信息价编制。

（3）施工机械台班单价或施工机械使用费发生变化超过省级或行业建设主管部门或其授权的工程造价管理机构规定的范围时，按规定调整合同价格。

为全面理解和更好地运用该价格调整办法，投标报价低于或高于基准价时材料确认价可能的情形如图 2-3 所示。投标报价低于或高于基准价时材料确认价的计算示例见表 2-10。

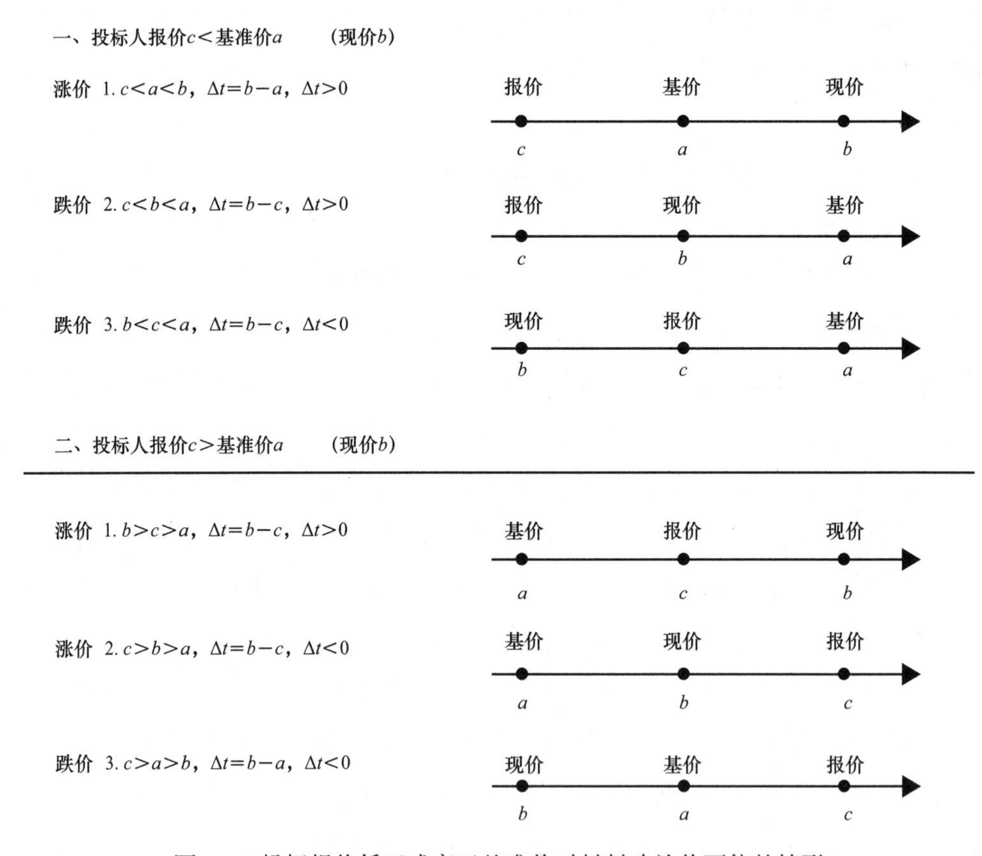

图 2-3　投标报价低于或高于基准价时材料确认价可能的情形

投标报价低于或高于基准价时材料确认价计算示例　　表 2-10

序号		基准单价 a	投标报价 c	采购价（现价或当期信息价 b）	计算过程	风险幅度	确认价
一	投标报价低于基准价 $c < a$						
1	b 涨价	310	260	330	(330 − 310) / 310 = 6.45% > 5% 310×1.45% = 4.5 260 + 4.5 = 264.5	±5%	264.5
2	b 跌价	310	260	300	(300 − 260) / 260 = 15.38% > 5% 260×10.38% = 27 260 + 27 = 287	±5%	287
3	b 跌价	310	260	240	(240 − 260) / 260 =− 7.69 <− 5% 260×2.69% = 7 260 − 7 = 253	±5%	253
二	投标报价高于基准价 $c > a$						
4	b 涨价	310	360	390	(390 − 360) / 360 = 8.33% > 5% 360×3.33% = 12 360 + 12 = 372	±5%	372
5	b 涨价	310	360	320	(320 − 360) / 360 =−11.11% <−5% 360× − 6.11% =− 22 360 − 22 = 338	±5%	338
6	b 跌价	310	360	280	(280 − 310) / 310 =−9.68% <−5% 310×（−4.68）% =− 14.5 360 − 14.5 = 345.5	±5%	345.5

四、合同价款调整预控原则和配套措施

市场经济条件下，工程造价是合同管理的核心内容，工程价款调整往往是承发包双方结算争执的焦点。对于工程价款的调整，无论是《建设工程工程量清单计价规范》（GB 50500—2013）还是《标准施工招标文件》（2017 版），都体现了遵从承发包合同约定的原则，需在实践过程中对工程价款调整的约定进一步细化，也对合同条款的完备性和可操作性提出了很高的要求。长期以来，发包方往往重视后期结算、忽视承发包阶段的合同管理对项目实施过程造价管理的全局性影响，合同中与工程价款调整有关的条款与清单计价规范不协调，工程量清单的编制质量对后期工程价款确定所产生的影响没有足够的重视，风险的具体约定在造价计算中没有很好地体现出来。发包方在承发包阶段中占有绝对的主导权，其专业水平的高低、拟定合同的完备程度和可操作性对于后期的造价管理具有举足轻重的作用。所以，基于发包方的视角来研究工程价款调整的预控对于合理确定和有效控制造价具有重要意义，也为减少结算纠纷提供借鉴。

1. 合同价款调整的预控原则

（1）发挥合同条款的预控效应原则

工程造价的确定不仅仅是一个专业性的技术问题，更是一个体现契约性的合同问题。合同是贯穿项目承发包、项目施工及结算全过程，是竣工结算编制和审核的最根本、最直接的依据，合同管理是造价管理的核心，承发包阶段是合同形成的关键环节，双方应严谨拟定合同条款，对工程价款调整的约定进行细化、明确，对承发包双方应承担的责任尽可能地明确，使其具有针对性和操作性，以减少后期出现的争议。

（2）利益共享和风险合理分摊原则

“由对风险最有控制力的一方承担相应的风险”是风险分担的国际惯例，但是目前由于我国建筑市场“僧多粥少”的客观现状，发包方往往利用自己有利的市场地位，将风险过多地转移给承包方。加之承包商为了承接项目往往存在报价过低的不理性行为，导致很多不必要的工程价款调整纠纷，甚至影响工程进度和质量，最终损害发包方的利益。成熟的建设市场应是风险分担相对合理的市场，在施工发包过程中运用伙伴式项目管理理念，实行利益共享和风险合理分摊原则

是交易公平性和合理性的体现，是维护建设市场秩序的有效措施，有利于项目的增值和发包方利益最大化。

（3）预防为主和强化过程管理原则

预防为主就是要预先分析项目实施过程中涉及价格调整的各种因素，并识别出可控因素重点考虑，尽量做到凡是价款调整合同中均有依据，均有预案，变事后把关为事前预防。

过程管理是管理目标有效实现的保障，强化过程管理原则就是要跟踪项目实施过程，适应项目所处环境与条件的变化，及时收集、处理和存储与项目价款调整相关的各种信息，规范程序化管理，为工程价款的科学合理调整做好基础工作。

（4）按实际进度发生当期调价原则

市场经济条件下，材料、人工、机械等各种要素价格都具有一定的时效性，法律法规等政策性调整以及设计变更也都是在一定的时间下发生的，工程造价具有很强的时间特点，如果工程价款调整不能科学合理的与项目的实际进度相结合，则不能反映项目的合理造价。所以，工程价款的调整应将进度计划作为重要参考依据，将进度管理与造价管理紧密结合，项目实施过程中涉及价款调整的所有事项，都必须按发生当期调价的原则，但同时要注意分析发生进度拖后是否为发包方应承担的责任。

2. 工程价款调整的因素识别

经过专家问卷调查统计分析，选取了以下13项因素作为清单计价模式下工程价款调整的主要因素，并简要分析了每项因素在实践中对应存在的问题。为加强预控措施的针对性和可操作性，从发包方的角度，按受控程度分为可控因素、部分可控因素和不可控因素。工程价款调整的因素识别及存在问题分析见表2-11。

工程价款调整的因素识别及存在问题　　　　**表2-11**

序号	类别	因素识别	实践中存在的问题
1	可控因素	工程量清单编制	工程量计算不准确、子目编写不完整，造成错项、漏项
2		项目特征描述	不完备、不符合综合单价的组价要求

续表

序号	类别	因素识别	实践中存在的问题
3	可控因素	承包方承担的风险	可调价材料的范围、风险幅度、基准单价等约定不明确
4		新增清单项目的综合单价	对“已有适用”的内涵理解不清，运用不当
5		甲供材料的消耗量	无法明确报价中甲供材的消耗数量
6		措施项目变更和补充	措施项目变化价款调整不当
7		暂估价	如何体现发包方对招标项目的有效控制
8		计日工	估算列项、计量以及适用条件
9		总承包服务费	总承包服务的内涵理解错误、范围以及要求不明确
10	部分可控因素	人工单价上涨	需要调整的时点、范围存在争执
11		物价波动超出一定幅度	对超过风险幅度是否全部调整、基准单价的确定等约定不明确
12	不可控因素	不可抗力事件	约定的适用条件不够明确、双方责任的划分不清
13		法律、法规和有关政策变化	调整适用的时间阶段与项目实际进度脱节

注：虽然人工费不宜纳入风险范围，但计日工表中的人工单价一般偏高，对其调整发包方应予以适当的控制，将其划分为部分可控因素。

大量实践案例表明，合同中工程价款调整约定不清带来的争执在造价结算纠纷中占据相当的比重，在招标文件编制阶段拟定完备可行的合同条款是造价管理的重要载体和有效途径。承发包阶段是合同条款的主要形成环节，是施工全过程造价控制的核心环节，也是对造价纠纷进行预控的最佳时机。

3. 合同价款调整相应的配套措施

发包方处于建筑市场的核心，对工程价款调整具有决定性作用。但由于其专业性不足，往往需要外部咨询机构的专业技术支持和借助有效的管理技术来实现对项目实施过程的有效管理，减少工程价款调整纠纷。

（1）引入全过程造价咨询，强化执业责任

全过程造价管理可以有效解决造价信息不对称的问题，减少工程造价管理中的盲目性，加强原则性、系统性、预见性和创造性。全过程造价咨询目前在行业内已经受到广泛的重视并有大量成功的项目实践，发包方应更新理念、积极尝试，将招投标到结算审计的全过程造价咨询业务委托一家单位完成，这有利于执业责任的单一化，强化咨询服务机构的执业责任。但目前在实践过程中，普遍存在全过程造价咨询服务取费标准过低的问题，导致“低价低质”，严重影响了全过程造价咨询的社会认可度，扰乱了建筑市场秩序。从国际惯例来看，对于咨询服务机构的选择，更加注重的是其提供咨询服务的能力而不是咨询服务的价格，所以，发包方应舍弃以咨询服务费用的高低来选择咨询服务机构的做法，应保证咨询服务费用，建立有效的造价咨询单位服务质量的考核激励机制，促进其业务水平的提高。

（2）运用信息化技术，提高精细化管理水平

实践过程中，发包方对工程价款调整的管理往往处于粗放状态，工程价款调整事件发生后不能及时办理，加之项目实施过程中相应支持资料的不准确、不完备，导致很多价款调整双方各执一词，造成结算久拖不决的困境。运用信息化技术，将项目成本管理的事后算账变为过程控制，将静态管理变为动态管理，保证了数据的及时性、透明性和真实性，实现对工程价款调整的预测预警，提高精细化管理水平。

综上所述，工程价款调整是承发包双方结算的重要争执点，在实践过程中应拟定完备和可操作的合同条款来进一步细化对工程价款调整的约定。为加强预控措施的针对性和可操作性，选取了 11 项发包方可控和部分可控因素进行重点研究，分析了预防造价纠纷最佳时机，结合造价管理的最新发展理念和项目实践提出了合同价款调整的四项预控原则，并从实践的角度针对合同价款调整的重要因素分别提出了预控措施，最后从完善配套措施的角度提出了合理化建议。

第十节　其他项目清单计价

一、暂列金额计价

由于工程合同签订时尚未确定或者不可预见的所需材料、工程设备、服务的采购，施工中可能发生的工程变更、合同约定调整因素出现时的合同价款调整以及发生的索赔、工程签证等必然导致工程造价的变化，为有效地控制合同造价，

在合同中预留一笔费用是国际工程管理惯例，暂列金额的设置正是基于上述考虑，由招标人在工程量清单中暂定并包括在合同价款中的一笔款项，最后结算时结余部分归发包人所有。

暂列金额具体发生数额的大小与设计图纸的完备程度、招标工程量清单的准确性和完整性、合同中约定的由承包人承担的风险的大小、是否存在暂估价、是否为固定价格合同等因素密切相关，对其估算不一定是分部分项工程费的10%～15%，对政府投资项目而言，如果暂列金额预估的过高，会占了预算资金却没有使用，影响别人使用资金，如果暂列金额预估的过低，或导致合同额度不满足投资需求，不利于建设单位的投资目标管理，所以，暂列金额的估算也应尽可能的准确。

案例 2-22：因设计文件不确定进行暂列金额计价

某招标文件中暂列金额额度较大，投标人投标时发现，暂列金额按分项计算不对，按规范的计算系数不对，差 400 多万元，投标人进一步了解此暂列金额是如何考虑的，问及设计主管时得知可能是建造玻璃钢连廊的费用（原设计方案中四栋单体建筑之间由玻璃钢连廊连接，但是建设单位不确定有该连廊建完以后的效果如何，最初的招标图纸中仅有一条玻璃钢连廊，建完后如果效果不错，再增加另外三条玻璃钢连廊的建设）。由于在合同中约定玻璃钢的新增工程量按合同中的价格执行，投标人的上述考察行为，为不平衡报价埋下了伏笔，其投标文件中将玻璃钢的单价提高了 2.6 倍。

二、计日工计价

计日工是指在施工过程中，承包人完成发包人提出的工程合同范围以外的零星项目或工作，按合同中约定的单价计价的一种方式。计日工对完成零星工作所消耗的人工工时、材料数量、机械台班进行计量，并按照计日工表中填报的适用项目的单价进行计价支付，是为了解决现场发生的对零星工作的计价而设立的。“零星工作”一般是指合同约定之外的或因变更而产生的、工程量清单中没有相应项目的额外工作，尤其是时间上不允许事先商定价格的额外工作。有关计日工

理解和应用可围绕以下三个问题：

（1）为什么要设立计日工表？

发生合同约定以外的零星工作是工程实践的常态事件，一旦发生，承包人在履行前会提出一个有利于自己的价格，发包人如果不认可，则不能顺利实施，导致此时的价格可能高于正常的合理价格，对发包人不利，所以，发包人利用发承包阶段这个有利的环节，要求承包人在投标阶段就进行报价，一旦发生，由于价格已明确，会减少计价纠纷，有利于维护发包人的利益。计日工的设立是发包人利用发承包阶段进行投资控制的有效手段。

（2）计日工如何管理和使用？

虽然计日工表给出的是暂定数量，但也应根据经验尽可能估算一个比较贴近实际的数量，否则承包人可能会采用不平衡报价策略做出有利于自己的报价。

由于对计日工计量时是按照实际的工作时间计量，而不再是针对具体的分部分项工程，组价时不再需要具体的人材机消耗量定额中的消耗量，所以计日工的人工单价不适用人工信息价，而应该是市场人工单价。有些地方要求编制最高投标限价时人工单价必须执行信息价格，虽然有利于保护发包人的利益，但是从造价形成的机理而言是不科学的。

由于零星用工时人工和机械的有效工作时间不同于正常状态，往往会造成大量的时间损失，发包人应该在合同中明确计量的规则，比如是按照实际工作时间计量还是不足0.5工日（台班）按照0.5工日（台班）计量，超过0.5工日（台班）不足1工日按照1工日（台班）计量？例如工人实际工作了3个小时，按照0.5工日计量还是就是按照3/8工日计量。

采用计日工计价的任何一项变更工作，在实施过程中，承包人应按合同约定提交下列报表和有关凭证送发包人复核：工作名称、内容和数量；投入该工作所有人员的姓名、工种、级别和耗用工时；投入该工作的材料名称、类别和数量；投入该工作的施工设备型号、台数和耗用台时；发包人要求提交的其他资料和凭证。

（3）为什么计日工单价水平一般高于其他清单单价？

理论上讲，合理的计日工单价水平一般要高于工程量清单的价格水平，其原因在于计日工往往是用于一些突发性的额外工作，缺少计划性，承包人在调动施工生产资源方面难免会影响已经计划好的工作，生产资源的使用效率也往往会降低，客观上造成超出常规的额外投入。人工、机械的合理时间损失是否包含在计量的范围内往往合同中约定不明，同时，由于合同中对材料计量时仅仅计量形成于实体工程中的净量还是包含材料合理的消耗量往往未进行约定，导致承包人报价时需要考虑对实际造价的影响。

为获得相对合理的计日工单价，招标人应尽可能完整地估列出完成合同约定以外零星工作所消耗的人工、材料和机械台班的种类、名称、规格及其数量，并且尽可能把项目列全、尽可能估算一个比较贴近实际的数量。同时，招标人可以在合同中约定如果计日工的实际数量超过招标工程量清单中数量的一定百分比，计日工的价格应予以适当地下调比例。政策性调整人工单价后，计日工的单价不按照信息人工单价的上涨幅度来相应同比例增加，只调整信息人工单价的增加额或者直接通过合同约定不予以调整（因为计日工人工单价反映的是施工企业对市场价格低的预判，与信息人工单价的变化没有必然的联系）。由于计日工的单价一般要高于工程量清单项目的单价，承包方往往会故意扩大计日工的适用范围，发包方应严格计日工的适用条件。

三、总承包服务费计价

总承包服务费是为了解决招标人在法律、法规允许的条件下进行专业工程发包以及自行供应材料、设备，并需要总承包人对发包的专业工程提供协调和配合服务（如分包人使用总包人的脚手架、水电接剥等）；对供应的材料、设备提供收、发和保管服务以及对施工现场进行统一管理；对竣工资料进行统一汇总整理等并向总承包人支付的费用。

对于总承包服务费，一定要在招标文件中说明总包的范围，以减少后期不必要的纠纷；清单计价规范中列出的参考计算标准如下：

（1）招标人仅要求对分包的专业工程进行总承包管理和协调时，按分包的专业工程估算造价的 1.5% 计算。

（2）招标人要求对分包的专业工程进行总承包管理和协调并同时要求提供配合服务时，根据招标文件中列出的配合服务内容和提出的要求按分包的专业工程估算造价的 3% ～ 5% 计算。

（3）招标人自行供应材料的，按招标人供应材料价值的1%计算。

发包人编制最高投标报价时，总承包服务费的费率宜按照上限计算，列出的服务范围和内容没有参考计算标准时，应进行有根据的市场调查，确保总承包服务费的计取科学合理。同时，进行专业工程发包时应在合同中明确由总承包人向专业分包人提供的总承包服务的内容，以避免专业分包人投标时再次报价。

案例2-23：因总包管理费与总承包服务费混淆计价

某商业地产公司甲与某建筑公司乙签订《建设工程施工合同》，合同约定由乙公司作为施工总承包单位承建由甲公司投资开发的商业综合体项目，承包范围是地下3层和地上36层的土建、给水排水等工程项目，其中，玻璃幕墙专业工程由甲公司直接发包给丙公司施工。合同同时还约定，乙公司履行对玻璃幕墙专业工程的施工配合义务，由甲公司按玻璃幕墙专业工程竣工结算价款的3%向乙公司支付总包管理费。在施工中，由于丙公司自身原因，导致玻璃幕墙工程存在较多质量问题。甲公司按照合同约定要求乙公司承担连带责任，理由是按照合同约定已经支付了3%的总承包管理费，乙公司认为自己的责任仅仅是履行配合义务，不具有总包管理的权利，丙公司的施工质量问题与自己无关。

分析：工程总承包模式下，总承包管理费是指发包人按照合同约定支付给承包人用于项目建设期间发生的管理性质的费用。包括：工作人员工资及相关费用、办公费、办公场地租用费、差旅交通费、劳动保护费、工具用具使用费、固定资产使用费、招募生产工人费、技术图书资料费（含软件）、业务招待费、施工现场津贴、竣工验收费和其他管理性质的费用。

施工总承包模式下，总承包管理费并没有准确的定义，可以理解为按照合同约定或获得建设单位认可时施工总承包单位进行专业工程分包，对分包的专业工程进行管理而发生的一些费用，由于该专业工程属于施工总承包的范围，该笔费用由承包人投标时一并考虑，不再单独进行计算。

总承包管理费与总承包服务费的主要区别是：总承包人对专业工程项目是否有发包权和项目实施过程的控制权，若有，则对该专业工程项目有管理的义务，收取总承包管理费；若无，则对该专业工程项目无管理的义务，其性质仅仅是总承包配合，收取总承包服务费。

通过合同约定的内容来看，施工总承包单位的义务仅仅是总承包配合，并未有明确的管理职责，施工总承包单位对专业工程项目并没有发包权和项目实施过程的控制权，实质上是总承包服务而不是合同约定的总承包管理。

如果该案例中，发包人通过合同明确要求施工总承包人要履行对专业分包单位的质量监督检查责任，确保专业分包单位进度和质量等符合合同要求，一旦出现质量问题由施工总承包单位与专业分包单位一并承担责任，则此时施工总承包单位具有了项目实施过程的控制权，此时的总承包管理费实质是由施工总承包单位代替建设单位履行对专业分包单位的管理职责而应计取的费用。由于施工总承包单位在行使管理权利的同时要一并承担专业分包单位的履约责任，是介于总承包服务和总承包管理之间的情形，此时双方对于计价则不能再简单适用清单计价规范中列出的参考计算标准（分包专业工程估算造价的 1.5% 或 3% ～ 5%）。

在实际工作中总承包服务费的计取存在以下两个方面的问题：一方面，总承包服务费的内容约定不清，导致发承包人的纠纷；另一方面，该费用计取方法不科学或者依据不足，在合同中缺少相应的条文保障。导致总承包商提供了大量配合和服务工作，甚至承担了实质上的总包管理职责却无法计取相应费用。招标工程量清单中明确界定总承包服务的范围是准确计价的基础，在招标文件中明确约定要求总承包服务的范围，对需要提供总承包服务的专业工程名称、内容以及竣工资料的整理等，提出具体的协调、配合与服务要求。

本章小结

本章围绕清单计价模式下综合单价中风险范围的确定、项目特征描述、招标控制价、措施项目费、暂估价、计日工、总承包服务费、工程变更、投标报价以及工程价款调整等十个方面展开进行了较深入系统的研究，并结合 23 个典型案例进行了阐述，对工程造价精细化管理具有较强的理论和实践意义。

第三章

增值税下工程造价疑难问题与典型案例

第一节　不同计税方法下的工程造价

一、不同计税方法下应纳税额的计算

增值税是对应税行为实现的增值额征税，根据《营业税改征增值税试点实施办法》(财税［2016］36号文件)，一般计税方法下纳税主体的应纳税额是当期销项税额与当期进项税额的差值，增值税的优势在于层层抵扣，仅对增值部分征税。

1. 一般计税方法

一般计税方法的应纳税额是指当期销项税额抵扣当期进项税额后的余额。应纳税额计算公式：

应纳税额＝当期销项税额－当期进项税额

当期销项税额小于当期进项税额不足抵扣时，其不足部分可以结转下期继续抵扣。

销项税额是指纳税人发生应税行为按照销售额和增值税税率计算并收取的增值税额。销项税额计算公式：

销项税额＝销售额 × 税率

销售额不包括销项税额，纳税人采用销售额和销项税额合并定价方法的，按照下列公式计算销售额：

销售额＝含税销售额 ÷（1＋税率）

2. 简易计税方法

简易计税方法的应纳税额是指按照销售额和增值税征收率计算的增值税额，不得抵扣进项税额。应纳税额计算公式：

应纳税额＝销售额 × 征收率

简易计税方法的销售额不包括其应纳税额，纳税人采用销售额和应纳税额合并定价方法的，按照下列公式计算销售额：

销售额＝含税销售额 ÷（1＋征收率）

二、不同计税方法下的工程造价计算

1. 增值税对工程计价的影响机理

一般计税方法下工程造价计算方法体现了价税分离、费率调整的演变路径，具体如图 3-1 所示。

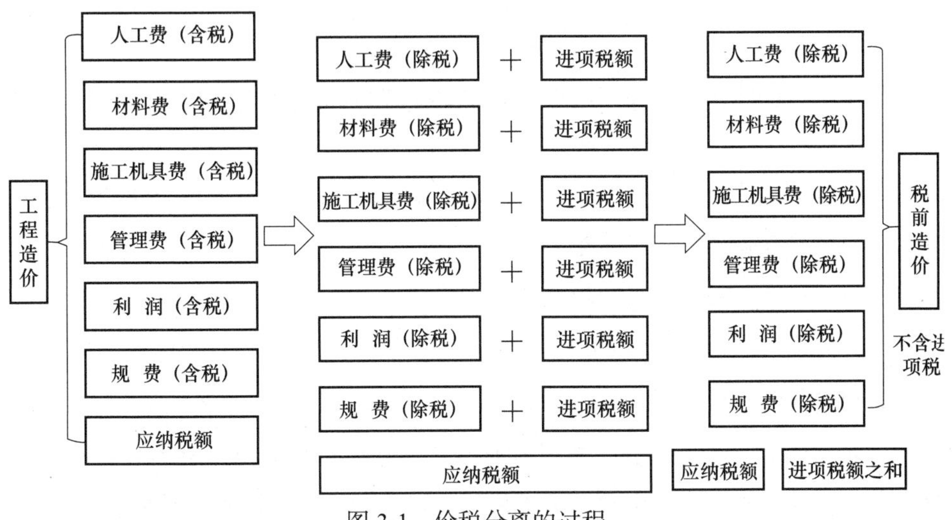

图 3-1 价税分离的过程

按照造价构成要素和造价形成过程两种造价计算的思路，一般计税方法下工程造价构成如图 3-2 所示。

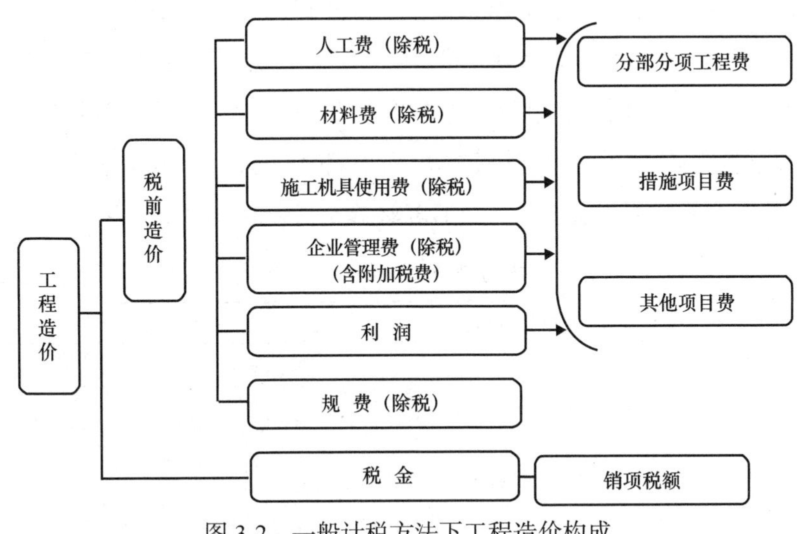

图 3-2 一般计税方法下工程造价构成

由于应纳税额=销项税额−进项税额，如果销项税额小于进项税额时会产生“倒挂”现象，对于承包人而言，买来的进项税额不能抵扣就会沉淀为工程成本，一定会侵蚀其利润。发包人应意识到目前的工程造价计算方法给承包人带来的不利之处会影响项目实施。笔者建议，发包人在进行项目发包时应注意特殊类别项目，改变标段的划分范围，将该专业工程与其他工程进行合并，由施工企业内部消化“倒挂”现象。

案例 3-1：安装工程应纳税额产生“倒挂”现象

某建筑智能化专业安装工程，专业分包商是一般纳税人，不含税价格是 500 万元，其中设备费用不含税价为 400 万元。

问题：该专业分包人应纳增值税为多少万元？

分析：进项税额 = 400×13% = 52 万元，销项税额 = 500×9% = 45 万元

应纳增值税=销项税额−进项税额=− 7 万元。专业分包人会减少 7 万元的利润。此时该专业分包人在投标报价时必然会将该倒挂的费用计入投标报价中，最终由发包人买单，所以，对于此类问题，笔者建议在目前的财税政策下，发包人应改变标段的划分范围，将该专业工程与其他工程进行合并。

2. 不同计税方法下的工程造价计算

为应对计税方法的变化，建设行政主管部门对工程造价的计算方法（尤其是一般计税方法下的工程造价计算）进行了相应的调整[35]，虽然两种方法均以人工费、材料费、施工机具使用费、企业管理费、利润和规费之和计算，但是该六项费用要素的内涵不同。不同计税方法下的含税工程造价计算方法存在本质的差异，见表 3-1，在进行工程造价计算时务必首先明确适用的计税方法。

不同计税方法下的工程造价计算方法　　表 3-1

序号	计税方法	税率	含税工程造价	计算基数
1	一般计税方法	9%	税前工程造价 ×（1 + 9%）	人工费、材料费、施工机具使用费、企业管理费、利润和规费之和。各费用项目均以不包含增值税可抵扣进项税额的价格计算（即不含税价）
2	简易计税方法	3%	税前工程造价 ×（1 + 3%）	人工费、材料费、施工机具使用费、企业管理费、利润和规费之和。各费用项目均以包含增值税可抵扣进项税额的价格计算（即含税价）

三、一般纳税人适用简易计税方法的特殊情况

按照财税［2016］36号文，一般纳税人适用简易计税方法的特殊情况有以下三种，在具体适用过程中由于存在理解偏差导致计税方法适用不准确。

（1）一般纳税人以清包工方式提供建筑服务，可选择简易计税方法[36]。

以清包工方式提供建筑服务，是指施工方不采购建筑工程所需的材料或只采购辅助材料，并收取人工费、管理费或者其他费用的建筑服务。

案例3-2：具有一般纳税人资格的劳务分包方计取模板脚手架费用时能否适用简易计税方法

某工程总承包单位将模板、脚手架工程分包给具有一般纳税人资格的劳务分包单位，双方的合同价款中约定了模板和脚手架的每平方米价格，价格中包含了劳务费和模板脚手架的摊销费用，并约定仅按照平方米计价，不受实际工期的影响，合同约定按照3%增值税税率计算。

问题:该项目总包人要求劳务分包单位开具3%的增值税专用发票是否合理?

笔者认为，模板、脚手架属于周转材料，不属于辅助材料的范畴，不能适用以清包工方式提供建筑服务可选择简易计税方法的情形。同时，按照住建部《建筑工程施工发包与承包违法行为认定查处管理办法》第十二条第（六）款，专业作业承包人除计取劳务作业费用外，还计取主要建筑材料款和大中型施工机械设备、主要周转材料费用的，属于违法分包，虽然实践中常见总包单位的这种发包方式，但是既然属于违法分包，从财税的角度也不能支持该类做法。

综上所述，由于劳务分包单位计取了模板脚手架等周转材料款，不属于清包工的范畴，所以不属于一般纳税人可以适用简易计税方法的情形，约定按照3%的增值税税率计算造价和开具发票不符合国家财税政策，不能适用。

（2）一般纳税人为老项目提供的建筑服务，可选择简易计税方法。

老项目是指:

1）《建筑工程施工许可证》注明的合同开工日期在2016年4月30日前的建筑工程项目;

2）未取得《建筑工程施工许可证》的，建筑工程承包合同注明的开工日期在 2016 年 4 月 30 日前的建筑工程项目。

（3）一般纳税人为甲供工程提供的建筑服务，可选择简易计税方法。

甲供工程是指全部或部分设备、材料、动力由工程发包方自行采购的建筑工程。按照财税［2017]58 号文规定，建筑工程总承包单位为房屋建筑的地基与基础、主体结构提供工程服务，建设单位自行采购全部或部分钢材、混凝土、砌体材料、预制构件的，适用简易计税方法计税[37]。

地基与基础、主体结构的范围，按照《建筑工程施工质量验收统一标准》（GB 50300—2013）附录 B“建筑工程的分部工程、分项工程划分”中的“地基与基础”“主体结构”分部工程的范围执行。

对于上述规定业内存在错误的理解，认为只要是项目的“发包方”供应材料设备就是甲供工程，包括总承包人进行专业工程发包并提供材料时也视为甲供工程，这是严重错误的理解，甲方在建筑业尤其独特的内涵，仅仅是指工程的建设单位。

四、增值税下的工程造价计算步骤

增值税下的工程造价计算步骤如下：

第一步，确定计税方法。根据财税部门对工程服务项目具体适用计税方法的规定（财税［2016］36 号和［2017］58 号），结合工程服务项目的类别及招标文件要求，准确选择适用一般计税方法或简易计税方法。

第二步，组价和取费。根据招标工程量清单的项目特征描述，执行适用的预算定额子目及调整后取费费率标准，进行分部分项工程综合单价、措施项目等的准确组价，并计算汇总得到人工、材料（设备）、施工机具等单位工程汇总表。

第三步，询价和调价。首先将工程信息价格载入，进行第一步换价处理；将第一步换价处理后的汇总表中缺少对应价格信息的材料、机械等要素的预算定额基期价格，通过市场询价以不含可抵扣进项税额的当期市场预算价格替换，进行第二步换价处理。

第四步，计税与计价汇总。税金按 9% 增值税税率或 3% 的征收率计算，完成工程造价计算。

适用一般计税方法计税的工程造价中各费用项目计算方法如下：

（1）人工费：工日单价按当地有关部门发布的人工工日单价计算。当前政策环境下，营改增前后计算方法一致。

（2）材料费：材料（设备）单价有除税市场信息价的计入除税市场信息价。信息价中缺项材料通过市场询价计入不含可抵扣增值税进项税的市场价格。若为含税市场价格，根据财税部门规定选择适用的增值税税率（或征收率），并结合供货单位（应税人）的具体身份，所能开具增值税专用发票实际情况，根据“价税分离”计价规则对其市场价格进行除税处理。

除税价格＝含税价格 /（1＋税率或者征收率）

具体来讲，材料单价的计算公式为：

材料单价＝{（材料原价＋运杂费）×[1＋运输损耗率（%）]}
×[1＋采购保管费率（%）]

1）材料原价。即材料市场取得价格。材料的原价可以通过市场调查或查询市场材料价格信息取得。在确定原价时，凡同一种材料因来源地、交货地、供货单位、生产厂家不同，而有几种价格（原价）时，根据不同来源地供货数量比例，采取加权平均的方法确定其原价。

若材料供货价格为含税价格，则材料原价应以购进货物适用的税率或征收率扣减增值税进项税额，得到材料的不含税价格。

2）材料运杂费。材料运杂费是指国内采购材料自来源地、国外采购材料自到岸港运至工地仓库或指定堆放地点发生的费用（不含增值税）。同样，同一品种的材料有若干个来源地，应采用加权平均的方法计算材料运杂费（参照材料原价加权评价确定的方法）。需要注意的是若运输费用为含税价格，则需要按“两票制”和“一票制”两种支付方式分别调整。

“两票制”支付方式。所谓“两票制”材料，是指材料供应商就收取的货物销售价款和运杂费向建筑业企业分别提供货物销售和交通运输两张发票的材料。在这种方式下，运杂费以按交通运输与服务适用税率（9%）扣减增值税进项税额。

“一票制”支付方式。所谓“一票制”材料，是指材料供应商就收取的货物销售价款和运杂费合计金额向建筑业企业仅提供一张货物销售发票的材料。在这种方式下，运杂费采用与材料原价相同的方式（13%）扣减增值税进项税额。

3）在材料的运输中应考虑一定的场外运输损耗费用。这是指材料在运输装卸过程中不可避免的损耗。运输损耗的计算公式是：

运输损耗=（材料原价+运杂费）× 运输损耗率（%）

4）采购及保管费

采购及保管费是指为组织采购、供应和保管材料过程中所需要的各项费用，包含：采购费、仓储费、工地保管费和仓储损耗。

采购及保管费一般按照材料到库价格以费率取定。材料采购及保管费计算公式如下：

采购及保管费=（材料原价+运杂费+运输损耗费）× 采购及保管费率（%）

由于信息价格经常存在缺项现象和购买材料时往往是含税价格，含税材料价格的除税过程工程造价管理人员应予以掌握，材料单价调整方法及适用税率见表3-2，并以32.5级水泥为例进行说明，见表3-3。

材料单价调整方法及适用税率简表　　表3-2

序号	组成内容	调整方法及适用税率
1	材料原价	以购进货物适用的税率（13%）或征收率（3%）扣减
2	运杂费	以接受交通运输业服务适用税率9%扣减
3	运输损耗费	运输过程所发生损耗增加费，以运输损耗率计算，随着材料原价和运杂费扣减而扣减
4	采购及保管费	主要包括材料的采购、供应和保管部门工作人员工资、办公费、差旅交通费、固定资产使用费、工具用具使用费及材料仓库存储损耗费等。以费用水平（发生额）“营改增”前后无显著变化为前提，由于其计算基数（材料原价、运杂费采购及保管费）降低的影响，费率一般适当调增

案例3-3：含税材料单价除税

32.5级水泥含税价格除税过程　　表3-3

材料名称	价格形式	单价（元）	原价（元）	运杂费（元）	运输费损耗（元）	采购及保管费（元）	平均税率（%）
32.5级水泥	含税价格	319.48	285.93	25	1.55	7	（319.48－284.06）÷284.06=12.47
	不含税价格	284.06	285.93/1.13=253.03	25/1.09=22.94	1.33	7.00×（70%+30%/1.13）=6.76	

（3）施工机械使用费：施工机械台班单价按除税市场信息价的计入。信息价中缺项机械台班单价通过市场询价计入不含可抵扣增值税进项税的市场价格。施工机械台班单价可按租赁台班单价计价，营改增前原定额基价可按扣除单价中的营业税考虑，营改增后按有形动产租赁服务适用税率13%计算进项税额。

第二节 增值税下非经营性建设项目投资控制

为适应增值税计税方法的变化，建设行政主管部门对工程造价的计算方法进行了相应调整。一般计税方法下，假设税前工程造价为X，发包人能够取得的进项税额为Y，则含税工程造价为$X+9\% X$，发包人的工程投资为$X+9\% X-Y$。对于有进项税额抵扣的发包人，含税工程造价扣除取得的可抵扣的进项税额才是建设投资；对于没有进项税额抵扣的发包人，$Y=0$，其建设投资就是含税工程造价。简易计税方法下，假设税前工程造价为X，则含税工程造价为$X+3\% X$，不考虑进项税额抵扣，含税工程造价就是建设投资。本书所指的非经营性建设项目是指没有销项税额也无需关注进项税额抵扣的建设项目，既包括政府投资的学校、行政办公楼、不收费道路等项目，也包括社会投资的无应税销售行为的自用办公楼等项目。不论采用哪种计税方法，该类项目的建设投资就是含税工程造价，研究其投资控制的特殊性及针对热点问题探讨发包人投资控制的策略具有较强的理论和现实意义。

一、增值税下非经营性建设项目的特殊性

在一般计税方法下，进项税额的取得与否直接与最终纳税额度有关。但是非经营性建设项目实施过程中没有应税销售行为的产生，故不存在增值税应纳税额，也就没有进项税额的抵扣问题。根据发包人在建设项目上是否有进项税额的抵扣需求将发包人分为有抵扣需求和无抵扣需求两类。以采购A万元（不含税价）的商品混凝土为例来对比分析两类不同类别的发包人取得的进项税额对项目总投资的影响，具体分析见表3-4。

两类发包人的进项税额对项目总投资的影响　　表 3-4

发包人类别	增值税税率		对工程造价的影响	对应纳税额的影响	对项目总投资的影响
	3%	13%			
	含税价	含税价			
有进项税额抵扣需求	1.03A	1.13A	造价增加 10%A	应纳税额减少 10%A	项目总投资不变
无进项税额抵扣需求	1.03A	1.13A	造价增加 10%A	无应纳税额	项目总投资增加 10%A

注：为简化计算，此处未考虑增值税附加对投资的影响。

从表 3-4 可以看出，两类发包人应关注重点的差异：对于有抵扣需求的发包人而言，其关注点在于不含税价格的高低及进项税额的取得；对于无抵扣需求的发包人而言，其关注的是含税价格的高低，而无需关注进项税额的多少。非经营性建设项目的特殊性在于其进项税额沉淀为“工程投资”，其投资控制需要关注的是含税工程造价的高低。

同时，由于工程造价中的税金是承包人的销项税额，对于有抵扣需求的发包人而言，固定资产＝含税工程造价－可以抵扣的进项税额；对于没有抵扣需求的发包人而言，固定资产＝含税工程造价。

二、非经营性建设项目计税方法的选择

虽然各地造价管理部门在制定计价依据时对材料价格按照价税分离原则进行了调整，施工机械使用费考虑调整系数，对管理费、利润和规费的费率进行相应的调整，基本遵循各造价要素本身的价格不受增值税影响的原则[38]。但由于不同项目构成造价各费用要素的比例不尽相同，故采用不同的计税方法计算出的含税工程造价（工程投资额）是不同的。根据不同计税方法下的造价计算方法，建立两种计税方法下含税工程造价相同时的理论模型，见模型 1。

【模型 1】假设前六项费用要素含税之和为 B，除税后降低率为 Z，两种计税方法下含税工程造价相同时有下式：

$$B(1+3\%)=B(1-Z)(1+9\%)$$

可以得出 $Z=5.50\%$

当 $Z>5.50\%$ 时，简易计税方法下的含税工程造价大于一般计税方法下的

含税工程造价；当 $Z < 5.50\%$ 时，一般计税方法下的含税工程造价大于简易计税方法下的含税工程造价。由于多数材料、设备费的增值税税率是13%，含税与否价格差别较大，一般情况下如果材料、设备费占不含税工程造价比例较大时会出现 $Z > 5.50\%$ 的情形；由于人工费不区分是否为含税价，一般情况下如果人工费占不含税工程造价比例较大时会出现 $Z < 5.50\%$ 的情形。

综上，非经营性建设项目的发包人在确定计税方法时除了应满足国家的财税政策外，还应首先将两种不同计税方法下的含税工程造价（工程投资额）进行对比计算，从而选择及筹划有利于降低建设投资的计税方法。

案例 3-4：同一建设项目建设单位是否可以采用不同的计税方法

某高校图书信息中心建设项目，地下1层，地上10层，框架剪力墙结构，学校将基坑支护及土方开挖工程进行直接发包，将其余施工部分一起发包。基坑支护所采用的混凝土由建设单位供应，采用简易计税方法计算造价。其余施工部分采用一般计税方法计算工程造价。

问题：对于建设单位而言，同一建设项目是否可以采用不同的计税方法？

分析：对建设单位而言，不管其发包的部分是采用一般计税还是简易计税方法计算工程造价，承包人给建设单位开具的发票均属于建设单位的进项税额，建设单位能否抵扣取决于建设单位开具的销项税额是否是一般计税方法的税率，与其取得的进项税额无关，所以，同一建设项目分别发包时，不同的合同可以采用不同的计税方法，只要符合国家财税政策即可。此处建设单位分别发包，是基于土方开挖及支护工程中人工费和机械费的占比较高，经过造价咨询机构的测算，简易计税方法下的工程造价低于一般计税方法下的工程造价。同理，对于其余施工部分，经过对比测算，一般计税方法下的工程造价低于简易计税方法下的工程造价。由于该高校是没有进项数额抵扣需求的发包人，其做法有利于控制其工程投资。

案例 3-5：某土方开挖工程不同计税方法下工程造价计算

某土方开挖工程，土方开挖工程量为16000m^3，属一类工程，土的最初可松性系数为 1.02，普工工日消耗量定额为 0.266 工日 /10m³。管理费费率 5.7%，利润率为 4.6%，其余基础数据见表 3-5。

土方开挖工程基础数据表　　　　表 3-5

名称规格	单位	含税价格	不含税价格
工程渣土外运内环线内	m^3	109.00	100
履带式单斗液压挖掘机 $1m^3$	台班	1485.12	1372.61
普工	工日	140	140

问题：选择有利于发包人的计税方法。

分析：采用一般计税方法下的工程造价为：

（16000 × 1.02 × 100＋16000 × 1372.61＋16000 × 0.266 /10 × 140）×（1＋5.7% ＋4.6%）×（1 ＋ 9%）＝ 2843.8 万元。

采用简易计税方法下的工程造价为：（16000×1.02×109 ＋ 16000×1485.12 ＋16000×0.266 /10×140）×（1 ＋ 5.7% ＋ 4.6%）×（1 ＋ 3%）＝ 2908.4 万元。

应选择一般计税方法。需要注意的是，该案例的结论不具有普遍结论，不同的案例由于构成工程造价的各要素占比不同，需要具体对比计算。

三、承包人选择计税方法存在的问题及对策

1. 承包人选择计税方法存在的问题

财税［2016］36 号文件规定一般纳税人以清包工方式提供的建筑服务、为老项目提供的建筑服务以及为甲供工程提供的建筑服务可以选择适用简易计税方法 [36]。既然是“可以选择”，就意味着国家政策允许承包人自行选择纳税方法。若两种计税方法均适用的建设项目，发包人采用一般计税方法计算最高投标限价（招标控制价），而承包人选择按简易计税方法计算投标报价，或者承包人投标时采用一般计税方法计算总价，而项目实施过程中适用简易计税方法交税，出现计算工程造价时采用的计税方法和开具增值税发票时采用的计税方法不一致的现象。存在的问题主要体现在以下两个方面：

（1）承包人会选择有利于己方的计税方法缴纳增值税，从而造成国家税收损失，发包人或许面临政府审计或者财政评审风险。

承包人开具发票时税务部门关注的仅仅是是否符合税务政策，计价形成的过程对税务部门是个“黑洞”。相同含税合同价下采用不同计税方法时发包人取得进项税额对比，见表 3-6。

不同计税方法时发包人取得进项税额对比　　表 3-6

情况	开票费率	发包人进项税额计算模型，设 C 为含税合同造价		
		计算公式	发包人进项税额	两者差额
1	9%	$[C\div(1+9\%)]\times 9\%$	$8.256881\%C$	$5.34426C\approx 5.3\%C$
2	3%	$[C\div(1+3\%)]\times 3\%$	$2.912621\%C$	

从表 3-6 可以看出，按照一般计税方法和简易计税方法计算出的承包人的销项税额（即发包人的进项税额）是不同的，承包人会选择应纳税额较低、利润较高的计税方法，即含税总价一定，承包人会估算此项目可以抵扣进项税的比例，见模型 2。

【模型 2】若两种计税方法下利润水平一致，假设：含税造价为 D，不含税成本为 E，可抵扣进项税额为 U。采用简易计税方法下取得的进项税额由于不能再进行抵扣，故成本变为（$E+U$），则可以建立以下等式：

$$D/(1+9\%)-E=D/(1+3\%)-(E+U)$$

$$U=5.256881\%D\approx 5.3\%D$$

如果可抵扣进项税占合同含税总价的比例大于 5.3%，则承包人选择一般计税方法更有利于增加项目利润；如果可抵扣进项税占合同含税总价的比例小于 5.3%，则选择简易计税方法更有利。允许承包人自行选择计税方法会造成国家税收的损失，发包人或许面临政府审计或财政评审风险。

（2）不利于价格评审和工程价款结算

若不同的投标人投标时采用不同的计税方法计算工程造价，则计算出的分部分项工程的综合单价会存在较大的“合理性差异”，评标专家不易识别并判定投标人是否采用过度不平衡报价，不利于分部分项工程综合单价合理性的评审。采用不同的计税方法，对项目实施过程中常见的价款调整、现场签证、索赔等事项往往产生争议，易引起工程价款结算纠纷。

2. 规避承包人选择计税方法的对策

遵循计税方法与工程造价计算方法严格统一，承包人纳税方法与工程造价计算方法严格统一，即严格遵循“价税统一”原则[39]。“剥夺”承包人对计税方法的自行选择权，在招标文件中明确承包人投标时采用的计税方法以及项目实施时采用的计税方法和开具发票的税率。如果投标时出现计税方法与造价计算方法不一致现象，可在招标文件中明确将其界定为废标。

案例 3-6：采用“价税统一”原则化解造价争议

2017 年 3 月，A 公司通过公开招投标方式将工程对外发包，最终由 B 公司（增值税一般纳税人）中标。A 公司出于质量控制的考虑，在招投标文件中明确规定：工程所用钢材由 A 公司统一购买，同时约定工程竣工验收后一次性支付工程款。2018 年 12 月 A 公司与 B 公司办理工程结算时，对 B 公司到底是应当提供 10% 的增值税专用发票，还是应当提供 3% 的增值税专用发票？

A 公司认为：按照财税［2016］36 号文的规定，甲供工程时承包人是“可以选择”简易计税。在双方办理工程竣工结算时，由于是按照一般计税方法即 10% 税率进行计价，B 公司理所当然的应当开具 10% 的增值税专用发票。

B 公司认为：既然税收政策赋予施工方增值税征收方式的选择权，故承包人“可以”选择简易计税，A 公司只能被动接受 3% 税率开具增值税专用发票。同时，根据《财政部、税务总局关于建筑服务等营改增试点政策的通知》（财税［2017］58 号）规定：“建筑工程总承包单位为房屋建筑的地基与基础、主体结构提供工程服务，建设单位自行采购全部或部分钢材、混凝土、砌体材料、预制构件的，适用简易计税方法。”此处指的是“适用”而不是“可以选择”。根据“后法优于先法”的原则，应当适用简易计税方法计税，应当开具 3% 的增值税专用发票。

问题：应采用哪种计税方法计算工程造价？

分析：《财政部、国家税务总局关于全面推开营业税改征增值税试点的通知》（财税［2016］36 号）附件 2：《营业税改征增值税试点有关事项的规定》规定：“一般纳税人为甲供工程提供的建筑服务，可以适用简易计税方法计税。甲供工程，是指全部或部分设备、材料、动力由工程发包方自行采购的建筑工程。”该案中，由A公司采购工程材料，构成“甲供工程”行为。虽然财税［2017］58号文件是在财税［2016］36号之后下发，应当遵循“后法优于先法”的原则，但应当是在基于“后法”没有明确约定起效时间的情况下。根据财税［2017］58号文规定：自2017年7月1日起执行。也就是说，在该文件下发之后，对于符合财税［2017］58号文规定的甲供工程，工程总承包人是“适用”简易计税办法计税，税收政策规定只能适用简易计税办法，相应接受服务方只能索取3%的增值税专用发票。但在该文件下发之前，仍适用财税［2016］36号文，即可以选择简易计税。税收政策执行的一贯惯例是“老合同老办法”，税收政策的调整不得干预纳税人原有的正常经营活动秩序。由于该项目的施工合同签订在财税［2017］58号文件下发之前，综上所述，可以得出如下结论：该项目仍然可以选择一般计税方案和简易计税方法。

从A公司提供的中标资料来看，B公司当初向A公司提供的中标价中，其中增值税的取费标准是按照当时的适用税率11%（2018年5月1日后调整为10%）计算，是合同签订双方真实意思表示，就意味着B公司在签订合同时，已默认为按照一般计税方法。在办理工程结算时，A公司也是按照当初中标合同的约定进行工程结算，因此，B公司就应当按照合同约定提供10%的增值税专用发票。

案例3-7：因暂列金额等数额较大引起的不同计税方法下造价差异较大

某房地产开发项目，由房地产开发公司负责节能门窗采购，招标文件中要求按照10%增值税税率开具增值税专用发票，招标工程量清单中列出的暂列金额、暂估价数额较大，达到了分部分项工程费的30%。某施工企业投标时经过对该项目的工程造价采用一般计税方法与简易计税方法计算后对比，发现该项目的可竞争部分（除暂列金额、暂估价外）在简易计税方法下的工程造价较高，于是投标报价按照简易计税方法进行了报价，最终该施工企业中标。项目实施过程中由于设计变更增加了部分分部分项工程量，双方采用已有适用的原则对变更部分的单价进行了确认。最终按照原合同约定的价格和工程价款调整值计算得出了工程结算价。

承包人认为：按照财税政策的规定，既然该项目可适用一般计税方法也可适用简易计税方法，虽然招标文件中要求采用一般计税方法，但是采用简易计税方法后的投标报价已经通过了评标委员会的评审。虽然合同协议书中约定按照一般计税方法开具增值税发票，但是已标价的工程量清单中体现的是简易计税方法的造价，并且项目实施过程中发包人确认的工程变更部分是按照已标价的工程量清单中适用的综合单价签批认可的，最终结算价也是按照合同约定的计算方法计算，由于自始至终工程造价均按照简易计税方法计算，发包人也未提出任何异议，所以，应视为发包人对增值税开具发票税率变化的认可，开具3%的增值税专用发票。

发包人认为：既然合同对开具发票的增值税税率有明确的约定，就应该严格执行合同约定，要求开具10%的增值税专用发票。

问题：承包人应该按照什么税率开具增值税专用发票？

笔者认为，按照《建设工程施工合同（示范文本）》（GF—2017—0201）合同文件构成中体现，合同协议书和已标价的工程量清单均是合同文件的组成部分，在双方未约定优先顺序的情况下，合同协议书效力高于已标价的工程量清单，虽然后续的工程变更价款和结算价款的确定都体现了发包人对按照简易计税方法计算造价的认可，“属于同一类内容的文件，应以最新签署的为准”[33]，但是不同类内容的文件之间不适用最新签署优先原则。综上所述，承包人应该按照10%的税率开具增值税专用发票。

引发我们进一步思考的是，发包人此时是否还可以要求承包人按照一般计税方法重新计算出更加有利于发包人的工程造价呢？笔者认为，虽然承包人当初报价时采用了有利于自己的工程造价计算方法，但是由于发包人已经与承包人就变更价款和结算价款达成了一致意见，不应再要求按照价税统一原则进行重新调整工程造价，因为从操作层面来看，也无法需求一种绝对科学合理的调整工程价款的计算办法。

笔者建议：发包人应加强投标人投标报价计算与增值税税率一致性的检查，可在招标文件中约定一旦出现两者不一致时，投标文件作为废标处理。在招标工程量清单中给出暂列金额时，两种不同计税方法下的工程造价会导致6%的差异，如果暂列金额数额较大，会导致较大的数额差异，不利于择优选择承包人，由于暂列金额和暂估价等的不可竞争性，建议在评标时可以考虑将暂列金额、暂估价从投标报价中剔除。

四、甲供工程对发包人建设投资的影响及对策

1. 甲供工程对发包人建设投资的影响

一般纳税人为甲供工程提供的建筑服务可适用简易计税方法，但是建筑工程总承包单位为房屋建筑的地基与基础、主体结构提供工程服务，建设单位自行采购全部或部分钢材、混凝土、砌体材料、预制构件的，只能采用简易计税方法计税。一般计税方法下，甲方供材（设备）和乙方供材（设备）模式的工程造价计算公式分别为：

（1）乙方供材（设备）模式

工程造价＝税前造价 ×（1 ＋ 9%）

（2）甲方供材（设备）模式

工程造价＝（税前造价－甲供不含税价款）×（1 ＋ 9%）＋甲供含税价款

＝（税前造价－甲供不含税价款）×（1 ＋ 9%）＋甲供不含税价款 ×（1 ＋甲供材税率）

＝税前造价 ×（1 ＋ 9%）＋甲供不含税价款 ×（甲供材税率－ 9%）

对比（1）、（2）两个模式的计算公式可以得出两种模式下工程造价之间的差异为：甲供不含税价款 ×（甲供材税率－ 9%）。

1）当甲供材税率小于 9% 时，甲方供材（设备）模式导致发包人工程造价（建设投资）减少；

2）当甲供材税率大于 9% 时，甲方供材（设备）模式导致发包人工程造价（建设投资）增大。

简易计税方法下，上面公式中除税前造价计算时六项费用要素均为含税价外，还需将 9% 的税率换成 3% 的税率，对比（1）、（2）两个模式的计算公式可以得出两种模式下工程造价之间的差异为：甲供不含税价款 ×（甲供材税率－3%），甲供一定会造成工程造价的增加，导致发包人投资增大。

综合上述一般计税方法和简易计税方法两种情况，分析现行的财税政策，甲供时可适用低于 9% 税率的类别几乎不存在，甲供工程一般会导致工程造价（建

设投资）增加，所以应尽量降低甲供材料（设备）的数额以降低其对投资的影响，确需甲供大宗材料（设备）以满足质量、进度需要时，应探讨既能保证甲方要求又不增加造价的途径。

2. 导致造价增加但又需要“甲供”时的对策

（1）发包人、承包人与供应商签订三方协议

发包人确定供应商后，发包人、承包人与供应商签订三方协议，约定由供应商向承包人销售材料，供应商将材料运送至发承包双方指定的地点，并直接向承包人开具增值税专用发票。到货后，由发承包双方共同验收，材料价款由承包人直接支付给供应商。

（2）发包人确定供应商和代为支付货款

1）发包人确定供应商，但不参与采购合同的谈判、签订，不确定采购价格，采购合同由承包人与供应商签订，通过委托付款方式，货款由发包人代为支付给供应商。

2）发包人既确定供应商又确定采购价格，但是采购合同由承包人直接与供应商签订，通过委托付款方式，货款由发包人代为支付给供应商。

五、混合销售中一项销售行为的界定及对策

1. 混合销售中一项销售行为的界定

一项销售行为如果既涉及服务又涉及货物为混合销售。目前在一项销售行为的界定上存在争议，以门窗工程专业分包为例，分包单位的合同内容往往既包括门窗的制作又包括门窗的安装，如果把制作和安装分别签订两个合同，企业在账务上分开核算，还是不是一项销售行为？从经济的角度看，一项单一的销售行为不能人为地加以拆分，但目前湖北省和河北省等地国税局对有关增值税的政策问答中作出了“按企业经营的主业确定。若企业在账务上已经分开核算，以企业核算为准”的规定。

例如，某企业生产中央空调，又负责安装，该企业销售收入中生产中央空调是主业，属于从事货物的生产、批发或者零售为主，界定为混合销售，按销售货物缴纳增值税。

再例如，某建筑公司为客户安装及销售断桥铝门窗，属于一项销售行为既涉

及建筑服务又涉及货物的混合销售行为，按照销售建筑服务缴纳增值税。

对于实行多个增值税税率的增值税制国家，混合销售问题是个普遍存在的难题。有观点认为若一项销售行为含有多个应税项目，但这些项目可以区分出主次，则这项销售行为即使人为进行了拆分仍然是一项销售行为。按此观点门窗安装是建立在门窗制作基础上的，两者形成主次关系，前者是主要应税项目，后者构成次要的应税项目，仍应视为一项销售行为。

根据财税［2017］11号文规定，纳税人销售活动板房、机器设备、钢结构件等自产货物的同时提供建筑、安装服务，不属于《营业税改征增值税试点实施办法》（财税［2016］36号）第四十条规定的混合销售，应分别核算货物和建筑服务的销售额，分别适用不同的税率或者征收率。一般纳税人销售电梯的同时提供安装服务，其安装服务可以按照甲供工程选择适用简易计税方法计税。纳税人对安装运行后的电梯提供的维护保养服务，按照“其他现代服务”缴纳增值税。

2. 有关混合销售的投资控制策略

（1）合理选择销售货物和销售服务的合作方

按照销售货物和按照销售服务适用的增值税税率不同，最终会引起投资额的差异。所以，对于既涉及服务又涉及货物的混合销售行为，在合作方的选择上应优选可以适用销售服务缴纳增值税的企业合作，并将货物和服务一并签订合同，以适用混合销售的财税政策降低投资额度。

（2）将销售行为进行合理拆分

虽然业内存在争议，在当地税务政策没有明确禁止的情况下，若一项销售行为含有多个应税项目，不同的应税项目适用的税率不同，纳税人可以进行拆分从而达到降低纳税额的目的。在合理拆分销售行为的同时，应注意不同销售行为之间的衔接和界面管理，以保证不因销售行为的拆分影响整体效应。从事货物的生产、批发或者零售的纳税人，如果销售货物的同时也提供服务，在账务上分开核算，可分别适用高税率和低税率，比如采购建筑材料时可以把运输费用单列，适用运输服务9%的增值税税率，材料实行“两票制”采购。同时，销售额往往不是唯一确定的数值，对其合理性的确定很多情况下是个造价问题，税务部门往往不能很准确认知，在进行拆分时可以在一定范围内运用税务政策进行合理节税，以达到降低投资额的目的。

案例 3-8：“混合销售”合作方的选择

建设单位将门窗工程单独进行专业发包，招标文件中对门窗应满足的质量、性能进行了描述，并要求是具有资质的门窗制造企业。

问题：发包人应如何选择门窗工程的合作方？

分析：按照财税［2016］36号文第四十条，一项销售行为如果既涉及服务又涉及货物，为混合销售。从事货物的生产、批发或者零售的单位和个体工商户的混合销售行为，按照销售货物缴纳增值税；其他单位和个体工商户的混合销售行为，按照销售服务缴纳增值税。

笔者建议，可以从以下三个角度来对比选择“混合销售”行为的合作方：

第一，要求是具有门窗制造资质的工程企业，则可以适用9%；

第二，若将门窗制作和安装拆分为两个合同，则可以分别适用13%和9%；

第三，发包时将门窗工程并入其他工程中，则可以适用9%。但是建设单位应在评标阶段侧重门窗质量评审。

综上所述，增值税是对应税行为实现的增值额征税，而非经营性建设项目不存在应税销售环节。增值税下非经营性建设项目的投资额就是含税工程造价。发包人通过对比分析两种不同计税方法下的含税工程造价后选择项目的计税方法，招标文件中按照价税统一原则明确承包人的计税方法是控制投资的有效手段。在分析增值税下非经营性建设项目特殊性的基础上，以工程造价计算办法为基础，首先建立数学模型对非经营性建设项目计税方法的选择提供了策略；其次在分析承包人自行选择计税方法存在的问题和建立模型定量分析甲供工程对发包人建设投资影响的基础上，分别提出了相应的对策；最后在分析一项销售行为如何界定的基础上提出了灵活运用混合销售的财税政策进行投资控制的策略。这将对非经营性建设项目的发包人有效控制建设投资具有较重要的理论和现实意义。

第三节　增值税率调整对发承包双方的影响及价款管理

财税［2018］32号文规定，2018年5月1日起，建筑业、交通运输业增值税税率从 11% 下降至 10%，制造业等行业增值税税率从 17% 下降至 16%；财税［2019］39 号文规定，自 2019 年 4 月 1 日起，建筑业、交通运输业增值税税率从 10% 下降至 9%，制造业等行业增值税税率从 16% 下降至 13%。

一、增值税率调整对发包人投资额的影响

1. 有抵扣需求的发包人

增值税税率调整（财税［2019］39 号）对其投资的影响如下：

（1）一般计税方法下

1）10% 时：1000 万元（不含税价），进项税额 100 万元，含税造价 1100 万元。

2）9% 时：1000 万元（不含税价），进项税额 90 万元，含税造价 1090 万元。

含税造价减少 10 万元，投资减少 1%。同时进项税额减少 10 万元，需要增加应纳税额 10 万元。所以，对于有抵扣需求的发包人而言，投资额的减少平衡了进项税额的减少。

（2）简易计税方法下

如果适用 16% 税率的材料比重达到工程造价的 40%，税率调整为 13% 时投资会降低 1.2%。发包人获得的进项税额由于税前造价的降低也相应会降低。所以，含税材料价格会降低，含税造价会降低，投资减少，相应的进项税额也减少，两者也是基本平衡。

2. 没有抵扣需求的发包人

增值税税率调整（财税［2019］39 号）对其投资的影响如下：

（1）一般计税方法下

1）10% 时：1000 万元（不含税价），进项税额 100 万元，含税造价 1100 万元。

2）9% 时：1000 万元（不含税价），进项税额 90 万元，含税造价 1090 万元。

含税造价减少 10 万元，没有进项税额抵扣问题，总投资减少 1%。

（2）简易计税方法下

含税材料价格会降低，含税造价会降低，投资减少。如果适用 16% 税率的材料比重达到工程造价的 40%，税率调整为 13% 时投资会降低 1.2%。

案例 3-9：增值税税率变化引起的固定总价合同计价争议

某建设工程项目工期一年，采用固定总价合同，合同中约定除建设单位原因引起的设计变更外合同价格不予调整，项目实施过程中财税〔2018〕32 号文件发布，规定建筑业的增值税税率由 11% 下降为 10%。项目实施过程中没有发生设计变更。

发包人认为虽然按照合同约定不属于调整合同价格的情形，但是根据《建设工程工程量清单计价规范》第 3.4.2 条的规定，由于国家法律、法规、规章和政策发生变化影响合同价款调整的，应由发包人承担。财税［2018］32 号文属于国家政策，国家政策变化可能引起合同价款增加或者降低，既然是应由发包人承担，就应该进行价款调整；承包人认为上述清单规范的条文属于推荐性条款，不是强制性条款，应该按照合同约定不能予以调整合同价格。

问题：该项目能否调整原合同中的固定总价。

笔者认为，根据《建设工程工程量清单计价规范》（GB 50500—2013）第 3.1.6 条的规定，规费和税金必须按国家或省级、行业建设主管部门的规定计算，不得作为竞争性费用。不得作为竞争性费用应理解为按照计算方法得出结果后不能再人为予以调高或者调低，由于该条款属于强制性条文，应予以执行。同时，新的财税政策执行后，承包人已经不能再给发包人开具 11% 的增值税发票，如果在发包人支付 11% 的增值税税率下的工程价款而只能得到 10% 的税率的增值税发票，对发包人有失公平。所以，应该在确保不含税价不变的前提下，按照 10% 的增值税税率调整合同总价。

二、增值税率调整对总承包人利润的影响

增值税税率下调对一般计税项目的销项税、进项税及附加税费均产生影响。

增值税税率下调对建筑行业收入、成本同时产生影响，基于建立的增值税影响测算模型对建筑行业的实际税负进行测算分析。

综合考虑建筑行业平均成本水平、成本结构及利润水平等相关因素的前提下，作出如下假设：

（1）一般计税项目毛利率假设（含税）：10%。

（2）附加税率（城建＋教育附加＋地方教育附加）：12%。

（3）不考虑企业所得税的影响。

（4）成本结构假定见表 3-7。

项目成本构成表　　**表 3-7**

序号	项目	成本占比	原税率	新税率	备注
1	成本 A	25%	3%	3%	劳务分包及部分材料
2	成本 B	25%	10%	9%	专业分包
3	成本 C	40%	16%	13%	材料设备
4	可抵扣成本费用小计（$A+B+C$）	90%			
5	不可抵扣成本费用小计	10%			
6	总成本费用合计	100%			

增值税是价外税，根据合同约定，税率下调后，可能出现的情况是，如果保持含税价格不变，现金流不变，不含税价格会发生变化，对应的收入或成本就会发生变化，附加税费会发生变化；而如果保持不含税价格不变，对应的收入或成本不会发生变化，但含税价格会发生变化，现金流会发生变化，附加税费会发生变化。

因此考虑到建筑行业处于产业链中游，本次税率下调，发包人和供应商保持含税价还是不含税价不变，对建筑企业的影响不同，因此从发包人和供应商两个方面考虑，分为以下四种情形：

（1）发包人、供应商含税价不变：即发包人、供应商均不调价，仍按原合同价不变。

（2）发包人含税价不变，供应商不含税价不变：即发包人不调价，按原合同价格不变；供应商调价，不含税价格保持不变，但由于税率下调，含税价下调。

（3）发包人不含税价不变，供应商含税价不变：即发包人调价，不含税价格保持不变，税率下调，含税价下调。供应商方不调价，仍按原含税价不变。

（4）发包人、供应商不含税价不变：即发包人、供应商方均调价，原含税价变化。

上述所说不调价，是保持原合同含税价格不作调整，而不含税价因此产生变化。不调价会影响不含税收入、成本。调价是调整原合同的含税价格，但不含税价不变，此情况下，收入或成本不变，调价主要影响现金流。

案例 3-10：增值税税率变化导致的承包人税负及利润测算分析

以施工企业 1000 万元收入为例，根据上述假设毛利和成本结构，测算税率下调在上述四种情况下对财务指标的影响，发包人、供应商含税价均不变见表 3-8，发包人含税价不变，供应商不含税价不变见表 3-9，发包人不含税价不变，供应商含税价不变见表 3-10，发包人、供应商不含税价均不变见表 3-11，根据上述四种情形对收入、成本、税金及利润的影响对比见表 3-12。

业主、供应商含税价均不变 **表 3-8**

序号	项目	成本占比	原税率测算			新税率测算			变动	
			原不含税额	原税率	原含税额	新不含税额	新税率	新含税额	变动额	变动率
收入	收入		909.09	10%	1000	917.43	9%	1000	8.34	0.92%
	销项税额				90.91			82.57	－8.34	－9.17%
成本	成本费用 A	25%	220.65	3%	227.27	220.65	3%	227.27	—	0%
	成本费用 B	25%	206.61	10%	227.27	208.50	9%	227.27	1.83	0.91%
	成本费用 C	40%	313.48	16%	363.64	321.81	13%	363.64	8.33	2.66%
	可抵扣成本费用小计（A＋B＋C）	90%	740.74		818.18	750.96		818.18	10.22	1.38%
	不可抵扣成本费用（含未取得专票）	10%	90.91		90.91	90.91		90.91	0.83	0.91%
	成本费用合计	100%	831.65		909.09	841.87		909.09	10.22	1.23%
	进项税额				77.44			67.22	－10.22	－13.2%
应纳税额	应交增值税				13.47			15.35	1.88	13.96%
	附加税费				1.62			1.84	0.22	13.70%
	总税额（增值税＋附加税）				15.09			17.19	2.10	13.92%
利润影响	毛利润（不含税收入－不含税成本）				77.44			75.56	－1.88	－2.43%
	税前利润（毛利润－附加税费）				75.82			73.72	－2.10	－2.77%

表 3-9

业主含税价不变，供应商不含税价不变

序号	项目	成本占比	原税率测算			新税率测算			变动	
			原不含税额	原税率	原含税额	新不含税额	新税率	新含税额	变动额	变动率
收入	收入		909.09	10%	1000	917.43	9%	1000	8.34	0.92%
	销项税额				90.91			82.57	－8.34	－9.17%
成本	成本费用 A	25%	220.65	3%	227.27	220.65	3%	227.27	—	0.00%
	成本费用 B	25%	206.61	10%	227.27	206.61	9%	225.20	—	0.00%
	成本费用 C	40%	313.48	16%	363.64	313.48	13%	354.23	—	0.00%
	可抵扣成本费用小计（A＋B＋C）	90%	740.74		818.18	740.74		806.70	—	0.00%
	不可抵扣成本费用（含未取得专票）	10%	90.91		90.91	90.91		90.91	—	0.00%
	成本费用合计	100%	831.65		909.09	831.65		897.61	—	0.00%
	进项税额				77.44			65.96	－11.48	－14.82%
应纳税额	应交增值税				13.47			16.61	3.14	23.31%
	附加税费				1.62			1.99	0.37	23.04%
	总税额（增值税＋附加税）				15.09			18.60	3.51	23.26%
利润影响	毛利润（不含税收入－不含税成本）				77.44			85.78	8.34	10.77%
	税前利润（毛利润－附加税费）				75.82			83.79	7.97	10.51%

业主不含税价不变，供应商含税价不变 **表 3-10**

序号	项目	成本占比	原税率测算			新税率测算			变动	
			原不含税额	原税率	原含税额	新不含税额	新税率	新含税额	变动额	变动率
收入	收入		909.09	10%	1000	909.09	9%	990.91	—	0.00%
	销项税额				90.91			81.89	− 9.02	− 9.92%
成本	成本费用 A	25%	220.65	3%	227.27	220.65	3%	227.27	—	0.00%
	成本费用 B	25%	206.61	10%	227.27	208.50	9%	227.27	1.89	0.91%
	成本费用 C	40%	313.48	16%	363.64	321.81	13%	363.64	8.32	2.66%
	可抵扣成本费用小计（A＋B＋C）	90%	740.74		818.18	750.96		818.18	10.22	1.38%
	不可抵扣成本费用（含未取得专票）	10%	90.91		90.91	90.91		90.91	—	0.00%
	成本费用合计	100%	831.65		909.09	841.87		909.09	10.22	1.23%
	进项税额				77.44			67.22	− 10.22	− 13.19%
应纳税额	应交增值税				13.47			14.67	1.20	8.91%
	附加税费				1.62			1.76	0.14	8.64%
	总税额（增值税＋附加税）				15.09			16.43	1.34	8.88%
利润影响	毛利润（不含税收入－不含税成本）				77.44			67.22	− 10.22	− 13.19%
	税前利润（毛利润－附加税费）				75.82			65.46	− 10.36	− 13.66%

业主、供应商不含税价均不变　　**表 3-11**

序号	项目	成本占比	原税率测算			新税率测算			变动	
			原不含税额	原税率	原含税额	新不含税额	新税率	新含税额	变动额	变动率
收入	收入		909.09	10%	1000	909.09	9%	990.91	—	0.00%
	销项税额				90.91			81.89	− 9.02	− 9.92%
成本	成本费用 A	25%	220.65	3%	227.27	220.65	3%	227.27	—	0.00%
	成本费用 B	25%	206.61	10%	227.27	206.61	9%	250.20	—	0.00%
	成本费用 C	40%	313.48	16%	363.64	313.48	13%	354.23	—	0.00%
	可抵扣成本费用小计（A＋B＋C）	90%	740.74		818.18	740.74		806.70	—	0.00%
	不可抵扣成本费用（含未取得专票）	10%	90.91		90.91	90.91		90.91	—	0.00%
	成本费用合计	100%	831.65		909.09	831.65		897.61	—	0.00%
	进项税额				77.44			65.96	− 11.48	− 14.82%
应纳税额	应交增值税				13.47			15.93	2.46	18.26%
	附加税费				1.62			1.91	0.29	18.00%
	总税额（增值税＋附加税）				15.09			17.84	2.75	18.22%
利润影响	毛利润（不含税收入一不含税成本）				77.44			77.44	—	0.00%
	税前利润（毛利润一附加税费）				75.82			75.53	− 0.29	− 0.38%

根据上述四种情形对收入、成本、税金及利润的影响对比　　表 3-12

情　形	收入变动	成本变动	税金变动		毛利利润		税前利润	
			增值税	附加税	变动额	变动率	变动额	变动率
1. 业主、供应商含税价均不变	8.34	10.22	1.88	0.22	－1.88	－2.43%	－2.10	－2.77%
2. 业主含税价均不变，供应商不含税价均不变	8.34	—	3.14	0.37	8.34	10.77%	7.97	10.51%
3. 业主不含税价均不变，供应商含税价均不变	—	10.22	1.20	0.14	－10.22	－13.19%	－10.36	－13.66%
4. 业主、供应商不含税价均不变	—	—	2.46	0.29	—	0.00%	－0.29	－0.38%

三、增值税率调整对未付清项目价款管理的影响

1. 在建工程项目价款管理

财税［2019］39号文件从2019年4月1日开始执行，与发包人结算开具发票的时点应按纳税义务时间进行划分。凡纳税义务时间在2019年4月1日之前的，应按原税率开具发票；反之，则应按新税率开具发票。按照这个开具发票的原则进行相应的工程价款调整。

一般而言，采用一般计税法计算工程造价时，工程结算时按照承包人实际开具的增值税发票对应的税率进行调整。针对承包人要注意的是，由于发包人对承包人已完工程进度款的确认普遍迟于承包人对实际采购材料、选择专业分包等下游相关单位款项的确认时间，比如承包人采购材料时还是调整前的增值税税率，取得的增值税进项发票仍然是前期较高税率下的，此时会发生建设单位不含税价不变而供应商含税价不变的情况，导致承包人利润的下降。承包人应重视与建设单位进度款的及时确认，尽量缩短进度款的支付周期。

采用简易计税法计算工程造价时，由于材料增值税税率的下降，计算综合单价时的信息价格（或市场）也会随之下降，如果双方对综合单价进行调整，可从2019年4月1日（含）起由甲、乙双方签章确认实际工程量进行综合单价的调整。

2. 最终结清价款管理

缺陷责任期终止后，承包人应按照合同约定向发包人提交最终结清支付申请。发包人应在签发最终结清支付证书后的规定时间内，按照最终结清支付证书列明的金额向承包人支付最终结清款。但是最终结清支付证书的金额由于增值税税率的调整应如何处理？如果原合同中的保修金条款明确约定了保修金相关计算基数为不含税的工程价款，则可直接利用应结清的不含税价款乘以相应的增值税税率即可得到增值税，从而得到最终结清价款。如果扣留的保修金是含税的工程价款，则应首先对其进行除税处理，得到不含税价后再乘以相应的增值税税率。笔者建议，应对合同价款进行价税分离，分别列示不含税价款和增值税税额，明确签订合同时适用的税率，明确保修金相关计算基数为不含税的工程价款。

比如，某工程质量保修金为 200 万元（含税，增值税税率为 10%），保修期内未发生质量修复事件，保修金返还时增值税税率已经下调为 9%。问：最终结清价款（含税）应为多少呢？不含税价格为 200/（1 ＋ 10%）＝ 181.818 万元，最终结清价款（含税）181.818×（1 ＋ 9%）＝ 198.18 万元，与增值税税率调整前是不一致的，承包人应注意该变化对利润可能的影响。

第四节　工程总承包项目增值税计取

一、总承包项目费用组成

建设单位可以在建设项目的可行性研究批准立项或方案设计批准后，或初步设计批准后采用工程总承包的方式发包。建设项目工程总承包费用项目由勘察费、设计费、建筑安装工程费、设备购置费、总承包其他费组成。如果分开来看，对于上述五项费用分别对应的增值税税率除总承包其他费用外均比较清晰。

总承包其他费是指发包人按照合同约定支付给承包人应当分摊计入相关项目的各项费用，主要包括：研究试验费、土地租用占道及补偿费、总承包管理费、临时设施费、招标投标费、咨询和审计费、检验检测费、系统集成费、财务费、专利及专有技术使用费、工程保险费、法律服务费等其他专项费，对于该费用中包含的内容与财税［2016］36 号文对比，发现该项中所包括的各项费用除土地租用占道及补偿费外，基本都属于现代服务业的范畴，可以适用现代服务业缴纳增值税，可以找到明确对应关系见表 3-13。

总承包其他费与服务类型的对应关系表　　表 3-13

<table>
<tr><th colspan="3">服务类型</th><th>费用</th></tr>
<tr><td colspan="3">保险服务</td><td>工程保险费</td></tr>
<tr><td rowspan="2">现代服务</td><td colspan="2">研发和技术服务</td><td>研究试验费</td></tr>
<tr><td>文化创意服务</td><td>知识产权服务</td><td>专利及专有技术使用费</td></tr>
</table>

二、各地工程总承包项目增值税计取方式

工程总承包项目通常采用设计-采购-施工的模式（EPC 模式），各地税务部门对 EPC 项目的增值税计取方式的规定有所不同，部分省市有关规定见表 3-14。

部分省市 EPC 项目增值税计取方式　　表 3-14

序号	地区	具体规定	EPC 项目类型
1	深圳	建筑企业受业主委托，按照合同约定承包工程建设项目的设计、采购、施工、试运行等全过程或若干阶段的 EPC 工程项目，应按建筑服务缴纳增值税	混合销售
2	广东	EPC 工程项目应分别核算适用不同税率或征收率的销售额，未分别核算的应从高适用税率或征收率	兼营行为
3	陕西	EPC 工程项目既涉及货物又涉及服务，且两个应税项目有密切的从属或因果关系，属混合销售行为，应按纳税人经营类别不同分别按货物或服务缴纳增值税	混合销售
4	河南	EPC 业务不属于混合销售行为，属于兼营行为，纳税人需要针对 EPC 合同中不同的业务分别进行核算，即按各业务适用的不同税率分别计提销项税额	兼营行为
5	江西	EPC 是指公司受业主委托，对一个工程项目负责进行“设计、采购、施工”，与通常所说的工程总承包含义相似。纳税人与业主签订工程总承包合同，从业主取得的全部收入按提供建筑服务缴纳增值税	混合销售
6	天津	EPC 业务不属于混合销售，应该属于兼营项目，需要针对不同的业务进行单独核算	兼营行为
7	湖北	EPC 项目可以分别缴纳增值税。如果甲方要求由牵头公司统一开票，并将所有款项支付给牵头公司，牵头公司再将款项支付给其他合作各方的，其他各方可以开具专票给牵头公司结算相应款项，牵头公司计提进项税额	兼营行为

对比分析可知，各省市税务机关对 EPC 工程项目税收政策的理解存在较大的分歧与冲突，必须明确所在地增值税计取的有关规定，并据此进行合同策划。兼营行为和混合销售行为的税收政策对比如下：

按照《财政部、国家税务总局关于全面推开营业税改征增值税试点的通知》

（财税［2016］36 号）附件 2：营业税改征增值税试点有关事项的规定中第一条第一项，试点纳税人销售货物、加工修理修配劳务、服务、无形资产或者不动产适用不同税率或者征收率的，应当分别核算适用不同税率或者征收率的销售额，未分别核算销售额的，按照以下方法适用税率或者征收率：

（1）兼有不同税率的销售货物、加工修理修配劳务、服务、无形资产或者不动产，从高适用税率。

（2）兼有不同征收率的销售货物、加工修理修配劳务、服务、无形资产或者不动产，从高适用征收率。

（3）兼有不同税率和征收率的销售货物、加工修理修配劳务、服务、无形资产或者不动产，从高适用税率。

营业税改征增值税试点有关事项的规定中第二条第三项，一项销售行为如果既涉及货物又涉及服务，为混合销售。从事货物的生产、批发或者零售的单位和个体工商户的混合销售行为，按照销售货物缴纳增值税；其他单位和个体工商户的混合销售行为，按照销售服务缴纳增值税。上述从事货物的生产、批发或者零售的单位和个体工商户，包括以从事货物的生产、批发或者零售为主，并兼营销售服务的单位和个体工商户在内。

EPC 工程项目在实践中主要存在以下两种模式：

模式一：EPC 总承包方与业主签订 EPC 合同

如果认定 EPC 项目属于兼营行为的，需要在合同中明确三类不同业务的合同额度分别适用不同的增值税税率；如果认定 EPC 项目属于混合销售的，一旦在合同中未分别列示设计、设备采购、施工价款，存在从高适用税率缴纳增值税的风险。为避免从高适用税率缴纳增值税的风险，需要对 EPC 项目合同价款进行拆分，在合同中分别列示设计、设备、施工的价款，并进一步明确就设计、设备、施工价款分别向业主开具 6%、13% 及 9% 税率的增值税发票。

模式二：由各方组成的联合体分别与业主签订 EPC 合同

由于联合体不具有法人资格，根据增值税发票开具的“四流统一”原理，只能由联合体参与单位分别向业主开具发票，这就需要在 EPC 合同中明确约定联合体各方主要负责的合同内容及相应的合同价款，由联合体各方就负责的设计、设备、施工价款分别向业主开具 6%、13% 及 9% 税率的增值税发票。

同时，根据《中华人民共和国印花税暂行条例施行细则》第十七条的规定，同一凭证因载有两个或者两个以上经济事项而适用不同税目税率，如分别记载金额的，应分别计算应纳税额，相加后按合计税额贴花；如未分别记载金额的，按税率高的计税贴花。因此 EPC 合同中分别列示设计、设备采购、施工价款，应分别按设计（万分之五税率）、设备采购（万分之三税率）和施工（万分之三税率）计算缴纳印花税。

如果采用模式一，则总承包其他费作为单独的服务项目，按“现代服务”业适用 6% 税率。如果采用模式二，则总承包其他费需要根据提供服务的内容作为价外费用，适用具体服务内容的税目税率。实务中无法准确判断时，应书面咨询主管税务机关确认，避免税目税率适用错误导致税务风险。

同时还需要注意的是，由于工程总承包模式除 EPC 模式以外，还有 D-B（设计 - 建造）、EPCm（设计、采购、施工管理承包）、EPCs（设计、采购、施工监理承包）、EPCa（设计、采购和施工咨询承包）和 EP（设计、采购总承包）等其他方式，采用不同模式发包时适用的增值税的计算政策可能有所不同，所以，在具体发包前一定要咨询当地国税机关，明确项目适用的增值税计算办法，提前最好税务筹划。

三、合理确定不同税率业务的价款

由于 EPC 项目所包含的设计、采购、施工业务分别适用不同的税率，总承包方利用税率差异合理地进行税收筹划。即总承包方在确定各类业务价款时，将 EPC 合同总价款在设计、采购、施工三部分业务之间进行合理划分，增大低税率业务（如设计）的价款，减少高税率业务（如采购、施工）的价款，以降低项目整体税负。但如果划分不合理，例如采购部分出现亏损或利润率极低，则存在较大的税务风险。

本 章 小 结

在阐述不同计税方法下工程造价的计算思路的基础上，以材料费为例对价税分离过程作了解释。增值税是对应税行为实现的增值额征税，而非经营性建设项目不存在应税销售环节，在分析增值税下非经营性建设项目特殊性的基础上，以工程造价计算办法为基础，通过建立数学模型对非经营性建设项目计税方法的选择提供了策略；在分析承包人自行选择计税方法存在的问题和建立模型定量分析甲供工程对发包人建设投资影响的基础上，分别提出了相应的对策；在分析一项销售行为如何界定的基础上提出了灵活运用混合销售的财税政策进行投资控制的策略，最后围绕工程总承包项目的增值税的计取进行了探讨。本章内容将对增值税下发包人有效控制建设投资具有较重要的理论和现实意义。

第四章

工程总承包模式下造价疑难问题与典型案例

虽然工程造价从客观上是逐步深化、逐步细化、逐步接近和最终确定的过程，具有动态性和阶段性（多次性）的特点。但是工程总承包模式下工程项目宜采用总价合同形式进行发包，这就要求价格在合同约定的范围内一次确定，同时，由于工程总承包发包时设计图纸缺失或者并不完备，以发包人要求作为主要的计价基础，这与施工图设计为基础进行计价有着本质的不同，这就对发承包双方提出了很高的计价要求。

第一节　工程总承包模式下造价管理概述

一、工程总承包项目的发包阶段及对应造价

建设单位可以在建设项目的可行性研究批准立项或方案设计批准后，或初步设计批准后采用工程总承包的方式发包，各阶段发包与之对应的造价如图 4-1 所示。

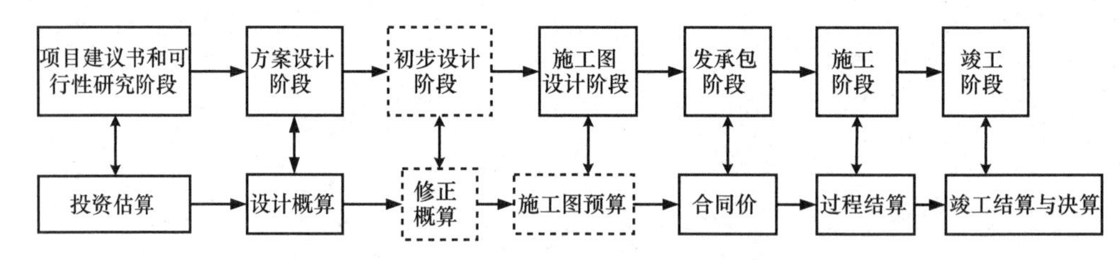

图 4-1　不同阶段相对应的造价

《住房城乡建设部关于进一步推进工程总承包发展的若干意见》（建市［2016］93 号）中指出，工程总承包一般采用设计 - 采购 - 施工总承包或者设计 - 施工总承包方式，建设单位也可以根据项目特点和实际需要，按照风险合理分担原则采用其他工程总承包方式。工程总承包其他方式主要有[40]：

（1）EPCm（Engineering, Procurement and Construction Management），即设计、采购、施工管理承包，是指工程总承包方除负责工程项目的设计与采购外，还负责施工管理。施工承包方与发包方直接签订承包合同，但接受工程总承包方的管理、协调。工程总承包人要对工程设计、采购和施工向发包方全面负责。

（2）EPCs（Engineering, Procurement and Construction Supervision），即设计、采购、施工监理承包，是指工程承包方负责工程项目的设计和采购，并监督施工

承包人按照设计要求的标准、操作规程等进行施工。其中，施工监理的内容仅受发包方的委托，对施工承包合同进行监督和管理施工监理费用不包括在总承包价中，单独计取。发包方与施工承包方签订承包合同，与工程总承包方无关。

（3）EPCa（Engineering, Procurement and Construction Adviser），即设计、采购和施工咨询承包，是指工程总承包方负责工程项目的设计和采购，并在施工阶段向发包方提供咨询服务。施工咨询费不含在承包价中，按实际工时计取。发包方与施工承包方签订承包合同，与工程总承包方无关。

（4）EP（Engineering and Procurement），即设计、采购总承包，是指工程总承包方按照合同约定，承担工程项目的设计、采购等工作，对工程的设计和采购全面负责。

工程总承包模式作为国际通行的建设项目组织实施方式，发包基础与国内传统的施工总承包模式具有本质的不同，如图 4-2 所示。

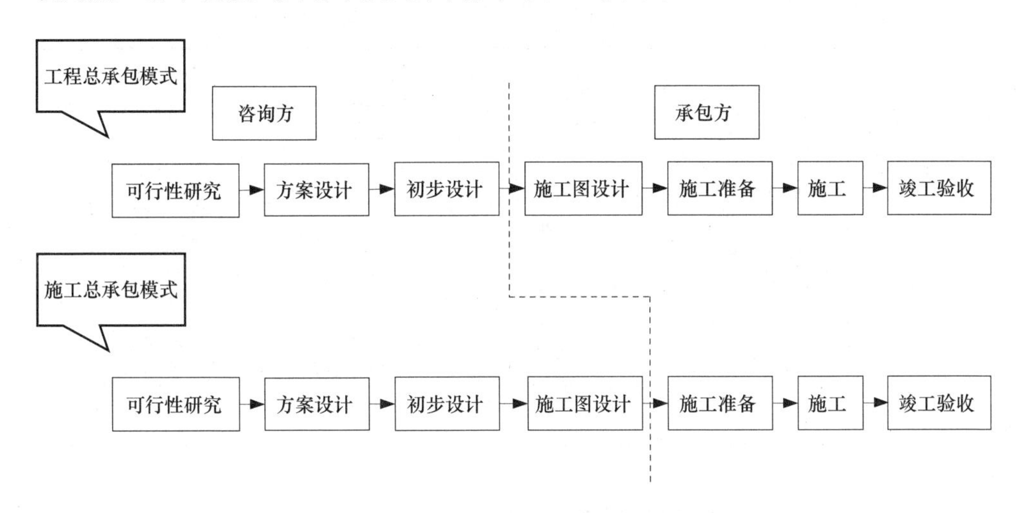

图 4-2 不同模式下发包基础对比

采用工程总承包模式后，承包人至少要承担施工图设计任务，由于计价基础和计价方式有很大的不同，这给造价管理带来了革命性的变化。可行性研究批准立项后发包是在项目可行性研究完成，并获得项目批文后，工程项目发包人（或聘请咨询公司）编制工程项目功能说明书，即在编制对拟建项目功能与建设标准进行描述的文件的基础上，组织工程总承包招标，选择总承包人、签订工程总承包合同。该合同包括从工程初步设计到工程验收、交付的全部建设内容，可以充分发挥工程总承包的优势，一般适用于项目建设目标、建设条件均较为确定的工程，以防发包人或总承包人遭遇较大的项目风险。方案设计初批准后发包是在项目方案设计或初步设计完成，且方案设计或初步设计得到批准后，项目发包人以批准的方案设计或初步设计文件为基础，组织工程总承包招标，选择总承包人，并签订工程总承包合同。因工程设计方案、主体工程结构、工程主要部分的施工方案等均已确定，工程总承包人在实施过程中发挥空间较小，需要承担的风险相对也较小，一般适合于不确定性较大的工程，与设计—招标—建造方式下的施工总承包较接近。

以可行性研究批准立项后和初步设计批准后两个典型的发包阶段下工程总承包模式计价特征分析见表 4-1。

工程总承包模式计价特征分析 **表 4-1**

比较内容	可行性研究批准立项后发包	方案设计初批准后发包
发包范围	以发包人要求为准进行招标，承包范围包括全部设计内容	完成初步设计或扩大初步设计后进行发包，需求通过设计成果明确，施工图设计纳入承包范围，由承包人负责完成
计价特征	按照已完工程的造价指标配合材料价格指数，以估算的形式编制；发包人要求以性能指标体现，承包人计价时应根据工程经验选取适宜的设计、施工方案，对于复杂、特殊的工程项目，需要专业技术人员的配合	以设计概算编制方法确定工程造价及工程变更价格，招标工程细目表可参照工程总承包计量与计价规范的项目设置原则编制；对于需要承包人自行确定具体实施方式的措施项目清单工作内容所对应的造价，只能根据类似的已完工程的经验数据进行估计，通常采用费率的形式计算

二、工程总承包项目的计价方式

《住房城乡建设部关于进一步推进工程总承包发展的若干意见》（建市［2016］93 号）中规定“工程总承包项目可以采用总价合同或者成本加酬金合同”。

住房城乡建设部、国家工商总局联合印发的《建设项目工程总承包合同示范文本》（GF—2011—0216）14.1.1 合同总价：“本合同为总价合同，除根据第 13 条变更和合同价格的调整，以及合同中其它相关增减金额的约定进行调整外，合同价格不做调整”。

《房屋建筑和市政基础设施项目工程总承包管理办法（征求意见稿）》中规定“工程总承包项目宜采用固定总价合同，除合同约定的变更调整部分外，合同固定价格一般不予调整”。

为推进工程总承包的发展，各地也陆续出台了工程总承包项目管理办法，现选取部分典型省市关于工程总承包项目计价方式的规定，见表4-2。

部分省市关于工程总承包计价方式的规定[41-46] 表4-2

序号	地区	规定中计价的内容
1	上海市工程总承包试点项目管理办法	工程总承包项目宜采用总价包干的固定总价合同，合同价格应当在充分竞争的基础上合理确定，除招标文件或者工程总承包合同中约定的调价原则外，工程总承包合同价格一般不予调整
2	浙江省关于深化建设工程实施方式改革积极推进工程总承包发展的指导意见	工程总承包合同宜采用总价包干的固定总价合同形式，除招标文件或工程总承包合同中约定的调价原则外，一般不予调整
3	福建省政府投资的房屋建筑和市政基础设施工程开展工程总承包试点工作方案	采用固定总价合同方式的项目，招标文件应当约定总价包干范围以及合同价格调整的变更范围、价格调整办法等事项
4	深圳市住房和建设局发布的EPC工程总承包招标工作指导规则（试行）	建议采用总价包干的计价模式，但地下工程不纳入总价包干范围，而是采用模拟工程量的单价合同，按实计量
5	江苏省房屋建筑和市政基础设施项目工程总承包招标投标导则	工程总承包项目应当采用固定总价合同。除发生本导则第十条规定的应当由招标人承担的风险，以及地下工程（水下工程）等可以另行约定调价原则和方法外，在招标人需求不变的情况下，工程总承包合同价格不予调整
6	山西省房屋建筑和市政基础设施工程总承包的指导意见	工程总承包项目宜采用固定总价合同，合同价格应当在充分竞争的基础上合理确定，除合同约定的变更调整部分外，合同固定价格一般不予调整

根据工程总承包的特征和国际惯例，工程总承包应以固定总价为主，同时对于特定项目比如在可研阶段招标时较难以确定固定总价时，应采取更适合项目

需求、更有利于工程总承包模式和合同履行的模拟清单、费率招标等其他计价方式。但是模拟清单、费率招标等计价方式均不具有固定总价的特性，会加大发包人投资控制风险，特殊情况下采用时应着重投资风险的防范。采用模拟清单进行招标时可能会存在漏项，项目特征描述不清晰、模拟的工程量与实际工程量差异很大等情况，所以，应着重关注清单列项是否完善、项目特征描述是否准确，注重评审投标人的不平衡报价。采用费率招标时是按照定额计算规则和其他有关社会平均水平的计价依据结算，不再存在不平衡报价问题，此时对各类材料、设备价格的签认、对设计文件的严格审批是重点。如果EPC工程总承包招标时，不采用总价包干合同，而是采用下浮率报价与最终批复设计概算作为上限价的结算方式，一方面中标人在设计时偏好采用利润率高的材料或无法定价的设备，发包人在工程监管时存在较大难度和廉政风险；另一方面，措施费用由于难以定价，在合同执行过程中，可能存在管理难度和较大廉政风险；此外，由于是开口合同，上限价与概算批复额度相关，中标人存在不当谋利的可能。

三、发包阶段的选择

由于可行性研究侧重解决以下三个方面的问题：基于市场角度的必要性研究、基于技术角度的可行性研究，基于经济角度的合理性研究，其编制目的在于论述项目是否可行，重心在于项目能否获得立项，可行性研究报告的内容是否完全具备上述明确的发包条件是必须予以关注的事项，如果不完全具备，还应进一步细化对确定工程投资可能有影响的造价因素。由于获批的可行性研究报告未必就是发包人确定最高投标限价的全部基础材料，可行性研究批准立项后发包还应进一步明确工程总承包的内容及范围、规模、标准、功能、质量、安全、工期、验收等量化指标，否则对固定总价的风险范围难以进行清晰的界定。所以，湖南、浙江省并不接受项目立项可研批复阶段的工程总承包发包，上海市规定只有重点产业项目、标准明确的一般工业项目、采用装配式或者BIM建造技术的中、小型房屋建筑项目等七种项目且工程项目的建设规模、设计方案、功能需求、技术标准、工艺路线、投资限额及主要设备规格等均已确定的情况下，才可以在项目审批、核准或者备案手续完成阶段进行工程总承包的发包。山西省要求只有工程项目的建设规模、设计方案、功能需求、技术标准、质量和进度要求、投资限额及主要设备规格等均应确定的情况下，才能将项目审批、核准或者备案、环境评价手续完成，其中政府投资项目的工程可行性研究报告已获得批准后进行工程总承包发包。福建省则强调在可研批复后进行工程总承包发包的，宜采用预算后审方式，中标价仅作为合同暂定价，在中标人完成初步设计和设计概算报批手续后，中标人再进行施工图设计并编制预算，预算造价经建设单位及财政审核部门（如需）审核确定后作为合同价，并以签订合同补充协议的方式确定工程总承包的固定总价。

综上所述，发包人在方案设计或初步设计批复后进行工程总承包发包，在建筑市场诚信环境亟需提高的背景下更易于投资控制和固定总价的风险分配，也更有利于确保项目的功能、质量等，工程总承包的发包应以方案设计阶段或初步设计批复后进行为主。部分项目在可研批复阶段实施工程总承包发包的，发承包双方应结合地方主管部门的规定或指导性文件，合理确定合同价格形式和风险责任分配，确保项目实施的双赢结果。

四、工程总承包模式下的风险分担

《房屋建筑和市政基础设施项目工程总承包管理办法（征求意见稿）》中规定：

建设单位和工程总承包单位应当加强风险管理，在招标文件、合同中约定公平、合理分担风险。

建设单位承担的主要风险一般包括：

（一）建设单位提出的建设范围、建设规模、建设标准、功能需求、工期或者质量要求的调整；

（二）主要工程材料价格和招标时基价相比，波动幅度超过合同约定幅度的部分；

（三）因国家法律法规政策变化引起的合同价格的变化；

（四）难以预见的地质自然灾害、不可预知的地下溶洞、采空区或者障碍物、有毒气体等重大地质变化，其损失和处置费由建设单位承担；因工程总承包单位施工组织、措施不当等造成的上述问题，其损失和处置费由工程总承包单位承担；

（五）其他不可抗力所造成的工程费用的增加。

各地陆续出台了工程总承包项目管理办法，现选取部分典型省市关于工程总承包项目风险分担的规定，见表4-3。

部分省市关于工程总承包风险分担的规定　　表4-3

序号	地区	规定内容
1	上海市工程总承包试点项目管理办法	建设单位和工程总承包企业应当在招标文件以及工程总承包合同中约定总承包风险的合理分担。建设单位承担的风险包括：（1）建设单位提出的工期或建设标准调整、设计变更、主要工艺标准或者工程规模的调整。 （2）因国家政策、法律法规变化引起的工程费变化。 （3）主要工程材料价格和招标时基价相比，波动幅度超过总承包合同约定幅度的部分。 （4）难以预见的地质自然灾害、不可预知的地下溶洞、采空区或障碍物、有毒气体等重大地质变化，其损失与处置费由建设单位承担；因总承包单位施工组织、措施不当等造成的上述问题，其损失和处置费由工程总承包企业承担。 （5）其他不可抗力所造成的工程费的增加。除上述建设单位承担的风险外，其他风险可以在工程总承包合同中约定由工程总承包企业承担
2	湖南省房屋建筑和市政基础设施工程总承包招标投标活动管理暂行规定	招标文件合同条款应当按照权利义务对等的原则，约定招标人和承包人双方承担的风险以及风险费用的计算方法。 招标人承担的风险至少包括： （1）招标人提供的文件，包括环境保护、气象水文、地质条件，初步设计、方案设计等前期工作的相关文件不准确、不及时，造成费用增加和工期延误的风险。 （2）在经批复的初步设计或方案设计之外，提出增加建设内容；在初步设计或方案设计之内提出调整或改变工程功能，以及提高建设标准等要求，造成设备材料和人工费用增加的风险。 （3）招标人提出的工期调整要求，或其前期工作进度而影响的工程实施进度的风险。 （4）主要设备、材料市场价格波动超过合同约定幅度的风险。 承包人承担的风险至少包括： （1）未充分理解招标文件要求而产生的人员、设备、费用和工期变化的风险。 （2）未充分认识和理解通过查勘现场及周边环境（除招标人提供文件和资料之外）取得的可能对项目实施产生不利影响或作用的风险。 （3）投标文件的遗漏和错误，以及含混不清等，引起的成本及工期增加的风险

续表

序号	地区	规定内容
3	江苏省房屋建筑和市政基础设施项目工程总承包招标投标导则	招标人和工程总承包单位应当加强风险管理，在招标文件、工程总承包合同中约定公平、合理的风险分担条款。风险分担可以参照以下因素约定： 招标人承担的主要风险一般包括： （1）招标人提出的建设范围、建设规模、建设标准、功能需求、工期或者质量要求的调整。 （2）主要工程材料价格和招标时基价相比，波动幅度超过合同约定幅度的部分。 （3）因国家法律法规政策变化引起的合同价格的变化。 （4）难以预见的地质自然灾害、不可预知的地下溶洞、采空区或者障碍物、有毒气体等重大地质变化，其损失和处置费用（因工程总承包单位施工组织、措施不当等造成的上述问题，其损失和处置费应由工程总承包单位承担）。 （5）其他不可抗力所造成的工程费用的增加。 除上述招标人承担的风险外，其他风险可以在合同中约定由工程总承包单位承担
4	深圳市福田区政府投资项目设计-采购-施工（EPC）工程总承包管理办法（试行）	发包单位和总承包单位在合同中约定风险分担。除下列情况外，其他风险均由总承包单位承担： （1）因国家政策、法律法规等调整导致的工程量变更或价格调整。 （2）自然地质灾害等不可抗力因素导致的应由发包单位承担的损失部分。 （3）经区政府批准的工程设计变更
5	山西省房屋建筑和市政基础设施工程总承包的指导意见	建设单位和工程总承包单位应当在招标文件以及工程总承包合同中约定总承包风险的合理分担。建设单位承担的风险包括： （1）建设单位提出的工期或建设标准调整、设计变更、主要工艺标准或者工程规模的调整。 （2）因国家政策、法律法规变化引起的工程费费用变化。 （3）主要工程材料价格和招标时基价相比，波动幅度超过总承包合同约定幅度的部分。 （4）难以预见的地质自然灾害及其他不可抗力因素所造成的工程费的增加。 除上述建设单位承担的风险外，其他风险可以在工程总承包合同中约定

需要各方市场主体高度重视的是必须在招标文件中制定与发包阶段相对应的风险分配条款，发包人不能再简单地利用自己有利的市场地位将风险过多地转移

给承包人，使其承受不能承担的风险，这将影响到项目目标的最终实现。

案例 4-1：工程总承包项目投标时未充分评估风险

沙特麦加轻轨项目全长 18.25km，其中桥梁 13.36km、路基 4.71km、车站九座。主要工程量有：正线路基土石方 778 万 m^3，其中挖方 352 万 m^3，填方 426 万 m^3；防护工程 10 万 m^3；桥梁承台墩身 1357 座、各类盖梁 775 片、各种预制梁 5709 片；正线道床和铺轨 38km，其中无砟轨道 29km，车辆段道床和铺轨 18.7km，道岔 86 组，房建 14 万 m^3。此外还有给水排水、低压配电、消防、沙漠空调、车辆段工艺设备等。中国铁建股份有限公司于 2009 年 2 月 10 日与沙特阿拉伯王国城乡事务部签署《沙特麦加萨法至穆戈达莎轻轨合同》，约定采用 EPC ＋ O&M 总承包模式（即设计、采购、施工加运营、维护总承包模式）。工期要求为:计划施工时间约 22 个月,2010 年 11 月 13 日开通运营，达到 35% 运能；2011 年 5 月完成所有调试，达到 100% 运能。合同总金额为 66.50 亿沙特里亚尔（约合 17.7 亿美元，而沙特当地对铁路建设非常熟悉的本地公司铁路建设集团报价 27 亿美元），按 2010 年 9 月 30 日的汇率，折合人民币 120.70 亿元。

据媒体报道，截至 2010 年 10 月 31 日，按照总承包合同金额（66.5 亿沙特里亚尔）确认的合同预计总收入为人民币 120.51 亿元，预计总成本为人民币 160.45 亿元，另发生财务费用人民币 1.54 亿元，项目预计净亏损人民币 41.48 亿元，其中已完工部分累计净亏损人民币 34.62 亿元，未完工部分计提的合同预计损失为人民币 6.86 亿元。

对于该国际工程总承包项目的失败，工程总承包人在发承包阶段存在的问题对国内工程总承包的启示主要在于：

（1）未对招标文件进行详尽透彻的分析。合同及规范由欧美国际咨询公司编制，合同中包含了非常详细的技术规范，技术规范对设备、材料参数、施工工艺都作出了很详尽的要求，有的还在合同和规范中指定厂家、品牌，甚至分包。

（2）投标时未充分考虑设计与施工中的不利情况。投标时发包人只有概念设计，中国铁建并没有针对性地结合自身设计技术对该项目的概念设计作出评估，从而较为准确地估计总体工程量；也没有与设计要求结合起来认真分析发包人提供的有关工程资料，以便预先发现设计与施工中可能出现的不利情况，从而采取相应的措施并将风险最终反映到报价中。

（3）总承包商不具备设计主动权。设计分包给了法国、德国、英国、印度等外国公司，中国铁建失去设备供应商的选择权，设计主动权掌握在外国公司手中，技术标准与合同要求的差异性以及设计理念与咨询的不统一，频繁地变更设计以及增加新的功能要求，均增加了工程成本，隐含着总承包人在材料设备采购时失去赚取“价差”的可能。

第二节 招标工程量清单编制

一、工程总承包模式下工程量清单的性质和地位

工程总承包模式下招标工程量清单的缺项和漏项责任不再由发包人承担，仅仅为投标人提供投标报价的参考和平台，更利于开展评标等活动，招标工程量清单中所列的项目不再作为投标报价的关键依据。工程总承包模式鼓励设计优化的特质决定了无论是项目清单和价格清单列出的数量，均不能视为要求承包人实施工程的实际或准确的工程量。编制项目清单时除了应依据国家相关的各种规范和标准外，经批准的工程规模、建设标准、功能要求和发包人需求等技术性文件成为最核心基础。

投标人提交的价格清单应视为已经包括完成该项目所列（或未列）的全部工程内容，由于工程总承包项目采用按工程形象进行支付的方式，而不再需要工程具体计量后进行支付，所以价格清单中列出的工程量和价格仅作为合同约定的变更和支付的参考。同时，价格清单中列出的工程量可作为运用调值公式时确定调值前进度款 P_0 时的参考或者依据，比如发包人可以在招标文件中明确调值前进度款 P_0 可以取价格清单中列出的工程量和实际施工的工程量中的较低数值，此时应注意价格清单的列项是否与进度计划匹配。

根据工程总承包发包阶段的不同，工程总承包模式下工程量清单可以分为可行性研究后清单、方案设计后清单和初步设计后清单，项目清单的编制深度取决于与之相适应的设计文件深度，下文以建筑工程为例进行对比分析。

二、不同阶段建筑工程设计文件编制深度对比

按照《建筑工程设计文件编制深度规定》（2016 年版）的规定，建筑工程一般应分为方案设计、初步设计和施工图设计三个阶段；对于技术要求相对简单的民用建筑工程，当有关主管部门在初步设计阶段没有审查要求，且合同中没有作初步设计的约定时，可在方案设计审批后直接进入施工图设计[47]。不同阶段的图纸设计深度差异较大，基于工程造价的视角，选取方案设计与初步设计的部分内容进行对比，见表 4-4。

基于造价视角的不同阶段设计文件编制深度对比　　表 4-4

序号	对比内容		方案设计	初步设计
1	总平面	设计说明	概述场地区位、现状特点和周边环境情况及地质地貌特征，详尽阐述总体方案的构思意图和布局特点，以及在竖向设计、交通组织、防火设计、景观绿化、环境保护等方面所采取的具体措施	根据需要注明初平土石方工程量； 防灾措施，如针对洪水、内涝、滑坡、潮汐及特殊工程地质（湿陷性或膨胀性土）等的技术措施
		设计图纸	场地内及四邻环境的反映（四邻原有及规划的城市道路和建筑物、用地性质或建筑性质、层数等，场地内需保留的建筑物、构筑物、古树名木、历史文化遗存、现有地形与标高、水体、不良地质情况等）； 拟建主要建筑物的名称、出入口位置、层数、建筑高度、设计标高，以及主要道路、广场的控制标高	无实质性变化，内容略
2	建筑	设计说明	建筑与城市空间关系、建筑群体和单体的空间处理、平面和剖面关系、立面造型和环境营造、环境分析（如日照、通风、采光）及立面主要材质色彩等； 建筑的功能布局和内部交通组织，包括各种出入口，楼梯、电梯、自动扶梯等垂直交通运输设施的布置； 建筑节能设计及围护结构节能措施	无实质性变化，内容略

续表

序号	对比内容		方案设计	初步设计
2	建筑	设计图纸	1. 平面图 （1）平面的总尺寸、开间、进深尺寸及结构受力体系中的柱网、承重墙位置和尺寸； （2）各主要使用房间的名称； （3）各层楼地面标高、屋面标高； （4）室内停车库的停车位和行车线路。 2. 立面图 （1）体现建筑造型的特点，选择绘制有代表性的立面； （2）各主要部位和最高点的标高、主体建筑的总高度。 3. 剖面图 （1）剖面应剖在高度和层数不同、空间关系比较复杂的部位； （2）各层标高及室外地面标高，建筑的总高度； （3）当遇有高度控制时，标明建筑最高点的标高	1. 平面图 （1）标明承重结构的轴线、轴线编号、定位尺寸和总尺寸，注明各空间的名称和门窗编号，住宅标注套型内卧室、起居室（厅）、厨房、卫生间等空间的使用面积； （2）绘出主要结构和建筑构配件，如非承重墙、壁柱、门窗（幕墙）、天窗、楼梯、电梯、自动扶梯、中庭（及其上空）、夹层、平台、阳台、雨篷、台阶、坡道、散水明沟等的位置。当围护结构为幕墙时，应标明幕墙与主体结构的定位关系； （3）表示主要建筑设备的位置，如水池、卫生器具等与设备专业有关的设备的位置； （4）表示建筑平面或空间的防火分区和面积以及安全疏散的内容，宜单独成图； （5）标明室内外地面设计标高及地上、地下各层楼地面标高。 2. 立面图 应选择绘制主要立面，立面图上应标明： （1）立面外轮廓及主要结构和建筑部件的可见部分，如门窗（消防救援窗）、幕墙、雨篷、檐口（女儿墙）、屋顶、平台、栏杆、坡道、台阶和主要装饰线脚等； （2）平、剖面未能表示的屋顶、屋顶高耸物、檐口（女儿墙）、室外地面等处主要标高或高度； （3）主要可见部位的饰面用料。 3. 剖面图 剖面应剖在层高、层数不同、内外空间比较复杂的部位（如中庭与邻近的楼层或错层部位），剖面图应准确、清楚地绘示出剖到或看到的各相关部分内容，并应表示： （1）主要结构和建筑构造部件，如：地面、楼板、屋顶、檐口、女儿墙、吊顶、梁、柱、内外门窗、天窗、楼梯、电梯、平台、雨篷、阳台、地沟、地坑、台阶、坡道等； （2）各层楼地面和室外标高，以及建筑的总高度、各楼层之间尺寸及其他必需的尺寸等

续表

序号	对比内容		方案设计	初步设计
3	结构	设计说明	各单体（或分区）建筑的长、宽、高，地上与地下层数、各层层高、主要结构跨度、特殊结构及造型、工业厂房的吊车吨位等。 建筑分类等级：建筑结构安全等级、建筑抗震设防类别、主要结构的抗震等级、地下室防水等级、人防地下室的抗力等级，有条件时说明地基基础的设计等级。 上部结构及地下室结构方案： （1）结构缝（伸缩缝、沉降缝和防震缝）的设置； （2）上部及地下室结构选型概述，上部及地下室结构布置说明（必要时附简图或结构方案比选）； （3）阐述设计中拟采用的新结构、新材料及新工艺等。 基础方案：有条件时阐述基础选型及持力层，必要时说明对相邻既有建筑物的影响等。 主要结构材料：混凝土强度等级、钢筋种类、钢绞线或高强钢丝种类、钢材牌号、砌体材料、其他特殊材料或产品（如成品拉索、铸钢件、成品支座、消能或减震产品等）的说明等	无实质性变化，内容略
		设计图纸	无	（1）1 基础平面图及主要基础构件的截面尺寸； （2）主要楼层结构平面布置图，注明主要的定位尺寸、主要构件的截面尺寸。结构平面图不能表示清楚的结构或构件，可采用立面图、剖面图、轴测图等方法表示； （3）结构主要或关键性节点、支座示意图； （4）伸缩缝、沉降缝、防震缝、施工后浇带的位置和宽度应在相应平面图中表示

三、不同阶段清单编制的关键问题

招标人在可行性研究后编制清单时，关键在于能够清晰地明确工程规模、建设标准、功能要求和发包人要求等，其中尤为关键的是发包人要求的描述是否可以准确地表达发包人需求。需要高度重视的是，真实的内在需求跟外在表达的要求多数情况下是存在差异的，所以，发包人要求的描述应尽可能清晰准确，对于可以进行定量评估的工作，发包人要求不仅应明确规定其产能、功能、用途、质量、环境、安全等标准和参数，并且要规定偏离的范围和计算方法、技术标准以及检验、试验的具体要求。

发包人要求应由专业领域相关人员起草，而合同条件则由法律专家起草，因此，必须对发包人要求进行认真检查，从而确保合同条件与发包人要求之间不产生冲突。专业领域相关人员编写发包人要求时，既可以是基于性能的描述，也可以是规定性的要求[48]。完全基于性能要求，通常是标准化非常强的，实践中有非常多的类似的项目（比如普通住宅项目），能完全基于性能可以把发包人的需求说清楚，而有的需求基于性能很难说清楚（比如复杂的公共建筑）。规定性的要求不应过于细致以至于减少承包人的设计责任，同时限制了承包人创新设计的能力。因此，发包人要求在完备的同时，还要有灵活性，使承包人有机会创造性地发挥设计与施工融合的优点，提高工程质量，降低工程造价，缩短建设周期。

发包人要求成为招标工程量清单编制时最为关键的内容。《标准设计施工总承包合同》（2012年版）中有关“发包人要求”的内容主要有：

1.13 发包人要求中的错误（A）

1.13.1 承包人应认真阅读、复核发包人要求，发现错误的，应及时书面通知发包人。

1.13.2 发包人要求中的错误导致承包人增加费用和（或）工期延误的，发包人应承担由此增加的费用和（或）工期延误，并向承包人支付合理利润。

1.13 发包人要求中的错误（B）

1.13.1 承包人应认真阅读、复核发包人要求，发现错误的，应及时书面通知发包人。发包人作相应修改的，按照第15条约定处理。对确实存在的错误，发包人坚持不作修改的，应承担由此导致承包人增加的费用和（或）延误的工期。

1.13.2 承包人未发现发包人要求中存在错误的，承包人自行承担由此导致的费用增加和（或）工期延误，但专用合同条款另有约定的除外。

1.13.3 无论承包人发现与否，在任何情况下，发包人要求中的下列错误导致承包人增加的费用和（或）延误的工期，由发包人承担，并向承包人支付合理利润。

（1）发包人要求中引用的原始数据和资料；

（2）对工程或其任何部分的功能要求；

（3）对工程的工艺安排或要求；

（4）试验和检验标准；

（5）除合同另有约定外，承包人无法核实的数据和资料。

1.14 发包人要求违法

发包人要求违反法律规定的，承包人发现后应书面通知发包人，并要求其改正。发包人收到通知书后不予改正或不予答复的，承包人有权拒绝履行合同义务，直至解除合同。发包人应承担由此引起的承包人全部损失。

招标人在方案设计后编制清单时能够进行列项，但是无法计算工程量。所以，对于方案设计后清单编制时可以只列项目，不列工程量。通过方案设计，发包人的要求通过图纸进行了较清晰的表达，大大减少了双方理解上的不确定性，但是发包人提供的方案设计如果不能很好地满足发包人要求，造成发包人要求与方案设计之间不一致、现有的方案设计无法（或不利于）继续深化设计的问题，项目实施过程中才发现方案设计存在错误，需要对方案设计进行修改，此时应由发包人还是承包人承担相应的责任？笔者认为，对于发包人要求与方案设计之间不一致的问题，由于基于方案设计的总承包发包时方案设计已经过政府部门的审批，此时对方案设计的改进导致的造价调整应由发包人承担责任；由于对方案设计进行深化时往往会不同程度地存在一些瑕疵和纰漏，对于该类错误有经验的工程总承包人在投标时往往可以进行识别，所以可要求工程总承包人在投标阶段检查，如果不能发现错误，由工程总承包人自行承担。

招标人在初步设计后编制项目清单，既可以列项目，又列出工程量，对于土石方工程、地基处理等无法计算工程量的项目，可以只列项目、不列工程量。初步设计阶段，根据初步设计资料可以核算主要工程量并套用相关的定额资料计算造价，但其工程量仅是实体工程的主要的工程量，未能细化的次要工程量和占工程造价10%~20%的措施费的工程量，编制人只能根据已有类似项目经验进行估

算。若投标人发现招标图纸和项目清单有不一致，投标人应依据招标图纸进行投标报价，而不再是严格按照招标工程量清单进行报价。

第三节　最高投标限价编制

一、工程总承包项目编制最高投标限价的必要性

《中央预算内直接投资项目管理办法》（财政部 7 号令）文件中提出：项目批复的概算作为项目建设实施和控制投资的依据，且超支不补。项目主管部门、项目单位和设计单位、监理单位等参建单位应当加强项目投资全过程管理，确保项目总投资控制在概算以内。《中央预算内直接投资项目概算管理暂行办法》的通知（发改投资［2015］482 号）文件还规定“除项目建设期价格大幅上涨、政策调整、地质条件发生重大变化和自然灾害等不可抗力因素外，经核定的概算不得突破”。

针对工程总承包项目招标，上海市提出了“建设单位应当在招标文件中明确最高投标限价”的要求，但文件中并未给出具体的编制方法和思路。湖南省提出了应当以经批复同意的可行性研究报告、方案设计（或初步设计）的投资估算或工程概算作为招标控制价的思路。福建省《政府投资房屋建筑和市政基础设施工程开展工程总承包试点工作方案》中要求“招标文件应当明确招标范围和招标控制价”。南宁市《房屋建筑和市政基础设施工程总承包管理实施细则（试行）》中要求“建设单位应合理确定工程总承包项目招投标的最高投标限价”。

综上所述，国有资金投资的建设工程总承包项目招标，招标人应编制最高投标限价，并在发布招标文件时公布最高投标限价。

二、最高投标限价编制与复核依据

最高投标限价编制与复核可依据下列内容：

（1）国家或省级、行业建设主管部门颁发的相关文件。

（2）经批准的建设规模、建设标准、功能要求、发包人要求。

（3）可参考的行业规范、计价依据，包括：国家、行业、项目所在地工程费用计价办法、依据；可参考的行业收费标准和属地性质的工程建设其他费用收

费标准。

（4）拟定的招标文件。

（5）可行性研究及方案设计或初步设计。

（6）与建设工程项目相关的标准、规范等技术资料。

（7）市场价格资料，主要包括：项目所在地的工程造价信息资料，包括人工、材料、设备、施工机械信息价格资料；造价指标及主要材料价格趋势分析。

（8）已积累的类似项目指标数据等其他的相关资料。

三、工程总承包项目清单费用编制

按照《工程总承包计量与计价规范》（征求意见稿）的有关规定，工程总承包项目清单费用按表 4-5 计列。

工程总承包项目清单及计算方法表[49]　　表 4-5

<table>
<tr><th>序号</th><th colspan="2">项目</th><th>计算方法</th><th>备注</th></tr>
<tr><td>1</td><td colspan="2">勘察费</td><td>根据不同阶段的发包内容，参照同类或类似项目的勘察费计列</td><td></td></tr>
<tr><td>2</td><td colspan="2">设计费</td><td>根据不同阶段的发包内容，参照同类或类似项目的设计费计列</td><td></td></tr>
<tr><td rowspan="2">3</td><td rowspan="2">建筑安装工程费</td><td>在可行性研究或方案设计后发包</td><td>按照现行的投资估算方法计列</td><td rowspan="2">或参照同类或类似项目的此类费用并考虑价格指数计列</td></tr>
<tr><td>初步设计后发包</td><td>按照现行的设计概算的方法计列</td></tr>
<tr><td rowspan="2">4</td><td rowspan="2">设备购置费</td><td>国产设备</td><td>设备价格＋设备运杂费＋备品备件费</td><td></td></tr>
<tr><td>进口设备</td><td>设备价格＋设备运杂费＋备品备件费＋相关进口、翻译等费用</td><td></td></tr>
<tr><td rowspan="3">5</td><td rowspan="3">总承包其他费</td><td>研究试验费</td><td>根据不同阶段的发包内容，参照同类或类似项目的研究试验费计列</td><td></td></tr>
<tr><td>土地租用、占道及补偿费</td><td>参照工程所在地职能部门的规定计列</td><td></td></tr>
<tr><td>总承包管理费</td><td>按照不同阶段的发包内容调整计列；也可参照同类或类似工程的此类费用计列</td><td></td></tr>
</table>

续表

序号	项目		计算方法	备注
5	总承包其他费	临时设施费	参照同类或类似工程的临时设施费计列，不包括已列入建筑安装工程费用中的施工企业临时设施费	
		招标投标费	参照同类或类似工程的此类费用计列	
		咨询和审计费	参照同类或类似工程的此类费用计列	
		检验检测费	参照同类或类似工程的此类费用计列	
		系统集成费	参照同类或类似工程的此类费用计列	
		财务费	参照同类或类似工程的此类费用计列	
		专利及专有技术使用费	按专利使用许可或专有技术使用合同规定计列，专有技术以省、部级鉴定批准为准	
		工程保险费	按照选择的投保品种，依据保险费率计算	
		法律服务费	参照同类或类似工程的此类费用计列	
6	暂列金额		根据不同阶段的发包内容，参照现行的投资估算或设计概算计列	

不同阶段发包时，工程总承包费用的构成可参照表 4-6 计取。

工程总承包费用构成参照表 [49]　　表 4-6

费用名称	可行性研究	方案设计	初步设计
建筑安装工程费	√	√	√
设备购置费	√	√	√
勘察费	√	部分费用	—
设计费	√	除方案设计的费用	除方案设计、初步设计的费用
研究试验费	√	大部分费用	部分费用
土地租用及补偿费	根据工程建设期间是否需要定		

续表

费用名称	可行性研究	方案设计	初步设计
税费	根据工程具体情况计列应由总承包单位缴纳的税费		
总承包项目建设管理费	大部分费用	部分费用	小部分费用
临时设施费	√	√	部分费用
招标投标费	大部分费用	部分费用	部分费用
咨询和审计费	大部分费用	部分费用	部分费用
检验检测费	√	√	√
系统集成费	√	√	√
财务费	√	√	√
专利及专有技术使用费	根据工程建设是否需要定		
工程保险费	根据发包范围定		
法律费	根据发包范围定		
暂列费用	根据发包范围定，进入合同，但由建设单位掌握使用		

注：表中“√”指由建设单位计算出的全部费用；“大部分费用”“部分费用”指由建设单位参照现行规定或同类与类似工程计算出的费用扣除建设单位自留使用外的用于工程总承包的费用。

按照《建设工程造价咨询规范》（GB/T 51095—2015）的有关规定，投资估算的建设项目总投资应由建设投资、建设期利息、固定资产投资方向调节税和流动资金组成。建设投资应包括工程费用、工程建设其他费用和预备费。工程费用应包括建设工程费、设备购置费、安装工程费。预备费应包括基本预备费和价差预备费。建设期利息应包括支付金融机构的贷款利息和为筹集资金而发生的融资费用。

投资估算应依据建设项目的特征、设计文件和相应的工程造价计价依据或资料对建设项目总投资及其构成进行编制，并应对主要技术经济指标进行分析。其编制依据应包括下列内容：

（1）国家、行业和地方有关规定；

（2）相应的投资估算指标；

（3）工程勘察与设计文件，包括图示计量或有关专业提供的主要工程量和主要设备清单，以及与建设项目相关的工程地质资料、设计文件、图纸等；

（4）类似工程的技术经济指标和参数；

（5）工程所在地编制同期的人工、材料、机械台班市场价格，以及设备的市场价格和有关费用；

（6）政府有关部门、金融机构等部门发布的价格指数、利率、汇率、税率，以及工程设施其他费用等；

（7）委托单位提供的各类合同或协议及其他技术经济资料。各类合同或协议是指委托单位已签订的设备、材料订货合同、咨询合同以及与工程建设其他费用相关的合同等。投资估算编制时，如有合同或协议明确的费用，应首先考虑以合同或协议的金额列入估算中。

设计概算的建设项目总投资应由建设投资、建设期利息、固定资产投资方向调节税及流动资金组成。建设投资应包括工程费用、工程建设其他费用和预备费。工程费用应由建筑工程费、设备购置费、安装工程费组成。

设计概算的编制依据应包括以下内容：

（1）国家、行业和地方有关规定；

（2）相应工程造价管理机构发布的概算定额（或指标）；

（3）工程勘察与设计文件；

（4）拟定或常规的施工组织设计和施工方案；

（5）建设项目资金筹措方案；

（6）工程所在地编制同期的人工、材料、机械台班市场价格，以及设备供应方式及供应价格；

（7）建设项目的技术复杂程度，新技术、新材料、新工艺以及专利使用情况等；

（8）建设项目批准的相关文件、合同、协议等；

（9）政府有关部门、金融机构等发布的价格指数、利率、汇率、税率以及工程建设其他费用等；委托单位提供的其他技术经济资料。

各子目综合单价的计算可采用概算定额法和概算指标法。

（1）概算定额法。采用概算定额法时人工费、材料费、机械费应依据相应的概算定额子目的人工、材料、机械要素消耗量，以及报告编制期人工、材料、机械的市场价格等因素确定；管理费、利润、规费、税金等应依据概算定额配套的费用定额或取费标准，并依据报告编制期拟建项目的实际情况、市场水平等因素确定。采用概算定额法编制单位工程概算时应编制综合单价分析表。综合单价分析表主要是为了显示人、材、机的消耗量和其单价，以及各类费用的计取基数，便于概算的调整与审核。

（2）概算指标法。采用概算指标法时应结合拟建工程项目特点，参照类似工程的概算指标，并应考虑指标编制期与报告编制期的人、材、机要素价格等变化情况确定该子目的全费用综合单价。

由于可行性研究批准立项或方案设计批准后尚不能提供项目的工程量信息，需要编制人员根据项目规模及各专业设计方案并结合类似项目造价指标编制项目投资估算，估算指标尤其是建筑工程费估算指标没有国家或行业、地区的统一规定。由于缺乏统一的造价指标数据库支持，同一项目由不同人员编制的招标控制价可能存在较大差距，其准确性和客观性受到较大制约[50]。

按照《建设工程造价咨询规范》（GB/T 51095—2015），工程造价咨询企业应利用现代化的信息管理手段，自行建立或利用相关工程造价信息资料、各类典型工程数据库，以及在咨询业务中各类工程项目上积累的工程造价信息，建立并完整工程造价数据库。工程造价数据库一般包括：

（1）工程造价相关法律、法规及规范性文件为内容的政策法规数据库；

（2）相应工程造价管理机构等发布的概预算定额和企业自行积累的企业定额等为内容的工程定额数据库；

（3）工程造价管理机构发布的造价信息和自行调研掌握的人工、材料、机械、设备等价格信息为内容的人工、材料、机械、设备价格数据库；

（4）各类典型工程数据库；

（5）其他与工程造价有关内容的资料数据库。

工程造价指标数据库将成为工程总承包模式下工程计价的核心基础，成为各方市场主体造价管理的“硬核”。但是，目前信息资源的深加工存在以下问题：（1）各自为政、缺乏合作共享组织，资源分散无法集中处理。（2）缺乏信息技术支持，用于信息加工的软件很少，手工处理庞大的信息资料比较困难。（3）深加工造价信息产品的价值无法体现，行业习惯于免费应用造价信息成果，信息产品深加工企业或个人缺乏积极性。

第四节　投标报价编制

一、投标报价编制与复核依据

工程总承包模式下，投标报价编制与复核应依据下列内容：

（1）工程总承包计量与计价规范；

（2）国家或省级、行业建设主管部门颁发的相关文件；

（3）招标文件、补充通知、招标答疑；

（4）经批准的建设规模、建设标准、功能要求、发包人要求以及可研或方案设计，或初步设计；

（5）与建设项目相关的标准、规范等技术资料；

（6）市场价格信息或本企业积累的同类或类似工程的价格；

（7）其他的相关资料。

二、投标报价的有关规定

按照《工程总承包计量与计价规范》（征求意见稿）的有关条款，工程总承包项目的投标报价应遵循以下规定：

（1）投标人应认真阅读招标文件，如发现对招标文件有疑问的或有可能影响报价的地方不清楚的，应按照招标文件的规定，在投标截止之日前提请招标人澄清。

（2）招标人在初步设计图纸后招标的，若投标人发现招标图纸和项目清单有不一致，投标人应依据招标图纸按下列规定进行投标报价：

1）如项目有不一致，有增加的，列在章节后“其他”项目中；有减少的，在项目清单对应位置填写“零”。

2）如内容描述有不一致，依据招标图纸报价，将不一致的地方予以说明。

3）如项目工程量有不一致，投标人应在原项目下填写新的数量。

4）如投标人的做法与项目清单中描述的不一致，投标人应在原做法下填写新法，并报价，但原内容不能删除，对应价格位置应填写“零”。

（3）项目清单中需要填写的规格 / 品牌等项目，需要投标人根据自行的报价依据进行填写，如该规格 / 品牌与品牌建议表中不符的，应予以明示。

（4）项目清单中以“项”报价的金额为总价包干金额。

（5）项目清单中列明的所有需要填写单价和合价的项目，投标人均应填写且只允许有一个报价。未填写的项目，视为此项目的费用已包含在其他项目单价和合价中。

（6）投标总价应当与勘察费、设计费、建筑安装工程费、设备购置费、总承包其他费、暂列金额的合计金额一致。

三、承包人建议书对发包人要求的响应性

承包人建议书应包括承包人的设计图纸及相应说明等设计文件，由承包人随投标函一起提交。承包人建议书是对发包人要求实质性响应的具体体现，实践中，发包人对承包人建议书详细程度的要求不尽相同，有招标人倾向要求投标人作纲要设计（outline），以便降低投标费用，从而吸引总承包人参与投标，降低评价和比较总承包人建议书的费用；有招标人倾向要求投标人提交详细的图纸，利于发包人明确投标人对发包人要求实质性响应的评审，也有利于当事人双方容易就细节问题达成协议，但是投标人需要较充裕的投标准备时间和较高的投标成本，可能会导致竞争不足。

投标人应在其提交的承包人建议书中，清楚地标识出其建议的但是未依照发包人要求任何特定方面的任何内容，这将构成承包人建议书“偏离”。偏离应在中标前解决，如果偏离没有被有效识别，并且未能在合同中澄清，则发包人要求优先。但如果承包人建议书包括符合其他合同文件的任何事项的详细解释，该事项则变为义务，任一方都可要求执行[48]。

按照《标准设计施工总承包合同》（2012 年版）有关条款规定，解释合同文件的优先顺序如下：（1）合同协议书；（2）中标通知书；（3）投标函及投标函附录；（4）专用合同条款；（5）通用合同条款；（6）发包人要求；（7）承包人建议书；（8）价格清单；（9）其他合同文件。如果承包人建议书与发包人要求不符，不管设计图纸等是否经过发包人审批，均应以发包人要求为准，而不应以通过建设单位审批为由减轻承包人的任何责任。履约时才发现“承包人建议书”与“发包人要求”有不一致的情况应由承包人积极采取措施予以补正，并且不增加任何

费用。所以，笔者认为，此处不应以合同的邀约承诺机理简单得出，“中标人的投标文件与发包人的招标文件不一致的，应以中标人的投标文件为准”的结论，因为该约定要求评标委员会的评审是充分的、完备的，在目前的评标制度和评审做法下，该假定即使对于传统的施工总承包项目的评审都很困难，短暂的评审时间对于工程总承包项目进行充分评审是不可能实现的。如果评审周期过长，既不现实也不经济。如果该结论成立，将形成承包人建议书和价格清单（投标文件的核心组成部分）优先于发包人要求（招标文件的核心组成部分）的实质，与国际惯例相违背。

需要注意的是，投标文件中的承包人实施计划并不必然属于承包人建议书的组成部分，因而也就不必然是合同文件组成的组成部分。如果发包人希望承包人实施计划中的部分内容构成合同文件，应将把该内容纳入到承包人建议书中。虽然这样有利于维护发包人的利益，但是笔者不建议将承包人实施计划中的全部内容写进合同，这样不利于发挥总承包人项目实施过程中的优化改进，违背了“鼓励优化”的工程总承包模式的“特质”。

四、价格清单与承包人建议书的一致性

承包人建议书的编制质量和详细程度不仅是对发包人要求响应的重要体现，更是投标报价的重要基础，价格清单应体现承包人建议书的内容，同时还应结合项目实施计划综合考虑编制。承包人建议书与价格清单两者必须高度一致，如果存在矛盾，应以承包人建议书为准。由于价格清单中列出的工程量和价格是作为合同约定的变更和支付的参考，所以不管发包人在哪一阶段进行发包，承包人投标文件中均应编制价格清单，而不仅仅是投标总价。

案例 4-2：工程总承包项目必须摒弃“低价中标、高价结算”的策略

2009 年 9 月，中国中铁旗下的两家全资子公司中国海外工程有限责任公司和中铁隧道集团有限公司联合上海建工集团（下称上海建工）及波兰德科玛有限公司（DECOMA）（下称中海外联合体），中标 A2 高速公路（波兰华沙和德国柏林）中最长的 A、C 两个标段，总里程为 49km，总报价 13 亿波兰兹罗提（约合

4.47 亿美元 /30.49 亿人民币）。中海外不及波兰政府预算一半的报价一度引来低价倾销的指责。

据媒体报道，从 2011 年 5 月开始，资金拮据的中海外联合体不断拖欠分包商付款。5 月 18 日，当地分包商游行示威，抗议中海外拖欠劳工费用，愤怒的波兰工人冲进中海外在华沙的办公场所，并在办公楼外焚烧轮胎。中海外联合体被迫停工。此时，32 个月的合同工期已消耗接近 2/3，A 标段才完成合同工程量的 15%，C 标段也仅完成了 18%，工程进度滞后。2011 年 6 月初，中海外总公司最终决定放弃该工程，因为如果坚持做完，中海外联合体可能因此亏损 3.94 亿美元（约合 25.45 亿元人民币）。波兰发包人则给联合体开出了 7.41 亿兹罗提（约合 2.71 亿美元 /17.51 亿元人民币）的赔偿要求和罚单，外加三年内禁止其在波兰市场参与招标。

对于该国际工程总承包项目的失败，总承包人存在的问题对国内工程总承包的启示主要在于：

1. 对招标文件未深度研究，盲目低价

在编制报价时没有认真研究招标文件，没有吃透技术规范以及发包人提供的基础资料，对于经济环境、地理环境、人文环境及相关法律等了解得不全面，施工组织设计不够详细，报价中没有合理考虑各种风险和不确定因素，复制以往的“低价中标、高价索赔”模式。

2. 未充分市场调研和勘查项目环境

中海外承担工程设计和建设工作，在没有事先仔细勘探地形及研究当地法律、经济、政治环境的情况下，就与波兰公路管理局签订固定总价合同，以致成本上升、工程变更及工期延误都无法从发包人方获得补偿。

3. 对合同条款中隐含的风险未充分估计

A2 项目 C 标段波兰语合同主体合同只有寥寥四页 A4 纸，但至少有七份合同附件。其中，仅关于“合同具体条件”的附件就长达 37 页。招标合同参考了国际工程招标通用的 FIDIC 条款，但与 FIDIC 标准合同相比，中海外联合体与波兰公路管理局最终签署的合同删除了很多对承包商有利的条款。比如，在 FIDIC 条款中，如果因原材料价格上涨造成工程成本上升，承包商有权要求发包人调增工程款；同时 FIDIC 条款明确指出，承包商竞标时在价格表中提出的工

程数量都是暂时估计，不应被视为实际工程数量，承包商实际施工时有权根据实际工程量的增加要求发包人补偿费用。但所有这些条款，在中海外的合同中都被一一删除。发包人提供的项目 PFU（功能说明书）描述不清，地质情况复杂等原因，导致合同执行中实际工程量与投标工程量出现较大偏差，同时存在大量考古等项目，导致合同执行中实际工程量与投标工程量出现较大偏差。

4. 没有关注环保成本，造成投标漏项

C 标段环境影响报告，该路段沿途一共生存七种珍稀两栖动物，包括一种雨蛙（学名 Hyla arborea）、两种蟾蜍（Bufo bufo 和 Bufo calamita）和三种青蛙（Rana temporaria、Rana arvalis 和 Rana esculenta）以及一种叫“普通欧螈”（Triturus vulgaris）的动物。2010 年 9 月，负责 C 标段设计的波兰多罗咨询公司（Dro-Konsult）多次向中海外交涉，要求中海外在做施工准备时必须妥善处理“蛙”的问题。多罗公司还要求中海外在高速公路通过区域为蛙类和其他大中型动物建设专门的通道，避免动物在高速公路上通行时被行驶的车辆碾死。据公路管理局披露，C 标段一共有 6 座桥梁设计需带有大型或中型动物的通道。但 C 标段合同报价单显示，桥梁工程预算中并没有明确的动物通道成本。

5. 下游供应商合作深度与管控能力不足

项目中标正好处于 2009 年金融危机，波兰各种建筑原材料价格普遍较低，按照当时的原材料价格，中海外承建项目还不至于亏损，但因为中海外与波兰供应商关系并不稳定，与波兰供应商签署了不利的供应合同。2010 年后波兰经济复苏以及 2012 年欧洲杯所带来的建筑业热潮，导致一些原材料价格和大型机械租赁费大幅度上涨，原料供应商联手封杀中海外，一致提高供应价格，导致中海外原材料成本暴涨。但如果拥有固定的供货商，可以让供货得到保证，规避价格上涨带来的风险。

第五节　工程总承包模式下工程价款调整

一、工程变更

根据《建设项目工程总承包合同示范文本（试行）》（GF—2011—0216），变更范围主要包括勘察变更、设计变更、采购变更、施工变更等，具体内容如下：

13.2.1　勘察变更范围。发包人勘察计划的变更或承包人勘察过程中根据岩土工程条件及国家法律规定的勘察技术规范要求，需修改发包人委托的勘察任务书，及其所需要的附加工作，属于勘察变更的范围。

13.2.2　设计变更范围：

（1）对生产工艺流程的调整，但未扩大或缩小初步设计批准的生产路线和规模或未扩大或缩小合同规定的生产路线和规模；

（2）对平面布置、竖面布置、局部使用功能的调整，但未扩大初步设计批准的建筑规模，未改变初步设计批准的使用功能；或未扩大合同规定的建筑规模，未改变合同规定的使用功能；

（3）对配套工程系统的工艺调整、使用功能调整；

（4）对区域内基准控制点、基准标高和基准线的调整；

（5）对设备、材料、部件的性能、规格和数量的调整；

（6）因执行新颁布的法律、标准、规范引起的变更；

（7）其他超出合同规定的设计事项；

（8）上述变更所需的附加工作。

13.2.3　采购变更范围：

（1）承包人已按发包人批准的长名单，与相关供货商签订采购合同或已开始加工制造、供货、运输等，发包人通知承包人必须选择该长名单中的另一家供货商；

（2）因执行新颁布的法律、标准、规范引起的变更；

（3）发包人要求改变检查、检验、检测、试验的地点和增加的附加试验；

（4）发包人要求增减合同中规定的备品备件、专用工具、竣工后试验物资的采购数量。

13.2.4　施工变更范围：

（1）根据 13.2.2 款的设计变更，造成施工方法改变、设备、材料、部件和工程量的增减；

（2）发包人要求增加的附加试验、改变试验地点；

（3）根据 5.3.1 款第 1 项、第 2 项之外，新增加的施工障碍；

（4）发包人要求对竣工试验合格的项目，重新进行竣工试验；

（5）因执行新颁布的法律、标准、规范引起的变更。

（6）上述变更所需的附加工作。

13.2.5　赶工。承包人在工程实施过程中接受了按发包人的书面指示，以发包人认为必要的方式加快工程的勘察、设计、施工或其他任何部分的进度时，承包人为实施发包人的赶工指示，必要时应对项目进度计划进行调整。承包人增加的措施和资源的费用，应提出估算，作为一项变更。如果发包人未能批准此项变更，承包人有权按合同规定的相关阶段的进度计划执行。

13.2.6　调减部分工程。按 4.7.4 款承包人复工要求的规定，发包人的暂停超过 45 天，承包人请求复工时仍不能复工或因不可抗力持续而无法继续施工，应一方要求，可以以变更方式调减受暂停影响的部分工程。

13.2.7　其他变更。合同双方应根据工程的特点，在专用条款中规定其他变更。

案例 4-3：固定总价合同下工程总承包项目工程变更

2016 年 12 月，某发包人经正式招标后，与总承包方（某设计院）就某“220kV 总变电站项目”签订了《EPC 工程总承包合同》（以下简称总承包合同）。根据总承包合同约定，总承包方“负责该变电站项目的全部详细设计、设备材料采购以及施工工作，协助发包人完成竣工验收，并对本项目的质量、安全、进度、费用等全面负责”。合同价格为固定总价 3 亿元人民币（含税）。

发包人在招标文件中并未明确对主变压器以及 GIS 等主要设备的品牌要求。答疑时，总承包方专门以书面形式询问招标人对此类设备是否有品牌档次要求，得到的答复是“按市场价报价即可”。因此，总承包方按国内一线品牌的档次报价。在中标通知书和双方签订的总承包合同正文及相关技术附件中，也并未明确对此类设备的品牌要求。合同签订后，发包人提出要求，本项目的主变压器以及 GIS 等主要设备均须采用进口品牌产品。总承包方认为无法接受该要求，因为当初的投标报价是基于采用国内一线品牌产品这一前提。如果采用进口品牌产品，将导致工程实际成本远远超出固定总价，总承包方无法自行承担该超支的成本。

总承包方认为，虽然总承包合同中未明确约定品牌档次，但是投标人在投标文件中已经明确了相关设备的品牌，在投标文件中附上了拟采购相关设备的厂家“短名单”，发包人在发出中标通知书之前也一直未提出异议。如果发包人方要求主变压器以及GIS等主要设备均须采用进口品牌产品，应视为工程变更。

笔者认为，按照《建设项目工程总承包合同示范文本（试行）》（GF - 2011 - 0216）中有关工程变更范围的界定，该案例中发包人要求提高属于设计变更中的“对设备、材料、部件的性能、规格和数量的调整”，应由发包人承担相应的责任。虽然在中标通知书和双方签订的总承包合同正文及相关技术附件中，也并未明确对此类设备的品牌要求，但是投标文件中所附的拟采购相关设备的厂家“短名单”应作为价格清单的组成部分，应属于合同文件的组成。如果发包人能够证明承包人“短名单”中列出的产品不能满足“发包人要求”，此时属于“承包人建议书”与“发包人要求”不一致，应以“发包人要求”为准调整“承包人建议书”的内容，则不再属于工程变更的情形。

案例4-4：EPC项目中投标人现场考察不到位引起的变更争议

2013年某市环卫中心发出垃圾填埋场渗滤液处理站项目招标公告，为EPC总承包。发包人投资估算1000万元，环保公司报价880万元。经过评审，商务和技术总分第一名。正是环保公司的低价策略，引起环卫中心的警惕。环卫中心认为，这个项目不但包括EPC的建设本身，还有建设后交给中标人运营的5年运营期。环保公司报的运营费，低于所了解的运营成本价。环卫中心要求环保公司作出合理的解释，否则就必须放弃中标。环保公司回函：报价不低，是EPC＋运营，整体算账。环卫中心要求，合同里必须加：本项目在施工或运行过程中遇到工程建设不合格、处理规模达不到300 t/ 天或出水不达标等无法挽回的问题或事件，乙方给予甲方工程总价的60%赔偿。

实施过程中环卫中心发现：环保公司不按设计文件干，采购的设备参数不对、品牌不对。环卫中心要求更换。环保公司认为只要满足招标文件的设备参数要求，有设计变更和优化的权利，未进行更换设备。

原设计文件要求能处理210t/ 天，现在最高可以处理70t/ 天。为此，环保局又专门外聘了污水处理公司，把环保公司处理不了的污水，运到其他处理站去处理。

环保公司认为：环评和可行性研究报告里，记载的需要处理的污水，NH3-H指标是1500mg/L，可现在实际是2500mg/L。是环卫中心提供的指标不对，才导致设计不对，才导致工程不达标。

环卫中心认为招标文件中明确约定：投标人现场考察并预测未来渗滤液进水水质，今后运行中实际进水水质超过或者低于本设计进水水质指标，导致处理后出水不达标的风险由投标人承担。现环卫中心起诉到法院，要求：

（1）解除合同，结束运营，工程移交给环卫中心。

（2）重大违约赔偿款528万元。

法院判决：环保公司移交全部工程给环卫中心，并且赔偿环卫中心528万元。理由在于：

（1）招标文件明确约定承包人要充分预测未来的进水水质，风险由环保公司承担，环卫中心提供的进水水质，仅仅作为参考。该EPC合同约定，合法有效。

（2）现在EPC工程有工艺缺陷，最终出水量也达不到合同约定，就构成重大违约，合同可以解除。

该案例启示我们，工程总承包模式下发承包双方承担的风险有很大的差异，切不可以施工总承包的思维来做工程总承包的项目，本案例中发包人提供的进水水质仅仅作为参考的合同约定极大地增加了总承包人的风险。

二、合同价格调整

根据《建设项目工程总承包合同示范文本（试行）》（GF—2011—0216），在下述情况发生后30日内，合同双方均有权将调整合同价格的原因及调整金额，以书面形式通知对方或监理人。经发包人确认的合理金额，作为合同价格的调整金额，并在支付当期工程进度款时支付或扣减调整的金额。一方收到另一方通知后15日内不予确认，也未能提出修改意见的，视为已经同意对该项价格的调整。合同价格调整包括以下情况：

（1）合同签订后，因法律、国家政策和需遵守的行业规定发生变化，影响到合同价格增减的；

（2）合同执行过程中，工程造价管理部门公布的价格调整，涉及承包人投入成本增减的；

（3）一周内非承包人原因的停水、停电、停气、进路中断等，造成工程现场停工累计超过 8 小时的（承包人须提交报告并提供可证实的证明和估算）；

（4）发包人根据 13.3 至 13.5 款变更程序中批准的变更估算的增减；

（5）本合同约定的其他增减的款项调增。

对于合同中未约定的增减款项，发包人不承担调整合同价格的责任。除非法律另有规定时除外。合同价格的调整不包括合同变更。

案例 4-5：总承包人满足预期目的前提下删除或增加部分工作价款是否变化

2007 年 10 月，山东众泰发电公司（后更名为华能泰安众泰发电有限公司）与镇江江南环保工程建设公司（后更名为江苏新世纪江南环保股份有限公司），签订《山东众泰发电有限公司 2×150MW 机组烟气脱硫工程合同文件》，约定由江南环保公司承包众泰发电公司 1、2 号机组炉外烟气脱硫工程，承包方式为 EPC 总承包，协议价款为固定总价 5240 万元。合同价格第 4.3 条约定，本合同总价在合同执行期内为不变价，遇下列情况作相应调整：氧化风机已包含在合同总价中，如设计不需要，按乙方投标价格从合同总价中扣除；如乙方考虑不周，漏设或其他原因等造成工程量的增加，增加的工程量不再增加费用。合同专用条款中约定，承包方式采用 EPC 总承包方式建造；本合同价款为闭口价，除合同条件 4.3 条款外，在整个合同执行期内不变，本合同价款包含但不限于乙方为完成本工程所发生的所有费用及风险，乙方已在投标报价时充分考虑。双方在技术协议书中约定：在本协议书中关于各系统的配置和布置等是甲方的基本要求，仅供乙方设计参考，并不免除乙方对系统设计和布置等所负的责任。合同签订后江南环保公司开始施工。

2008 年 1 月 8 日，众泰发电公司（甲方）向江南环保公司（乙方）发函，载明："关于脱硫工程增压风机方案事宜，我公司从系统运行的可靠性、建设投资及今后运行维护费用等方面进行了详细的论证，确定取消增压风机，对原引风机及电机进行改造，以达到脱硫投运后的系统要求。另：相应扣除脱硫系统中增压风机的费用250万元，请贵方回函确认。”同日，江南环保公司回函，载明：“贵司2008年1月8日关于脱硫工程取消增压风机的函已收到，我司同意贵司安排，现回函予以确认。”

2009年12月18日，众泰发电公司与江南环保公司召开脱硫干燥系统改造方案讨论会，会议对干燥系统改造方案进行讨论研究并形成会议纪要，会议纪要第4条载明：采用蒸汽换热方式，由于出料量设计为18t/h，蒸汽消耗量较大，江南环保应设计采用电厂锅炉热风作为干燥源，根据众泰电厂锅炉热风运行参数和干燥系统运行参数选择合适的管径和阀门，干燥方案报众泰发电厂审批后组织实施。

2012年9月14日，江南环保公司（乙方）与众泰发电公司（甲方）签订《补充协议书》，约定：鉴于甲、乙双方因欠款纠纷诉至南京市中级人民法院，双方经协商已调解结案。乙方在案外提出2008年1月8日发给甲方《关于脱硫工程取消增压风机的函》传真件一份以及甲方的回函传真件一份，内容就增压风机工程减项一事予以确认，具体减项数额由甲乙双方签订本补充协议后本着友好协商的原则继续寻找证据、进一步调研、论证另行确定。2014年4月，原告众泰发电公司向法院起诉，本案在审理过程中，被告江南环保公司提起反诉，在审理过程中，经一审法院委托，江苏经天纬地建设项目管理公司（以下简称经天纬地公司），对增压风机的价格进行了评估，2015年12月21日，经天纬地公司出具鉴定意见书：经评估，成都电力机械厂的增压风机的报价为210万元/台（含安装和配套设备等一切费用）且近年来该类设备价格无明显变化。

2015年12月21日，经天纬地公司就增压风机及相关附属工程造价作出苏经纬鉴（2015）1656号工程造价鉴定意见书，鉴定结论为：按照相关法律法规的规定，需扣除的款项应按合同价款中的相应价款扣除，但由于鉴定资料未提供合同价款组成明细和相关投标报价明细，应扣除的款项无法准确认定。

争议焦点1：江南环保是否应向众泰发电返还增压风机款项及应返还款项的数额。

江南环保公司系因本属于其施工范围内的增压风机项目被取消而须返还众

泰发电公司已支付的相应工程款，故江南环保公司应予返还的增压风机价款应按照合同约定的相应价款予以确定。双方签订的是固定总价合同，其中并未对增压风机价格的组成予以明确。众泰发电公司于2008年1月8日发函要求扣除增压风机费用250万元，江南环保公司亦回函确认，应视为双方对增压风机项目应扣减款项达成一致，故江南环保公司应当向众泰发电公司返还增压风机款项250万元。

《补充协议书》中双方约定就“具体减项数额继续寻找证据，进一步调研、论证另行确定”，并不表明双方协商一致继续寻找增压风机市场价格的证据，并据此扣减。从该《补充协议书》签订的背景来看，在（2012）宁民初字第50号案件调解过程中，众泰发电公司一直主张江南环保公司按照250万元扣除增压风机款项，亦从未提及按增压风机市场价格扣除，故众泰发电公司主张按照市场价格扣除增压风机款项，本院不予支持。

争议焦点2：江南环保公司主张其施工的脱硫装置的热风管道及干燥系统改造工程为双方签订的“2×150MW机组烟气脱硫工程合同”的增项，并主张众泰发电公司支付增项工程款。

首先，江南环保公司并未提供证据证明就该增项工程与众泰发电公司另行签订协议约定相应工程款项，亦未提供证据证明在本次诉讼前向众泰发电公司主张过该增项工程款，故江南环保公司要求众泰发电公司支付增项工程工程款依据不足；其次，根据江南环保公司提供的《168小时满负荷试运行报告》以及2009年12月18日脱硫干燥系统改造方案专题会议纪要，该增项工程原因是经试运行后发现蒸汽压力达不到设计要求的0.8MPa，为确保干燥效果，故需进行干燥系统的改造，改用锅炉热风作为干燥源。

虽然蒸汽压力数据系众泰发电公司提供，但双方合同约定采用EPC总承包方式建造，即江南环保公司承包的内容包括工程的勘测、设计、设备材料供货、建筑安装、调试、试验及检查、试运行、考核验收、消缺、培训和最终交付投产、运行管理，且双方签订的《技术协议书》明确约定“各系统的配置和布置等是众泰发电公司的基本要求，仅供江南环保公司设计参考，并不免除江南环保公司对系统设计和布置所负的责任”，因此江南环保公司作为烟气脱硫工程的设计方，应当对相关技术参数的准确性负责。江南环保公司为改进烟气脱硫工程运行

 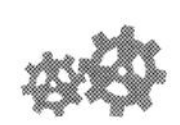

效果进行的增项工程，应由其自行承担费用。综合以上情况，对江南环保公司主张的增项工程款不予支持。

该案例启示我们，在工程总承包模式下，承包人可能要承担“满足预期目的”的风险，这本是施工总承包模式下发包人必须承担的风险，因为其无法转移给设计方和承包方。站在不同角度，工程总承包招标文件的起草人会对承包人是否承担“满足预期目的”义务的约定有所不同。我国《标准设计施工总承包招标文件》（2012年版）合同条件明确了承包人的义务包括需要满足合同约定目的，而《建设项目工程总承包合同示范文本（试行）》（GF—2011—0216）和《住房城乡建设部关于进一步推进工程总承包发展的若干意见》（建市［2016］93号），均没有提及承包人“满足预期目的”义务。

第六节　工程总承包项目政府审计

一、工程总承包项目审计的特点

工程项目的造价管理涉及发承包双方的核心利益，政府工程审计作为造价审核的一种方式，必须顺应工程发承包模式的变革，这是决定政府投资项目能否可持续发展的核心问题。工程总承包模式广泛应用于成熟的市场经济国家和信用经济普遍的行业环境，但是我国各方市场主体对工程总承包的市场适应能力都还不甚理想，客观需求国家审计促使其在内部管理、自我约束等方面完善机制。但是近年来国家审计往往对采用固定总价的工程总承包项目打开按“量”审计、按“实”审计，违背了项目采用总承包模式的初衷，在审计实践中引发了众多的矛盾和困惑。工程审计的职能应顺应适应新时期审计新的历史定位和职能使命，改变只重视审计监督职能的现状，充分发挥审计监督、鉴证、评价的全方位监督职能，以此作为审计规范和审计准则制定的方向。工程审计作为国家控制投资的重要手段，我国政府工程项目审计必须适应建筑生产方式、工程造价管理的变革和政府审计理论的演进，并将三者很好地结合、统一，从指导思想、内容、模式等方面自适应，以促进建筑业生产方式的转变和政府投资工程项目可持续发展，但目前缺少这个方面的系统性研究。

1. 工程总承包项目审计相关规定

（1）《房屋建筑和市政基础设施项目工程总承包管理办法》（征求意见稿）第十七条：除双方合同明确约定外，建设单位不得将工程总承包项目的审计结论作为结算依据。

（2）《上海市工程总承包试点项目管理办法》第二十一条："采用固定总价合同的工程总承包项目在计价结算和审计时，仅对符合工程总承包合同约定的变更调整部分进行审核，对工程总承包合同中的固定总价包干部分不再另行审核，审计部门可以对工程总承包合同中的固定总价的依据进行调查。"

（3）《浙江省关于深化建设工程实施方式改革积极推进工程总承包发展的指导意见》规定："采用固定总价合同的工程总承包项目在计价结算和审计时，可仅对符合工程总承包合同约定的变更调整部分进行审核，对工程总承包合同中的固定总价包干部分不再另行审核。"

（4）《福建省政府投资的房屋建筑和市政基础设施工程开展工程总承包试点工作方案》规定："在财政审核和审计时，仅对建设单位依法依规新增变更部分进行审核，对固定总价包干部分仅审核、审计其建设的规模、标准及所用的主要材料、设备等是否符合原设计方案和总承包合同条款要求。"

2. 工程总承包项目造价审计的特点

由于发承包范围的拓展，工程总承包模式下审计的内容必然发生变化，DBB模式下的监控体系失灵。审计的内容依据施工图纸、预算定额及取费标准进行工程量核实、检查定额套用、检查取费标准执行情况，转变为对总承包单位是否按照合同要求和相关规范标准来实施工程，工程质量是否达到合同要求，建设结果能否最终满足合同规定的功能标准、与所完成工作内容的一致性方面的审查，同时审查工程变更、索赔的合理性及与投标内容的关联性；审计的依据由按照图纸改为按照功能要求进行；审计方式由事后审计向事前和事中审计转变，由审计"量"转变为审计"质"和"量"并重，并且重在"质"[51]。

项目的独特性和唯一性决定了审计的多元性，流程可以统一，但是具体到技术层面就很难采用一致的做法去应对。不同项目的实施环境不同，审计机关的业务水平差别很大，审计必将面临不同的问题和挑战。工程总承包人的业务范围不再是简单的按图施工，而是要进行施工图的设计与优化，还有材料设备的采购等

内容，范围会变得复杂。透镜模型则认为，人在将任务信息转化为自身信息时，会受到任务复杂性、环境和自身压力的影响，转化的真实度不一，任务复杂性越强，真实度越低；前景理论认为，人在复杂环境下不会严格遵循预期效用、采用贝叶斯分析范式进行决策。因此，研究工程总承包背景下审计寻求抑制和减少承包人有限理性的程序、途径和方法很有必要。

中国推行工程总承包缺乏信任基础，发包人要求总承包单位按照合同规定和工程施工需要，分阶段提交详勘资料和施工图设计文件，并按照审查意见进行修改完善。施工图设计应当符合经审批的初步设计文件要求，满足工程质量、耐久和安全的强制性标准和相关规定，经发包人同意后方可组织实施，有的甚至要求再结合施工图设计对中标造价进行修改。综合分析上海市、江苏省、浙江省等地关于工程总承包试点管理办法的有关规定，工程总承包项目采用固定总价合同。审计部门对固定总价包干部分仅审核、审计其建设的规模、标准及所用的主要材料、设备等是否符合原设计方案和总承包合同条款要求，是否满足合同的质量、安全、工期、功能、指标等，是否实现了总包合同的约定，结算时造价不再另行审核，仅对符合工程总承包合同约定的变更调整部分进行审核，无需对合同约定的功能具体实施方案进行类似单价合同的审核。审计工作成果不再是单纯的审减额，应以“功能”审计为主。但是质量功能方面的定性内容在审计时如何去量化，如何去评价审计工作的质量是个很现实的问题。

现有行业的招标文件不够具体、通用合同条款中对工程价款的约定过于简单，无法有效解决现实问题，但是发包人专业水平不足，合同的完备性和可操作性较差。由于合同签订的不完备不科学，审计机关为维护国家利益从而存在不恪守双方合同约定的现象，虽然有利于确保控制投资额度，但是造成了建设单位与施工单位之间合同不起作用的现象，严重损害了建筑市场秩序，这不利于规范建筑市场的形成。工程审计反向制约了建设单位管理水平提高的动力，成为了制约总承包人优化施工方案的关键因素。

总之，按“约”审计是总包项目审计的基本原则，按“实”审计原则不能再简单适用，要求审计方必须熟悉所审计项目的工艺、系统，严格依据合同及相关法律法规、国家及行业规范，根据合同的约定及规定，按“约”结算。工程总承包模式下的造价管理以性能指标为导向，是按“约”履约、按“约”结算、按

“约”审计，颠覆了目前在施工图设计基础上计价的做法，与以施工图纸为基础的造价审计有实质性区别。

案例 4-6：工程总承包项目“按实审计”引发计价争议

某脱硫总承包项目采用固定总价合同发包，总包单位投标方案中某泵机数量为 3 台，实际安装了 2 台，项目的脱硫效率、二氧化硫排放指标等合同约定指标均达标。审计人员以实际安装 2 台泵为由坚持扣减 1 台泵的价格，但是面对合同数量少于实际敷设数量的电缆，审计又不给予调增。

问题：审计人员“按实审计”的做法是否合理？

笔者认为，把工程量减少的总包项目视做单价承包项目来审计，不符合总包合同的计价及结算原则，不应再对其工程量进行审核，应着重审计其功能参数、性能指标，即使其指标未达标，也不是对其进行工程量审计的理由，应对其合同违约进行审计及赔偿。

目前工程总承包审计的焦点问题是设计优化减少的项目按照实际发生量结算，变更增加的项目按照总价包干，措施项目按实审计。目前按实际施工图审计成为了制约承包人优化设计的关键因素，失去了推行工程总承包的意义，审计机关“有权不可任性”，必须坚决予以纠正。

案例 4-7：初设方案与深化后的施工图设计之间有差异

某电力总包项目是在初设方案基础上的招投标，采用固定总价承包方式。但是深化施工图设计时按照有关的标准规范以及要求对初步设计方案进行了优化，审计方要求按照施工图设计进行审计，扣减施工图设计与初设方案设计之间的差额。

问题：审计方要求扣减施工图设计与初设方案设计之间的差额是否合理？

笔者认为，施工图与初设方案的差别不应作为造价审计扣减的依据，在符合相应的设计规范和发包人要求的前提下，应该根据合同约定进行审计，不应扣减合同约定的价格。

二、工程总承包模式下造价审计的主要内容

工程总承包模式下造价审计的主要内容应由事后审计向事前审计转变，笔者建议可从以下内容入手：

1. 合同形成环节的审计

发承包阶段的合同形成环节是造价管理的基础，是造价形成的最核心环节。合同的完备性和可操作性会对工程造价管理产生重要影响。使用国有资金投资的项目，如果发包人与承包人签订合同时没有约定审计的相关内容，则从合同法的角度来看，审计的意见不能对抗合同约定，不能改变政府与承包人之间的合同约定，目前各地普遍存在的审计方不承认双方合同约定价格的情况是不合理的。所以，审计方应重视合同形成环节，对招标文件是否全面、准确地表述招标项目的实际情况以及招标人的实质性要求，对招标文件中的计价要求、合同主要条款、评标方法及标准是否合理合法，工程造价计算原则、计费标准及确定办法是否合理，付款和结算方式是否合适，内容是否完整，对招标控制价使用的相关资料、数据、指标等依据是否合理、是否符合相关文件要求等进行严格审计，及时发现问题，切实做好事前审计。

2. 对设计图纸的审计

图纸是否按照合同中的发包人要求或初步设计进行设计或深化，分析设计功能的合理性。质量标准、安全标准等是否符合现行法规、规范、标准，“四新技术”的应用是否符合工程技术发展与提高价值的要求。

3. 工程计量与价款支付、合同价款调整的审计

若进度款的支付环节控制不到位，会增加建设成本和给建设资金的管理带来巨大风险。因此，即使发承包双方签订固定总价合同，超进度支付问题应给予高度关注，审计方必须重视对项目的实际完成工作量、支付比例和程序等方面的监督，保证建设资金的高效合理使用、最大限度降低资金使用风险。严格控制合同价款调整因素，对价格风险是否超出了合同约定的风险范围、对项目设计变更和签证的合理性和真实性进行及时认定，对形成竣工决算资料的各环节、过程及相关资料及时进行动态审计。

三、现阶段工程总承包项目审计面临的挑战

1. 尚未成熟的建筑市场环境给工程审计带来了较大的不确定性

企业能力理论认为企业的能力提升是渐进的漫长过程。目前工程总承包处于起步阶段，各方市场主体的能力需要进一步提升，比如发包人对项目的要求、规模、标准、功能等尚不能清晰确定，发承包双方均对总承包模式下固定总价的风险范围难以进行清晰的界定，承包人的优化设计的能力不稳定可靠，承包人没有追求长期功能稳定的动力和约束；工程总承包推行的市场环境有待于进一步的完善，现有的质量保修期等规定是基于施工图设计的基础上规定的，比如：质量功能方面的缺陷不是在《建设工程质量管理条例》中规定的法定最低保修期可以暴露出来的，往往需要十年甚至更长的时间，由于建筑施工企业的微薄利润，目前为进一步激发市场活力，质量保证金的比例已由5%降至3%，并有进一步降低的趋势。工程总承包审计时审功能，对于功能的评价是个持续性的过程，但是功能不是一个唯一明确清晰的标准、在我国信用体系不健全、工程保险和担保制度不完善的情况下，承包人是否会为了追求短期的经济效益而损害项目的整体功能？功能的稳定性、耐久性（使用寿命）等如何保证、不损害发包人的利益，需要进行适度的约束和再平衡。对物质利益越来越重视，自利等人性缺陷可能逐步显现，风险源增加，机会主义倾向发生的可能性增加，政府审计需求增加；在此背景下，通过国家审计的刚性手段约束总承包人极有必要。需要建立一种制度措施，通过监督、激励的方式使承包人尽可能多地促进发包人建设目标的实现[52]。同时，各地审计理念和水平、做法差别较大，不利于全国统一建筑市场的形成。

2. 审计的刚性约束与项目柔性的矛盾

由于目前较为普遍存在的以“政府审计结论”作为建设单位与施工单位结算的依据，国家审计对政府投资项目的审计会直接影响到施工企业的利润，在业内会起到示范引领作用；各利益主体在特定环境中会遵循一定的规则行事，审计组织活动、处理审计事项时将严格遵循审计规范所要求的准则和标准来完成，审计决策链具有路径依赖性，反映了审计的刚性特征。

工程审计环境具有很强的社会复杂性特征，并且会涌现出某些特有的现象，工程总承包模式下各造价影响要素之间关系错综复杂，目标以及影响因素等具有

模糊性，导致决策系统的输入—输出的不确定，既难以建立模型处理，也没有刚性规律可以遵循以及通用的决策方法可使用，审计目标具有多重性、多层次性，难以准确表达，体现出审计的柔性特征。柔性是审计在以不可预测性、不确定性和复杂性为基本特征的动态环境里，与环境具有互动性和适应性，使审计决策随着环境的变化而进行相应的调整[53]。审计机关的权威性，如何在现有的审计体系下，既满足审计的整体要求，又能够适应工程项目的特点，具有很大的挑战性。

3. 工程审计依据不足与审计结果准确性的矛盾

工程审计要依据工程造价信息，当前我国定额动态调整机制尚未形成，间隔5~10年修订一次的定额确定模式无法保证定额的科学性和动态性。审计机构基于保护自身利益、寻求“权威”依据以免责、降低工程难度等理由强化了对政府发布定额的尊重，使得未定位为“强制依据”的定额在工程计价中成为国有投资项目的普遍权威的依据[54]。定额消耗量及价格比实际市场略高，导致国有建设项目投资管理水平的低下。我国目前发布的造价指数种类不足，缺乏完善的包含单项价格指数和综合价格指数的工程造价指数体系，工程造价信息发布、更新不及时，不能反映造价信息实际动态，降低了信息的时效性，使得形成准确审计结果的难以实现。

4. 工程审计体系不健全与审计主体能力不足

审计报告中的问题层出不穷，年年审计、年年出类似问题，如何加强政府投资审计监管，审计机关全方位监督项目实施，目前还没有系统的管理办法，总体表现为工程审计体系不健全。审计主体对环境的认知与计算能力的有限性，以及信息的不完全、非对称性所致的判断偏误，能力不足是其主要表现。具体而言，工程总承包模式下审计未从招投标阶段开始审计，或者审计深度不足，业务水平达不到要求，比如设计工作直接影响项目使用功能，设计方案直接制约项目工程费用，采用不同的建筑方案、围护体系、主体结构体系、设备方案等，将对整个工程造价产生巨大影响，设计阶段审计尤为重要，但是对于设计阶段的设计能力非常欠缺。

四、工程总承包项目审计监督路径

目前以施工图设计为基础的审计方法与工程总承包模式不协调、不适应。加之目前无法提供高度信任的市场环境，发承包双方之间的信息不对称仍严重存在。不宜采用标准的工程总承包项目审计模式，应采用强控制的投资审计模式，亟需对现行的管理体系和管理模式进行优化创新。为更好地服务审计实践，从项目实施过程维度、项目管理维度、参与主体关系维度等3个方面探讨工程总承包项目审计监督路径，为将来制定工程总承包项目政府审计操作指南提供借鉴。

1. 项目过程维度

（1）加强设计阶段的审计监督

推行工程设计审计，按照项目实施方式对初步设计、技术设计和施工图设计等全部或部分环节进行跟踪审计，彻底改变审计只注重工程竣工结算额度的审减、工作重心倾向工程造价控制而忽视项目建设存在的管理缺陷和长远目标的做法，对设计文件的审计重在质量功能的满足程度，对项目所采用的标准规范的适应程度审计，审计监督限额设计是否与类似工程进行比较和优化论证，是否采用价值工程等分析方法，检查是否采取方案优化等措施，检查初步设计概算、施工图预算编制范围是否完整、编制依据及标准是否正确，站在独立客观的角度提出有价值的设计优化建议。

（2）工程总承包项目运营阶段审计监督

目前政府审计往往停留在对建设成本、资金成本和管理成本是否优化的层面上，对项目的质量、运营绩效和维护绩效等并未考虑[55]。工程总承包项目运营阶段应审计运营指标的符合情况，必要时应由相关专家参与，与国内外同类项目的指标状况相比较，综合评价项目功能状况。

2. 项目管理维度

（1）强化工程总承包项目合同审计监督

由于工程总承包模式法律法规体系和相关制度环境还不健全，可供借鉴的成熟经验不多，合同订立和管理考虑得还不够充分，合同管理难度较大。项目合同要与相关法律法规和技术规范做好衔接，确保内容全面、结构合理、具有可操作性。审计机关既要通过项目合同捍卫公众利益也要维护总承包人的合法权益，审查和评价合同管理资料依据的充分性和可靠性；审查和评价合同条款是否合法、完备，发包人与总承包人责、权、利是否匹配；审查和评价合同管理中风险管理的适当性、合法性和有效性；审查和评价合同实施过程的真实性、合法性以及合

同对整个项目投资的效益性。

（2）实施跟踪审计方式

如果政府审计介入时间较晚，很容易造成在前期问题已经产生而事后无法调整或成本太大，跟踪审计兼具监督和咨询服务的双重职能[56]，而工程总承包项目审计监督的特点需要实施跟踪审计方式，实现项目全过程动态监督，有利于保证审计工作的连续性，但审计机关既不能直接行使工程建设和管理职责也不能直接干预参建单位工作，做到到位不越位、参与不干预、建议不决策。将审计环节前移，尽早发现可能出现的问题以消除其发生的根源，发挥审计的预警功能；抓住影响项目建设的关键环节和重大风险，在依法合规的基础上，突出管理行为的效益和效率，及时提出有针对性的建设性意见，充分发挥审计的价值创造功能。

（3）提高信息技术运用水平

信息作为项目执行过程沟通的基本前提条件，对项目的有效实施起非常关键的作用，政府审计信息公开使得项目全生命周期的每一个环节有可能受到审视，倒逼项目设计、准备和执行全过程的质量提升。但对于知识产权缺乏有效保护的情况下，应注意项目信息过度公开可能导致咨询机构核心价值流失的问题。运用建筑信息模型（BIM）技术，可提高审计监督信息化水平。BIM 技术从项目全生命期的角度实现数据的公开与透明，便于信息传递和共享，为项目全过程的方案优化和科学决策提供依据，实施在线实时审计和信息共享，形成有效的信息共享链，实现全过程实时监督管理，便于与其他监督部门协同管理，提高审计工作能力、质量和效率；应以政府审计部门为主导建立基于 BIM 技术的 5D 模型，以同一模型进行清单工程量的核算和工程进度款支付的计量，提高计量精准度，所有审计团队成员无需到施工现场，就可实时掌握工程情况，为实施过程的精细化管理提供极大便利，方便领导层及时准确作出决策；运用 BIM 技术协助建立完整的工程造价指标体系，可作为工程造价审计的参照性指标，实现信息资源实时共享，对审计人员合理确定审计重点、增强审计针对性，提高审计的效率、深度和质量，防范审计风险具有积极的作用，有利于加快投资审计信息化建设。

3. 参与主体关系维度

（1）优化审计组织运作方式

审计人员的专业素质是否达到与完成审计任务相适应的程度是决定审计结果

科学性的基础。工程总承包项目要求审计人员必须具备较高的综合专业能力，尤其需要精通项目建设标准、工程造价和法律咨询等方面的人才，审计机构要有针对性地培养能胜任工程总承包项目审计的复合型人才，创新工作方式，提高审计专业能力。为避免因缺乏明确的审计标准而作出错误的审计结论以引起行政复议、诉讼等情况，组建工程总承包项目监督专家库，必要时可邀请具有与工程总承包项目审计经验的有关专家参与，从而提升审计能力及效率、降低审计成本。由于工程总承包项目跟踪审计运作存在项目性的特点，故应改进审计监督的组织方式，以项目为载体搭建审计项目团队，从组织架构上提出项目适应性的要求，以便实现对项目的全面跟踪审计。

（2）改进审计选择激励机制

由于工程总承包项目周期长、跨度大、投资大、参与人多，审计机关自有人员的数量和专业水平往往不足以满足工程总承包项目审计工作的需要，这就需要利用社会审计资源，委托具有良好社会信誉和执业能力的社会第三方机构协助审计，但目前对审计绩效的评价着重于造价的审减额，审计服务费中造价审减绩效往往比固定取费部分高得多，社会审计机构着重关注审减额带来的经济收益而忽视咨询服务应提供的价值创造。由于工程总承包项目的独特性，传统的审计选择激励机制不再适应，委托第三方审计机构时可采用基于质量和费用的评选方法，采用“双封制”，在技术建议书合格的基础上再评审商务报价，避免“劣币驱逐良币”。应改进对社会审计机构的激励机制，服务合同中明确对揭示违法违规问题、提示重大风险、提出有利于价值创造的管理建议等审计建议给予适当激励，引导社会审计机构更多关注项目管理，从而充分调动审计创造力，有效发挥其独特的专业优势。

本章小结

工程总承包模式下的工程造价与施工图设计为基础的工程造价有着本质的区别，由于我国各方市场主体长期形成的按照消耗量定额进行计价和对行业公布造价信息的依赖，使得工程总承包模式下的工程计价行为存在诸多障碍。工程总承包模式下，不同阶段发包时计价基础仍然存在很大的差异，本章在简要阐述工程总承包模式下工程造价管理的基础上，依据相关规范和合同文件，围绕招标工程量清单的编制、最高投标报价和投标报价的编写、工程变更的确定等几个问题，深入探讨了实践中的关键环节。政府审计时采用的“按实审计”原则已经成为制约我国工程总承包发展的重要障碍，本章阐述了工程总承包项目审计的特点、审计的主要内容和面临的主要挑战，最后项目实施过程维度、项目管理维度、参与主体关系维度等 3 个方面提出了工程总承包项目审计监督路径，以期对工程总承包项目的审计起到一定的借鉴作用，促进工程总承包项目的规范运作和健康可持续发展。

第五章

装配式混凝土建筑造价疑难问题与典型案例

第一节　装配式混凝土建筑造价管理阐述

一、研究装配式混凝土建筑造价管理的意义

装配式建筑是用预制部品部件在工地装配而成的建筑[57]，有装配式混凝土结构、钢结构、木结构和组合结构等四种结构类型，此处阐述分析装配式混凝土结构。国务院办公厅在《关于大力发展装配式建筑的指导意见》（国办发［2016］71号）中指出，力争用10年左右时间，使装配式建筑占新建建筑的比例达到30%。截至目前，许多省市也先后出台了大力发展装配式建筑的实施意见，提出了装配式建筑占所有新建建筑的比例要求，甚至明确政府投资工程应采用装配式技术进行建设。虽然目前我国仍处于装配式建筑发展的起步阶段，但其是我国建筑业转型升级的必然趋势，必将成为建筑市场的热点。造价管理是建设项目管理的重要内容，装配式混凝土建筑作为一种新技术，对其造价管理面临诸多需解决的问题，科学合理的造价管理是装配式建筑项目顺利推进的基础和投资控制的重要保障。现有的文献资料多从成本构成的角度出发，对比装配式建造方式与现浇建造方式的成本差异，分析引发成本差异的原因与对策[57-60]，尚缺乏从造价管理的视角对装配式建筑进行系统研究的文献。鉴于构件部品仅占建筑总体工程量的一定比例，而“使用国有资金投资的建设工程发承包，必须采用工程量清单计价[9]”，这就需要衔接与融合既有造价管理模式，利用工程量清单计价模式对装配式建筑项目进行有效的造价管理。

二、从装配式混凝土建筑的施工过程分析对工程造价的影响

装配式混凝土建筑的施工过程主要分为预制构件生产、预制构件运输、预制构件进场验收、预制构件吊装、预制构件连接和装配式结构工程分项验收等主要环节，现将各环节与工程造价相关内容进行简述。

1. 预制构件生产

常见的混凝土预制构件有：预制叠合板、预制柱、预制叠合梁、预制外墙、预制剪力墙、预制楼梯、空调板、预制阳台、预制飘窗等，对于混凝土预制构件

的计量虽然是以体积（数量、长度）计量，但是构件的标准化程度（是否是异型构件等）、混凝土强度等级，钢筋种类、含量及连接方式，同一构件模板的周转次数等均是对构件价格重要的因素。

2. 预制构件运输要求

（1）运输中做好安全与成品保护措施。

（2）根据构件特点采用不同的运输方式，托架、靠放架、插放架应进行专门设计；采用靠放架立式运输时，构件应对称靠放，每层不大于2层；采用插放架直立运输时，应采取防止构件倾斜措施，构件之间应设置隔离垫块；水平运输时，预制梁、柱构件叠放不宜超过3层，板类构件叠放不宜超过6层。

（3）对于超高、超宽、形状特殊的大型预制构件的运输和存放应制定专门的质量安全保证措施。

3. 存放要求

（1）存放场地应平整坚实，并有排水措施。

（2）预制楼板、叠合板、阳台板和空调板等构件宜平放，叠放层数不宜超过6层。

（3）预制内外墙板、挂板宜采用专用支架直立存放，构件薄弱部位和门窗洞口应采 取防止变形开裂的临时加固措施。

4. 预制构件结构性能检验规定

预制构件进场时应对其主要受力钢筋数量、规格、间距、保护层厚度及混凝土强度等进行实体检验。

梁板类简支受弯预制构件进场时应进行结构性能检验，并要求：钢筋混凝土构件和允许出现裂缝的预应力混凝土构件应进行承载力、挠度和裂缝宽度检验；不允许出现裂缝的预应力混凝土构件应进行承载力、挠度和抗裂检验；对大型构件及有可靠应用经验的构件，可只进行裂缝宽度、抗裂和挠度检验。

5. 安装前采取临时支撑

（1）竖向预制构件安装采取临时支撑时，应符合下列规定：预制构件的临时支撑不宜少于两道；对预制柱、墙板构件的上部斜支撑，其支撑点距离板底的距离不宜小于构件高度 的2/3，且不应小于构件高度的1/2。

（2）水平预制构件安装采用临时支撑时，应符合下列规定：首层支撑架体的地基应平整坚实，宜采取硬化措施；竖向连续支撑层数不宜少于2层且上下层支撑宜对准；叠合板预制底板下部支撑宜选用定型独立钢支柱。

6. 预制构件连接

预制构件钢筋可以采用钢筋套筒灌浆连接、钢筋浆锚搭接连接、焊接或螺栓连接、钢筋机械连接等连接方式。目前装配式混凝土建筑中最常采用的是钢筋套筒灌浆连接和钢筋浆锚搭接连接两种方式，现将其内涵和施工工艺简述如下。

（1）钢筋套筒灌浆连接是在预制混凝土构件内预埋的金属套筒中插入钢筋并灌注水泥基灌浆料而实现钢筋连接的方式。灌浆套筒是套筒灌浆连接技术的关键产品。

灌浆套筒按钢筋的连接方式可以分为全灌浆套筒和半灌浆套筒。全灌浆套筒比较长，被连接的两根钢筋均通过灌浆连接，造价较高，消耗灌浆料多；半灌浆套筒相对较短，被连接的两根钢筋，一根与套筒螺纹连接，另一根灌浆连接，价格相对便宜，消耗灌浆料少。

灌浆套筒按材质又有球墨铸铁灌浆套筒、机械加工钢套筒等。球墨铸铁灌浆套筒材料昂贵，但制造成本低，机械加工钢套材料便宜，但制造成本高，两者各有优势。

以预制柱安装为例简要介绍施工工艺，分为独立灌浆法和并联灌浆法。独立灌浆法的工艺流程是：1）承台浇筑；2）设置“围堰”；3）预拼装；4）铺设接缝砂浆；5）立柱吊装；6）垂度调整；7）制备套筒灌浆料；8）套筒灌浆；9）高强砂浆保护。并联灌浆法的工艺流程是：1）承台浇筑；2）设置“围堰”；3）拼装；4）调垂直度；5）“围堰”密封；6）制备套筒灌浆；7）套筒灌浆；8）高强砂浆保护。

（2）钢筋浆锚搭接连接方式

将从预制构件表面外伸一定长度的不连续钢筋插入所连接的预制构件对应位置的预留孔道内，钢筋与孔道内壁之间填充无收缩、高强度灌浆料，形成钢筋浆锚连接，目前国内普遍采用的连接构造包括约束浆锚连接和金属波纹管浆锚连接。

混凝土预制构件连接部位一端为空腔，通过灌注专用水泥基高强无收缩灌浆

料与螺纹钢筋连接。浆锚连接灌浆料是一种以水泥为基本材料，配以适当的细骨料，以及少量的外加剂和其他材料组成的干混料。存在的问题在于钢筋浆锚连接的偏心传力机制，对其力学性能，尤其是用于抗震结构关键构件或关键部位的安全性一直是行业关注热点。

7. 装配式结构工程分项验收

混凝土结构子分部工程验收时，除应符合《混凝土结构工程施工质量验收规范》（GB 50204—2015）的有关规定外，还应提供下列文件和记录：预制构件抽样复验报告；钢筋套筒灌浆型式检验报告、工艺检验报告；浆锚搭接连接的施工检验记录；后浇混凝土、灌浆料、坐浆材料强度检测报告。

与装配式混凝土建筑的施工过程相对应的工程计价活动如图 5-1 所示。

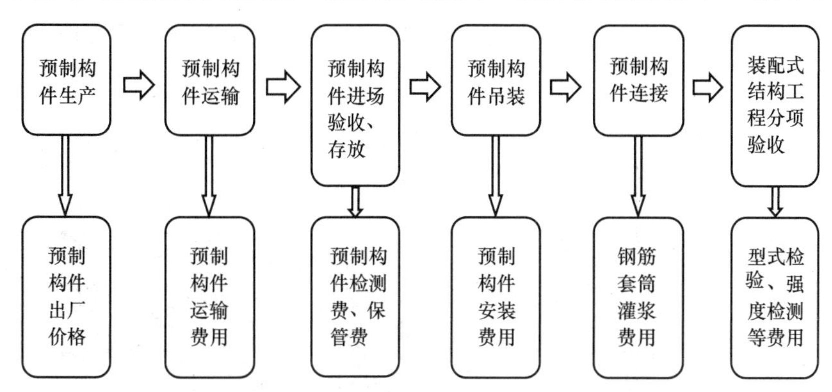

图 5-1 与装配式混凝土建筑施工过程对应的工程计价

三、装配式混凝土建筑的计价内容

工程计价需要紧密结合具体的施工工艺和施工方法，计价内容应体现施工全过程的全部真实情况，涉及的主要计价内容如表 5-1 所示。

装配式混凝土建筑分部分项工程费涉及的主要计价内容　　表 5-1

序号	计价项目	费用内容	计量规则
1	预制构件采购费	出厂价、运输费、装卸费等	体积（或者数量）× 单价
2	预制构件安装费	放线、钢筋定位、安装、校正等	构件体积 × 单价
3	构件坐浆	基层清理、调运砂浆、找平、压实	长度 × 单价
4	连接件埋设、焊接	接头除污、浆料搅拌、注浆、养护、工具清理	体积 × 单价

装配式混凝土建筑承包人可能增加的额外措施费用有：

（1）在临时大门、道路修建前与装配式配件供应商共同确定大门宽度、道路宽度、道路转弯半径、构件堆场位置等。

（2）根据预制构件的重量确定塔吊型号，确定塔吊布置位置时，选择合适的附墙位置。

（3）构件运输车辆进出道路及临边、临坑处的加固费用；若施工通道及堆场位于车库顶板，车库顶板加固所采取的措施费尤其是施工过程的型钢顶撑、排架支撑等措施。临时道路需考虑重型土方车辆、预制构件运输车辆进出所需要承担的荷载，并在有必要时铺设钢板。

（4）构件堆场的地面硬化及构件固定支架的加工制作或租赁费用。

（5）预制构件运输至施工现场的卸车费用以及构件吊装及安装过程中的加固费用。

（6）预制构件安装用的斜撑、各类固定件、拉结件的预埋及使用完毕后的割除费用等，如图 5-2 所示。

图 5-2　预制构件安装所用的各类支撑

（7）预制构件安装完成后的成品保护费用，包括楼梯段的 100% 防护等。

（8）预制叠合板板缝的处理，预制板现浇段的板底打磨以满足板底直接满刮腻子的需要。

装配式混凝土建筑措施项目费涉及的主要计价内容如表 5-2 所示。

装配式混凝土建筑措施项目费涉及的主要计价内容　　表 5-2

序号	计价项目	费用内容	计量规则
1	塔吊、汽车吊	进出场费、租赁费	租赁单价 × 租赁时间

续表

序号	计价项目	费用内容	计量规则
2	斜支撑预埋件	制作、运输、埋设、固定、拆除等	数量 × 单重 × 价格
3	支撑体系租赁费	租赁费	数量 × 租赁时间 × 租赁单价
4	构件固定支架	加工制作或租赁费用	数量 × 单重 × 价格或 租赁单价 × 租赁时间

四、不同装配率下人、材、机在工程造价中的变化

根据住房和城乡建设部印发的《装配式建筑工程消耗量定额》（建标［2016］291 号），装配率（PC 率，Precast Concrete）是指建筑单体范围内，预制构件混凝土方量占所使用的所有混凝土方量的比率，通常按 ±0.000 以上部分核算，国家暂无统一的明确规定。装配率指标反映建筑的工业化程度，装配率越高，工业化程度越高。需要区分的是装配化率指标，装配化率是指达到装配率要求的建筑单体的面积占项目总建筑面积的比率。

根据建标［2016］291 号文中的装配式建筑投资估算参考指标，可以分别得出不同装配率下混凝土小高层住宅和混凝土高层住宅中的人工、钢材、商品混凝土和预制构件的消耗量；还可以分别得出不同装配率下混凝土小高层住宅和混凝土高层住宅中的人工、钢材、商品混凝土和预制构件占工程造价的比例，见表 5-3 和表 5-4。

不同装配率下混凝土小高层住宅消耗量表　　表 5-3

PC 比例	人工（工日）	钢材（kg）	商品混凝土（m^3）	预制构件（m^3）
20%	2.7	36.9	0.27	0.068
40%	2.4	28.04	0.2	0.136
50%	2.25	23.32	0.17	0.17
60%	2.21	18.41	0.14	0.204

不同装配率下混凝土高层住宅消耗量表　　表 5-4

PC 比例	人工（工日）	钢材（kg）	商品混凝土（m^3）	预制构件（m^3）
20%	2.88	48.96	0.31	0.078
40%	2.56	39.05	0.23	0.156
50%	2.4	33.77	0.2	0.195
60%	2.24	28.27	0.16	0.234

通过上述表5-3和表5-4可以发现，装配式建筑预制构件安装消耗量定额中的人工含量明显下降，直接套用现浇体系下的人工工日单价计算得出的人工费与真实的市场人工费差异过大，从实际成本角度而言，装配式建筑的人工单价信息价格应该比现浇体系下的人工信息价高一些。不同装配率下混凝土小高层住宅和高层住宅各要素造价占比见表5-5和表5-6。

不同装配率下混凝土小高层住宅各要素造价占比　　表5-5

PC比例	人工费	材料费	机械费	组织措施费	企业管理费	规费	利润	税金
20%	19.15%	65.85%	3.05%	2.35%	2.52%	2.10%	1.53%	3.45%
40%	15.88%	70.91%	2.66%	1.96%	2.10%	1.75%	1.28%	3.45%
50%	14.41%	73.21%	2.48%	1.79%	1.92%	1.60%	1.15%	3.45%
60%	13.02%	75.34%	2.31%	1.62%	1.74%	1.45%	1.06%	3.45%

不同装配率下混凝土高层住宅各要素造价占比　　表5-6

PC比例	人工费	材料费	机械费	组织措施费	企业管理费	规费	利润	税金
20%	18.23%	66.59%	3.08%	2.38%	2.55%	2.12%	1.59%	3.45%
40%	15.08%	71.53%	2.68%	1.98%	2.12%	1.77%	1.38%	3.45%
50%	13.68%	73.79%	2.50%	1.81%	1.93%	1.61%	1.23%	3.45%
60%	12.36%	75.93%	2.33%	1.64%	1.76%	1.46%	1.07%	3.45%

通过上述表5-5和表5-6可以发现，不同装配率下人工、材料、机械费的占比是变化的，一般而言，装配率越高，人工费占比越低、材料费占比越高，计算管理费和利润时如果以人工费作为取费基数，装配式混凝土建筑会带来承包人相应取费额的下降；装配式混凝土建筑预制构件中转移了现浇混凝土体系下的部分人工费，省级（行业）造价管理部门发布调整人工单价时相应的预制构件则不必然调整单价，会增大承包人的价格风险。

第二节　装配式混凝土建筑对计价依据的影响机理与造价管理面临的问题

一、装配式混凝土建筑对计价依据的影响机理

装配式混凝土建筑由现场生产柱、墙、梁、楼板、楼梯、屋盖、阳台等转变

成交易购买（或者自行工厂制作）成品混凝土构件，原有的套取相应的定额子目来计算柱、墙、梁、楼板、楼梯、屋盖、阳台等造价的做法不再适用，集成为单一构件部品的商品价格。现场建造变为构件工厂制作，原有的工料机消耗量对造价的影响程度降低，市场询价与竞价显得尤为重要。现场手工作业变为机械装配施工，随着建筑装配率的提高，装配式建筑愈发体现安装工程计价的特点，生产计价方式向安装计价方式转变。工程造价管理由“消耗量定额与价格信息并重”向“价格信息为主、消耗量定额为辅”转变，造价管理的信息化水平需提高、市场化程度需增强[61]。

随着建筑部品的集成化，整体卫生间、整体厨房是以整套价格交易，价格中包含了设计、制作、运输、组装等费用，不再以其具体包括的施工内容分列清单、依次计量、分项计价再汇总得到其价格，仅需区分不同规格或等级实现所需的完备功能，对于部品而言造价管理的重心应由关注现场生产转向比较其功能质量。随着建筑构件部品社会化、专业化生产、运输与安装，造价管理模式由现场生产计价方式向市场竞争计价方式转变，更加需要关注合同交易与市场价格。

二、装配式混凝土建筑造价管理面临的问题

1. 构件价格信息的缺失与失真

消耗量定额中各类预制构配件均按外购成品现场安装进行编制，构件信息价格对最高限价、投标报价以及竣工结算价等影响巨大，构件价格的合理确定与科学适用是装配式建筑造价管理的基础。由于目前我国装配式建筑标准化设计程度很低，构件部品的非标准化、多元化必然引起构件信息价格不完备性和差异性。缺乏反映装配式建筑工程构件价格的市场动态信息，报价也没有统一的市场标准，导致构件价格信息的缺失与失真。

目前预制装配式建筑通常仅是将现浇转移到工厂，构件厂没有固定产品，按照项目要求被动生产，构件的标准化程度不够，构件部品是个性化的，有些项目甚至使用专利产品，比如国内防水胶条的使用周期和墙体的使用周期严重不匹配，进口产品的价格差异很大。虽然一定程度上可以通过定额计价的方式确定成品构件价格，但预制构件价格中不仅包含人工费、钢筋与混凝土等原材料费和模

板等摊销费，还增加了工厂土地费用、厂房与设备摊销费、专利费用、财务费用以及税金等，使得构件价格的确定存在很大的不确定性。

2. 管理费、利润和规费等计取基数与费率的适用问题

目前国内多数省份的管理费、利润、规费的计取基数不是（或者不仅是）人工费、材料费、机械费之和，比如规费的计取基数仅是人工费。构件部品作为一种产品，已经凝结了人工费、材料费、机械费以及措施费等费用，装配式建筑的构件部品价格视为材料费，使得装配式建筑的材料费明显上升、人工费与措施费下降。由于造价中的人工费很大一部分已进入产品中，不同装配率下材料费、人工费的占比不同，使得装配式建筑的管理费、利润和规费的计取基数和费率不宜采用目前现浇方式下的计取基数和费率，需要调整。

3. 措施项目费计价依据的适用与缺失问题

现行计价依据中措施项目的计算均是按照全部现场浇筑编制的，比如垂直运输、超高增加费以及安全文明施工费等，而装配式建筑由于大量使用预制构件部品，现场施工的措施项目内容及时间均在变化，比如装配式混凝土建筑施工过程中现场模板、脚手架安装和拆卸工作量大大减少，仍全部按建筑面积计算值得商榷。同时，装配式建筑施工技术属于新技术，计量规范中构件部品现场的堆放、工作面的支撑等措施项目费缺失，计价缺少依据，综合单价组价存在盲目性。另外，目前对装配式建筑的关注往往是在实体项目上，对施工措施项目无论是直接性措施结构还是间接性措施结构采用预制装配技术时考虑较少，比如生产生活临时房屋、基坑工程中水平及竖向结构支撑、薄壁快装式承台基础、预制装配道路板、预制装配式模板箍、钢筋混凝土装配塔吊基础和预制装配式支撑架等，造成计价依据不足，易引起发承包双发的争执与纠纷。

4. 综合单价中材料费的风险范围需要调整

由于在构件部品中已经凝结了大量的人工费，在省（行业）定额站公布人工单价进行调整时，由构件部品供应厂家根据市场的人工成本进行构件部品价格的调整，原来由发包人承担的人工费的变化风险往往转嫁给承包人承担，招标文件中规定的承包人承担的构件部品的风险范围不宜为 5%，建议小于 5%。

第三节　装配式混凝土建筑造价管理实务

一、装配式混凝土建筑发承包阶段造价管理

1. 招标工程量清单的编制

以传统的施工图设计为基础进行发包时，招标工程量清单的编制质量对发承包双方影响很大，其编制要点有：

（1）分部分项工程量清单列项要全面细致，避免缺项和漏项。列项时要结合设计文件、技术标准规范、招标文件的个性化要求以及具体项目特征描述的内容加以区分，根据装配式混凝土建筑采用的新工艺、新方法、新材料不断补充其项目内容，利用好补充项目工程量清单。

（2）措施项目清单列项要合理。措施项目应能体现常规施工方案所涉及的项目，避免利用措施项目清单投标时的可更改性而故意漏项，比如垂直运输机械的规格型号，施工便道、构件堆场、施工现场的布置，构件堆放使用的专业吊具、堆架，墙体支撑体系的材质与搭设方式、吊装辅材等。由于不同的施工方案和施工组织设计所需的工程成本存在较大差别，编制措施项目清单时应对采用的施工方案和施工组织设计进行合理化论证。

（3）项目特征是定额列项的重要依据，描述要全面、准确。描述的特征应能够表述清单项目的实质内容，满足综合单价组价的要求。由于装配式建筑中的规则构件和非规则构件并存，会引起构件起吊、吊装与就位的姿态不同，对安全性的控制也有所区别，凡计量规范中的项目特征中未描述到的其他独有特征，由清单编制人视项目具体情况确定，以准确描述清单项目为准。比如装配式预制构件运输不应仅仅描述运距，因为构件运输过程中的缺损、预留钢筋碰撞变形与构件开裂都对构件运输提出了较高的保护要求，造成不同的构件类型运输单位成本会有较大差别。

（4）其他项目清单要考虑充分、表述清晰。装配式建筑钢筋混凝土构件涉及结构安全的材料、构件部品、施工工艺和结构的重要部位应检测所产生的费用，应当由发包人支出且发包人将其列入招标范围和合同内容的，在编制招标工程量

清单时应当列入暂列金额中。总承包服务的内容要清晰、计价要符合市场实际。

2. 最高投标限价的编制

最高投标限价对发承包阶段合理确定造价和实施过程中有效控制造价，降低投资风险具有重要作用。其编制要点有：

（1）受增值税的影响，构件部品是承包人自行采购还是业主供应会影响适用的计价规则，应根据财税部门对建设项目具体适用计税方法的规定，结合建设项目的类别及招标文件要求，准确选择适用一般计税方法或简易计税方法的计价方法。

（2）预制构件部品价格不含增值税，明确构件部品价格是否包含运输费用。信息价中缺项的，通过市场询价方式确定，若为含税市场价格，选择适用的增值税税率，根据“价税分离”计价规则对其市场价格进行除税处理。构件信息价格明显偏高、信息价格缺少合法来源时，可采用暂估价的方式。

（3）对综合单价进行科学组价，着重以下几点：1）定额子目套用要全、准确；2）消耗量（定额计量规则与清单计量规则的区别、计量规则与实际消耗量的差别）；3）人、材、机价格来源，构件基准单价的来源，按照招标文件中风险幅度的上限考虑；4）管理费与利润的计取。

3. 投标报价的编制

投标报价是企业竞争实力在价格上体现，清单中的子项价格是后期价格调整的依据，与招标控制价的编制不同之处主要体现在：

（1）构件部品价格完全由投标人根据市场价格，结合采购渠道和自身管理能力自主报价。

（2）对招标文件中综合单价风险范围的考虑取决于对风险的预判和自身对风险的管控能力。

（3）人工工日单价既可参考造价信息又可采用市场价计算。

（4）不同的施工方案将导致措施项目的差异，应结合项目的具体特点和拟采用的施工方案报价，尤其应注意投标报价与技术方案的一致性。

（5）管理费和利润费率可参照定额费率、结合市场竞争程度进行调整。

（6）可以结合招标文件中的评标标准和方法恰当运用不平衡报价等投标报价技巧，但是要注意清标、评标环节可能面临的风险。

装配式混凝土建筑在发承包结算的造价管理有其独特之处，发承包双方应积极适应该生产方式带来的造价管理的变革，相关案例见案例 5-1 和案例 5-2。

案例 5-1：装配式混凝土建筑材料价格调整约定不明引起计价争议

某保障房项目总建筑面积约 11 万 m^2，其中地上建筑面积 9 万 m^2，地下建筑面积 2 万 m^2，为装配式整体剪力墙结构体系，单体预制率不小于 40%。本项目的预制构件种类共有 6 种，分别为预制填充墙板、预制剪力墙板、预制阳台板、叠合楼板、空调板及预制楼梯。合同条款中有关市场价格波动调整合同价格有如下约定：可调价格材料为结构用钢材、商品混凝土及人防门，基准单价为 2018 年 4 月份《×× 建设工程造价信息》中的价格。合同履行期间，材料价格上涨幅度超过 5% 时，可调整结算价格，价格波动幅度在 5% 以内的不调整；价格下跌时，根据下跌价格调整结算价格。同时约定，下述部位材料均不在可调单价材料的品种范围内，由承包人在报价时综合考虑：1）型钢支架、预埋铁件、钢套管、幕墙及天棚吊顶等用钢；2）主体结构用钢之外的钢材，如砌体构造柱、过梁、窗台压顶配筋，如楼地面、屋面垫层配筋，以及钢筋网片、预埋件等；3）预制装配式构件中除结构用钢（含叠合板的架立筋）之外的钢筋，如垫筋、马凳筋、固定筋、吊装用钢筋等；4）主体结构用商品混凝土之外的混凝土，如地下室底板垫层、砌体构造柱、过梁、窗台压顶所用混凝土，如楼地面、屋面所用混凝土找平层、保护层等。项目实施过程中，本项目中使用的六种预制构件的价格涨幅均超过 5%。

承包人认为预制剪力墙板、叠合楼板及预制楼梯均属于主体结构的组成部分，其中所含的钢筋和商品混凝土也应根据合同约定的调整方法予以调整；发包人认为预制构件属于单独的建筑产品，不能再将其中的钢筋含量和混凝土含量从现成的预制构件中拆分出来按照现浇混凝土来计算，既然合同没有约定价格可以调整，就不能予以调价，而是应该采用投标时的价格进行结算。双方就预制构件能否调整价格产生争议。

问题：该项目对于预制构件能否调整价格?

分析：从预制装配式构件中除结构用钢（含叠合板的架立筋）之外的钢筋，

如垫筋、马凳筋、固定筋、吊装用钢筋等不在价格调整范围内的约定来看，预制装配式构件中的结构用钢是属于可以调整价格的范围的，理应对装配式预制构件中的结构用钢按照合同约定的方法进行价格调整。但是，能否做出装配式预制构件中的混凝土也属于价格调整范围的推断？属于双方合同约定不明。

笔者认为，既然预制构件是独立的建筑产品（类似于商品混凝土）、建筑材料，就不应该再按照现浇混凝土的综合单价组价思路进行主材的拆分统计后调整价格，这不利于体现预制构件的整体商品属性，同时材料价格的调整除了信息价格的变化外，材料的消耗量也是重要的影响因素，目前的计价依据中发布的是现浇结构体系下的钢筋损耗和混凝土消耗量，不能简单适用预制构件生产时的消耗量，如果将主材从预制构件中拆分出来利用现浇体系下的消耗量调整结算价格是不妥当的。建议将工程中所有的预制构件（或者占比较大的预制构件）作为具体的价格调整因素，单独列出，但是同时需要加以注意的是信息价格中是否包含工程中所用预制构件的信息价格，以上海市2019年2月份的预制构件价格信息为例，其中公布了常见的每立方米的钢筋、埋件重量和套筒数量下的装配式预制钢筋混凝土外墙板、叠合外墙板、夹心保温外墙板、内墙板、装配式预制钢筋混凝土柱等的含税价格和不含税价格；常见的每立方米的钢筋和埋件重量下的装配式预制钢筋混凝土叠合楼板、装配式预制钢筋混凝土阳台板、装配式预制钢筋混凝土空调板、装配式预制钢筋混凝土楼梯段、装配式预制钢筋混凝土主（次）梁的含税价格和不含税价格。含税价格与不含税价格差异为15.81%。由于目前装配式建筑设计的非标准化，预制构件差异较大，其所含的钢筋、埋件重量和套筒数量不同项目往往会有所差异，导致当地发布的信息价格的适用性较差。如果信息价格缺失或者不适用，需要双方在合同中约定采用的基准价格，同时做好采购前的价格签批事项，避免结算争议。

案例5-2：预制装配式混凝土构件检验试验费计价争议

某预制装配式混凝土建筑，发承包双方合同约定中没有明确约定构件进场时需要进行的混凝土试件、钢筋试件检测费用，建设单位委托第三方进行的灌浆套筒等的检测费用承担的责任主体。项目所在地的工程计价依据中显示，管理费的计算是以人工费作为取费基数。项目结算时，承包人提供了发包人认可的检验试验记录和相应的费用票据，主张增加上述检验试验费。发包人认为，检验试验费属于企业管理费，已经包含在承包人的投标报价中。承包人认为对于预制装配式构件中需要进行材料检测的混凝土试件、钢筋试件、灌浆套筒等的检测费用不应视为常规检验试验费，不能视为已经包含在了企业管理费中，应该属于新技术新材料的检验试验费由建设单位另行支付；发包人委托的检测机构进行灌浆套筒等的检测费用应该由发包人承担，不能从承包人的价款中扣除。

问题：该装配式混凝土构件检验试验费是否单独计取？

分析：根据住房城乡建设部、财政部关于印发《建筑安装工程费用项目组成》的通知（建标[2013]44号）的规定，检验试验费是指施工企业按照有关标准规定，对建筑以及材料、构件和建筑安装物进行一般鉴定、检查所发生的费用，包括自设试验室进行试验所耗用的材料等费用。不包括新结构、新材料的试验费，对构件做破坏性试验及其他特殊要求检验试验的费用和建设单位委托检测机构进行检测的费用，对此类检测发生的费用，由建设单位在工程建设其他费用中列支。但对施工企业提供的具有合格证明的材料进行检测不合格的，该检测费用由施工企业支付。

笔者建议，发承包双方应在合同中明确约定预制装配式构件中需要进行材料检测的混凝土试件、钢筋试件、灌浆套筒等的检测费用包含在材料单价中。发包人委托的检测费用应该由发包人自行承担。由于装配式混凝土建筑中人工费的占比明显下降，作为承包人应该重视人工费下降对于管理费计算的影响，尤其是装配率比较高的建设项目，在投标报价时应予以充分考虑目前的计价依据对实际造价的不利影响。

二、装配式混凝土建筑实施及结算阶段造价管理

项目实施过程中引起价款调整的因素很多，竣工结算价格往往不是发承包阶段形成的合同价格。做好结算阶段的造价管理应从发承包阶段开始，贯穿项目实施过程至项目竣工。装配式建筑实施及结算阶段造价管理的要点有：

1. 规范签证管理，科学运用工程变更估价原则

装配式建筑的综合性与复杂性决定了在发承包阶段对项目的认识是不充分

的，在施工过程中可能对工程的技术要求等进行修改，形成工程变更。工程变更是引起工程价款变化的重要因素，工程变更综合单价的确定对工程价款的影响重大[62]。对装配式建筑而言，改变有关工程的施工工艺、顺序、时间，施工条件的改变引起的变更应高度重视。工程变更估价原则是建立在每项投标报价均合理的情况下，对其运用需要深刻理解其内涵，比如已有适用原则的使用应该结合构件部品安装高度、安装方法、安装使用的机械等引起造价变化的因素，避开变更估价原则的缺陷。办理签证时应合规、及时、规范，做到结算时没有争执，相关案例见案例 5-3。

案例 5-3：采用模拟工程量清单招标的装配式混凝土建筑造价争议

南方某高校新校区建设项目为获评绿色建筑，采用装配式混凝土建筑，目标装配化率为 40%，主体结构结构用钢筋由发包人供应，项目只能采用简易计税方法进行计价，项目施工发包时尚未确定具体的预制构件及其数量，采用模拟工程量清单的形式列出了可能采用的装配式预制混凝土构件分部分项工程，并给出了暂定工程量。由于装配化率达不到目标要求，发包人决定增加采用装配式预制钢筋混凝土外墙板。项目实施过程中，承包人在采购夹心保温剪力墙板前按照约定程序获得了发包人对构件的价格确认，3800 元 / m^3（含运输费用），项目结算时发包人要求在对原现浇混凝土部分予以扣除的基础上，按照设计图纸计算预制构件数量，乘以双方确认的构件单价 3600 元 / m^3 计算得出相应的分部分项工程费，而承包人认为增值税是价外税，双方对预制构件的签证价格中没有明确 3600 元 / m^3 是否含税，应视为是不含税价格，按照简易计税方法下的工程造价计算方法，计算工程造价时的预制构件单价应为 3600×（1 + 16%）= 4176 元 / m^3。双方产生计价争议。发包人进一步主张，当时的信息价格为含税单价 3859.43 元 / m^3，不含税单价为 3332.55 元 / m^3，由于信息价格一般比市场价格偏高，故可以得出签证价格为含税单价的结论，如果按照承包人主张的单价结算，将来会面临政府审计的风险；同时，发包人认为原已标价的工程量清单中现浇混凝土体系下相应的分部分项工程也是含税价格，既然工程签证中没有明确约定是否含税，按照既有合同条款的适用规则，理应视为含税价格；承包人进一步主张，双方签认的预制构件价格中包含了运输费用、装卸费用和保管费用等内容，不能简单地跟信息价格对比得出已经为含税价格的结论，双方对价格的确认可视为工程签证，但是此时签证内容不够明确，可以参照合同约定不明的处理办法进行结算，即采取信息价格进行结算。由于是将原来的现浇混凝土改为预制构件，属于工程变更，在使用信息价格进行计算的同时，还应考虑承包人的报价浮动率。

问题：该签批的预制构件价格是否为含税价格?

笔者认为，工程签证虽然是合同协议书的补充，但是由于该签证约定不明确，应参照原合同中相应的适用条款，既然变更部分在原合同的已标价工程量清单中是含税价格，该签证价格视为已含税价格。笔者建议，发承包双方在进行材料、构件价格签认时一定要明确价格中包含的内容，对是否为含税价予以明确。

2. 理清措施项目变更责任，合理确定措施费变更

承包人更改投标文件中的施工方案和施工组织设计是一种常态，从国际惯例来看也是承包人的权利，但是施工方案和施工组织设计的变更必然引起措施费用的变化，承包人以高质量高价格的方案中标后采用满足国家标准规范的低质量低价格的方案施工获得额外利润，或者以低质量低价格的方案中标后变更为高质量高价格的方案要求发包人增加价款是目前常见的现象。非发包人原因引起的措施项目变更一律不给予价款的调增，引起质量功能等变化的，发包人可要求调减。目前监理的签证往往仅仅限于是否满足质量和安全，对造价不够重视或者执业能力不足，造成措施费的变更不规范引起结算纠纷，相关案例见案例 5-4。

案例 5-4：监理人要求承包人改变预制构件堆放场地引起的造价争议

承包人在投标文件的技术标中根据不同的施工阶段分别绘制了基础工程施工平面布置图、主体结构施工平面布置图和装饰装修施工平面布置图，在主体结构施工平面布置图中表明预制构件堆放地下车库的顶面。由于现场施工场地狭窄，承包人在项目实施过程中报送的施工方案中也是采取了堆放在地下车库顶面的方案，监理人以超负荷堆载为由未予以审批，要求承包人把预制构件的堆放场地转移到距离现场 800m（横跨一条马路）面积为 2000m^2 的空旷场地（由发包人协助办理相关手续），承包人按照监理人的指示完成了构件堆放场地的迁移工作。结算时承包人主张增加如下两项价款：1）2000m^2 场地的 2 年的租赁费（15 万/年）30 万元，场地平整硬化等费用 30 万元，双方认可的有关资料显示上述情况属实；2）堆放场地迁移后由于二次搬运距离的增加必然会导致相关工效的降低和费用的增加，二次搬运费应该予以适当增加，建议按照相应费率的 50% 进行计算。

问题：对于上述两款项应如何计算?

分析：对于款项 1），发包人认为确保工程质量和施工安全是承包人义不容辞的责任和义务，预制构件堆放场地迁移费用本质上属于措施费用，不应该予以调整；承包人认为，投标文件中的施工组织设计所载明的施工现场平面布置图在发承包阶段已经获得建设单位的认可，项目实施阶段发包人更改已经认可的施工方案视为工程变更，应该由发包人承担增加的价款。同时，预制构件在现场的堆放也不必然会导致地下车库的超荷载问题，如果通过调整合理的供料计划，减少预制构件在现场的堆放时间和数量，也可以在一定程度上减少安全风险，至少可以在现场部分堆放预制构件，不需要全部迁移堆放地点，监理人在没有经过认真力学计算的前提下，主观臆断不满足堆放荷载要求，要求迁移堆放地点，监理人的指示应视为工程变更，应该由发包人承担增加的价款。笔者认为，承包人在收到监理人关于地下车库顶部堆放预制构件存在安全风险时并未提出具体可靠的计算方案来证明自己编制施工方案的可行性，也并未在收到监理人要求迁移堆放场地的要求后立即回复该变化带来的价款调整，应承担一定的管理责任。按照行业惯例，提供施工现场条件是发包人的责任，如果在地下车库顶部堆放预制构件确实不能满足施工安全要求，另寻堆放地点如果在合同中没有明确约定由承包人承担的情况下，应该由发包人承担提供施工现场的责任。但是结算时承包人也未能提供经过严谨力学计算的、满足施工进度要求等切实可行的可在现场堆放预制构件的施工方案，无法准确界定迁移构件堆放场地一定是必然发生的行为。综上所述，确保施工安全是承包人的义务，该项费用的增加主要应由承包人承担，但是由于监理人采用简单的直接指示的方式要求迁移构件堆放场地也存在管理上的失误，并且场地的租赁费用和场地硬化费用均获得建设的认可，也应承担一定的责任。

对于事项2)，发包人认为二次搬运费是由于施工场地条件限制而发生的材料、构配件、半成品等一次运输不能到达堆放地点，必须进行二次或多次搬运等工作内容。其计价是按照一定的取费费率来计算的，相关部门在制定取费费率时已经综合考虑了运距等费用，不应增加；承包人认为相关部门公布的费率标准是在同一个施工现场范围内进行的，现在的堆放场地不在同意施工现场范围内，并且堆放场地是由建设单位协调租赁的，建设单位应该适当补偿给部分费用。笔者的观点是二次搬运的运距在相应的计价依据中并没有明确，应该由承包人在投标时结合施工现场情况予以综合考虑，不能予以调增价款。

尤其需要注意的是，监理人审批承包人提交的各种文件时，应阐述是否同意的原因，而不是直接提出承包人应如何去做的指示，否则在承包人所提交方案可行的情况下，监理人的指示会变成工程变更，势必造成工程价款的增加。同时，对于发包人应该承担的现场施工条件，还比如土方需要外运时土方的堆放场地是由发包人承担还是承包人自行考虑等，应在合同签订时予以明确，避免结算时引起造价争议。

3. 规范合同管理，确保暂估价的合理性

合同是价款调整的依据，装配式建筑发展初期面临一些新的问题，原有的合同范本的适用性和针对性均需要强化，发承包双方应拟定针对性的合同条款，提高合同的完备性，规范合同管理。由于装配式建筑属于新技术，现阶段的新材料会层出不穷，在发承包阶段以暂估价形式出现的构件部品如何科学合理确定是个重要的问题。虽然清单计价规范给出了推荐性做法，但是实践过程中仍然存在可操作性不强的问题，发承人共同作为招标人时不利于责任的单一化，由总承包人作为招标人在定标后与发包人产生意见不一致时易引起双方纠纷，因为法律并没有赋予发包人对总承包人决定暂估材料中标结果的否定权，如何确保材料暂估价的合理性，实践中仍需创新。

4. 重视进度、质量等要素引起的造价调整

装配式建筑会使用专业吊装队伍和重型吊装设备，由于吊装作业对天气因素要求，高层装配式建筑往往不能按工程进度计划进行，或者产品供应不及时、组织不当等引起的停工，工期延长会造成专业队伍和设备闲置浪费而增加造价，工程结算价款是否调整需要综合分析发承包双方的责任，有时会因为责任的交叉而使得价款的调整带来很多的不确定性。

装配式建筑的质量缺陷往往是在施工环节表现出来，构件部品的设计、生产、运输和施工4个环节均有可能导致质量缺陷，比如裂缝的缺陷。由于构件部品的市场化，在甲供材的情况下一旦出现质量问题，是否引起价格的变更首先需要界定引起质量缺陷的原因，在原因不单一的情况下会变得价格调整异常复杂，所以，对于非经营性的建设单位不建议采用甲供构件部品的方式来适用简易计税方式，相关案例见案例5-5。

案例5-5：装配式构件灌浆料实际用量小于设计用量引起的计价争议

某装配式混凝土建筑采用装配式整体剪力墙结构体系，预制率不小于50%，预制构件钢筋可以采用钢筋套筒灌浆连接、钢筋浆锚搭接连接，发包人为确保构件连接质量，要求对灌浆料采用甲控乙供的方式供应，不纳入相应预制构件的分部分项工程的综合单价中，对灌浆料单独计价。采用项目实施过程中，监理人对装配式构件灌浆料用量进行统计时发现，实际用量少于设计用量约15%，结算时发包人要求对构件灌浆料的价款进行扣减产生计价争议。

问题：构件灌浆料是按照实际用量还是设计用量计算？

承包人认为既然最终的质量已经达到合同协议书约定的质量标准，并且该质量标准的评定以国家或行业的质量检验评定标准为依据的，质量合格已经没有争议，承包人的义务是提供质量合格的建筑产品，至于建造过程中所使用材料的具体数量建设单位不应予以干涉，注浆并不是单独的分部分项工程项目，其数量不能按照实际用浆量扣减。发包人认为按图纸施工是承包人的义务，既然设计文件可以明确注浆量，承包人就应该足量完成，虽然验收时质量检测是合格的，但是并不意味着就达到了设计文件的要求，应该按照实际使用量结算。

笔者认为，如果构件注浆的价格包含在综合单价中，则不存在双方单独计量注浆量的问题。此处可以推断为发承包时双方对于注浆材料使用量等进行了单独的约定，对于所使用的注浆材料并未包含在相应的预制构件的综合单价中，视为对注浆项目的独立计价，发包人有理由按照设计文件要求承包人按图纸施工，由于承包人注浆量低于设计文件的注浆量，本身就给建设单位带来了潜在的质量风

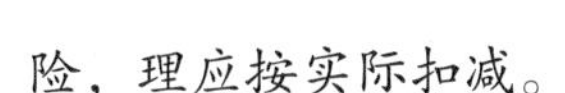
险，理应按实际扣减。

本 章 小 结

装配式混凝土建筑是我国建筑产业转型升级、可持续发展的重要载体，其发展需要系统推动。鉴于构件部品仅占总体工程量的一定比例，装配式混凝土建筑的造价管理应注重与既有工程量清单计价模式的衔接与融合。本章深入剖析了装配式混凝土建筑对计价依据的影响机理，指出其将由现场生产计价方式转向市场竞争计价方式，造价管理将向“价格信息为主、消耗量定额为辅”转变；在系统分析清单计价模式下目前装配式混凝土建筑造价管理面临的主要问题的基础上，对装配式混凝土建筑从发承包阶段、项目实施及结算阶段的造价管理要点进行了阐述，最后结合五个常见的典型案例进行了深入分析，对促进装配式混凝土建筑市场规范化发展具有重要的理论与实践意义。

第六章

工程造价争议化解与风险防范实务

随着建设市场化的发展和市场主体契约意识的增强，在建设合同履行、工程结算等方面反映出来的问题逐渐显现，建设工程合同和工程造价纠纷显著增长，建设工程的纠纷最终大多都将以工程造价来表现，这给建设单位投资管控带来了较大的风险。基于工程造价争议化解与风险防范的视角进行投资管控，对解决工程造价纠纷、化解各方主体矛盾具有重要意义。

第一节 新时期工程造价争议成因

由于建设工程具有实施周期长、不确定因素多等特点，在施工合同履行过程中出现争议在所难免，及时并有效地解决施工过程中的合同价款争议，是工程建设顺利进行的必要保证。虽然对投资影响最大的阶段是决策和设计阶段，但造价争议多出现在实施及结算阶段。探究其形成的原因，主要有以下几点。

一、行业标准不能满足工程造价精细化管理的需要

通过对《建设工程施工合同（示范文本）》（GF—2017—0201）、《建设工程工程量清单计价规范》（GB 50500—2013）、《建设工程造价鉴定规范》（GB/T 51262—2017）三项国内现行的规范（文本）中有关工程变更估价原则的对比分析，可以发现：

（1）不同规范（文本）对于同一事项的约定不完全相同，行业标准的多元化给建设单位的选择带来了较高的专业要求，而建设单位往往对相关规范（文本）的理解程度不够，合同范本不能满足造价精细化管理的需求。

（2）现有合同文本广泛借鉴了FIDIC合同条件，但是忽视了国内造价管理市场环境、计价体系等与国外差异较大的行业现状，直接采用现行的合同文本，根本不能满足建设投资精细化管理需求，需要在招标文件编制环节细化完善投资控制条款。

案例6-1：桩长计算长度引起计价争议

某房地产开发项目，共有8栋住宅楼，设计地基处理方法为素土挤密桩和素

混凝土刚性桩，混凝土桩 2497 根，素土桩 46855 根，如图 6-1 所示。

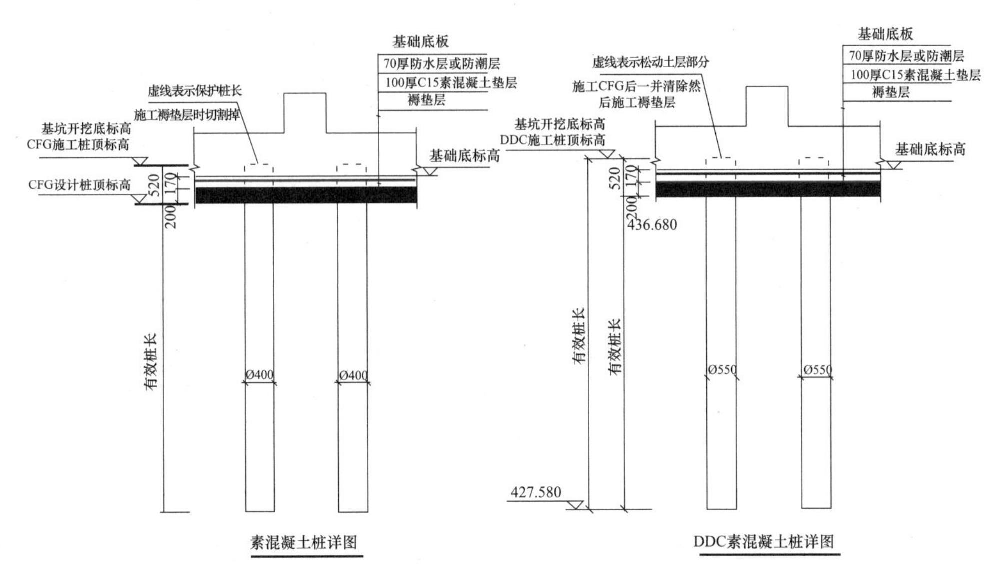

图 6-1 桩详图

混凝土灌注桩、灰土挤密桩等的清单计算规则：按设计图示尺寸以桩长（包括桩尖）计算=有效桩长+桩尖=设计图示桩顶标高至施工桩底标高。

招标人的做法 1：招标时工程量清单中仅考虑了有效桩长长度（9.1m），仅计算设计图纸明确部分的量（没有增加桩尖长度），结算时应结合清单特征描述中采用的成孔方法和施工记录表中载明的实际施工桩底标高计算桩尖长度。

该做法对发包人的不利之处在于：

（1）由于承包人的综合单价中包含了虚桩部分，增加虚桩工程量时会导致造价偏高（偏高的综合单价引起的）。

（2）此时桩尖长度只能按照实际情况计量，如果实际施工方案中采用的成孔方法跟项目特征描述中明确的成孔方法不一致（比如不同的机械成孔等），容易导致计价争议。

招标人的做法 2：招标工程量清单中工程量的计算考虑了常规施工方案桩尖的长度，工程量中包含了有效桩长（9.1m）+桩尖（0.4m 套管成孔）= 9.5m。招标控制价中相应的综合单价组价时套用当地的消耗量定额，例如陕西定额计算规则：素土挤密桩按照设计图示桩长加 0.25m 乘以设计断面积以立方米计算，则计算综合单价时应考虑 9.1 + 0.25 + 0.4 = 9.75m 的长度，即在单价基础上乘以

9.75/9.5 = 1.026 的系数。但是四川定额计算规则规定为：超灌高度按设计（无设计时按规范规定）的预留长度计算，设计或规范无要求时，干作业的旋挖钻孔灌注桩和采用水下灌注的人工挖孔桩按 0.5m 计算，泥浆护壁桩按 1.0m 计算。

投标人实际报价时应考虑的工程量：有效桩长＋虚桩（设计图纸明确或施工需要）＋桩尖 = 9.1 + 0.52 + 0.4（或者其他成孔方法的桩尖长度）= 10.02m，即在单价基础上乘以 10.02/9.5 = 1.055 的系数。

结算时承包人提供的经建设方签批的施工方案中表明：采用套管成孔方法，结算工程量为：单根桩长 10.02m（并未说明该数值是如何计算出来的），合价是该长度乘以所报的综合单价。此时审批的施工方案具有了工程签证的性质。

审价时发包人扣减长度不合理。如果没有该签证性质的施工方案，则综合单价不应予以调整。

根本原因分析：由于图纸标注的虚桩长度是 520mm，而定额中仅有 250mm，即发包人图纸标注量高于定额含量，承包人想增加（520 — 250）mm 高度的工程量。承包人以设计图纸尺寸的桩长是施工桩长游说相关各方。

招标工程量清单项目特征如下描述可以有效规避计价争议：

（1）土壤级别：综合。

（2）单桩长度、根数：长度综合（已包含桩尖）、详情设计图。

（3）桩截面：桩径 1000mm。

（4）成孔方法：机械成孔。

（5）混凝土强度等级：C40 商品混凝土。

（6）混凝土拌合料要求：达到设计要求，满足现行施工验收规范。

（7）钢护筒由投标人自行考虑。

（8）其他：桩超灌高度、泥浆运输等投标人自行考虑；需浇筑的水下混凝土投标人综合考虑，结算不作调整。

二、合同条款不完备、风险分担不合理

合同条款不全面、理解有歧义，合同中有关风险分担的约定不合理。合同中约定除钢材外，砂石、混凝土等材料均不在可调整的范围内。项目实施过程中，由于环保督查等原因导致地材价格大幅度上涨，已经远远超过施工单位的正常利

润率，建设单位严格执行合同，一律不予调整。

三、最高投标限价被人为压低

发包人利用有利的市场地位，不公布招标控制价的组成明细，利用清单计价规范中“经复核原招标控制价误差在 ±3% 以内的，原招标控制价有效”的规定，故意压低招标控制价，比如在组成综合单价过程中使用的部分定额子目人工工日含量、材料消耗量以及企业管理费费率等低于定额标准，未正确使用工程造价信息编制材料价格，使得招标控制价低于正常水平。同时又通过合同约定由承包人承担的风险范围过大。

四、施工方案、进度计划审批及工程签证等不规范

项目实施过程中发包人代表或监理工程师等对施工方案、进度计划的审批、工程签证等未严格按照合同约定的程序和时限、未按照合同明确的权限等进行，结算时发承包双方往往围绕审批单或签证单的效力问题产生争议，给工程造价的确定带来了很大的不确定性。

按照《建设工程造价鉴定规范》（GB/T 51262—2017），有关工程签证的主要内容如下：

（1）工程签证的类型

1）发包人的口头指令，需要承包人将其提出，由发包人转换成书面签证。

2）发包人的书面通知如涉及工程实施，需要承包人就完成此通知需要的人工、材料、机械设备等内容向发包人提出，取得发包人的签证确认。

3）合同工程招标工程量清单中 ，在施工中发现与其不符，比如土方类别，出现流砂等，需承包人及时向发包人提出签证确认，以便调整合同价款。

4）由于发包人原因，未按合同约定提供场地、材料、设备或停水、停电等造成承包人的停工，需承包人及时向发包人提出签证确认，以便计算索赔费用。

5）合同中约定的材料等价格由于市场发生变化，需承包人向发包人提出采购数量及其单价，以取得发包人的签证确认。

6）其他由于合同条件变化需要签证确认的事项等。

（2）当事人因工程签证费用而发生争议，鉴定人应按以下规定进行鉴定：

1）签证明确了人工、材料、机械台班数量及其价格的，按签证的数量和价格计算。

2）签证只有用工数量没有人工单价的，其人工单价按照工作技术要求比照鉴定项目相应工程人工单价适当上浮计算；工程签证中没有人工单价的，参照行业惯例和以往经验数据，可比照鉴定项目相应工程人工单价上浮 20% 左右计算。

3）签证只有材料和机械台班用量没有价格的，其材料和台班价格按照鉴定项目相应工程材料和台班价格计算。

4）签证只有总价款而无明细表述的，按总价款计算。

5）签证中的零星工程数量与该工程实际完成的数量不一致时，应按实际完成的工程数量计算。

（3）当事人因工程签证存在瑕疵而发生争议的，鉴定人应按以下规定进行鉴定：

1）签证发包人只签字证明收到，但未表示同意，承包人有证据证明该签证已经完成，鉴定人可作出鉴定意见并单列，供委托人判断使用。

2）签证既无数量，又无价格，只有工作事项的，由当事人双方协商，协商不成的，鉴定人可根据工程合同约定的原则、方法对该事项进行专业分析，作出推断性意见，供委托人判断使用。

案例 6-2：监理签注意见不明确引起的计价争议

中国科学院测量与地球物理研究所（以下简称测地所）和湖北宏森建筑工程有限公司（以下简称宏森公司）签订《建设工程施工合同》，约定由宏森公司承包测地所“惯性组合导航实验平台配套条件建设项目”，合同条款对工期进行了如下约定（部分）。

合同履行期间，工期发生顺延的，应予顺延。因下列原因造成工期延误的，承包人有权要求工期相应顺延：1）发包人未能按专用条款的约定提供图纸及开工条件；2）发包人未能按约定日期支付工程预付款、进度款；3）发包人代表或施工现场发包人雇佣的其他人的人为因素；4）监理工程师未按合同约定及时提供所需指令、批准等；5）工程变更；6）工程量增加；7）一周内非承包人原因停水、停电、停气造成停工累计超过8小时；8）不可抗力；9）发包人的风险事件；10）非承包人失误、违约，以及监理工程师同意工期顺延的其他情况。顺延工期的天数由承包人提出，经监理工程师核实后报发包人确定；协商不能达成一致的，由监理工程师暂定，通知承包人并抄报发包人。

当上述所述情况首次发生后，承包人应在14天内向监理工程师发出要求延期的通知，并抄送发包人。承包人应在发出通知后的7天内向监理工程师提交要求延期的详细情况，以备监理工程师查核。如果延期的事件持续发生时，承包人应按在14天之内发出要求延期的通知，然后每隔7天向监理工程师提交事件发生的详细资料，并在该事件终结后的14天内提交最终详细资料。

如果承包人在工期延误事件发生后，未能在约定的时间内发出要求延期的通知和提交最终详细资料，则视为该事件不影响施工进度或承包人放弃索赔工期的权利，监理工程师可拒绝作出任何延期的决定。

宏森公司向法院提交了其曾向监理和测地所方面报告停工事实且获其他方签注的证据：2013年1月25日工程联系函、2013年2月6日《阶段施工记录》、工程联系函（15）、（16）、（17）、（26）。一审法院认为：

（1）关于2013年1月25日工程联系函、2013年2月6日《阶段施工记录》。它们都是在测地所已使用工程，项目进入验收、结算阶段后，宏森公司回顾、总结施工中与工期相关事项而形成的单方记录，时间距事件发生之日已经非常久远，而且其中记载的单方关于延期责任的倾向性意见未获得测地所或监理公司的认同。以此作为请求赔偿的证据不够充分。

（2）关于工程联系函（15）、（16）。函件所载停工均因旧会议室拆除引致，监理单位没有直接于其上签注"同意延期"，而只表示"按合同条款执行"。该拆除引发的工程停工的损失，测地所不必赔偿。

（3）关于工程联系函（17）。函件所载停工是由于大体积梁修改，测地所于其上标注"见2011年5月25日监理暂停令"，但双方均未提交该暂停令。测地所并未举证证实修改是否因施工不合乎规范导致；宏森公司未举证证实修改是否因设计变更导致；监理单位亦未在其上标注"同意延期"。宏森公司仅以此函向测地所请求所载停工期间的赔偿，证据不充分，不应予以支持。

（4）关于工程联系函（26）。监理公司关于先进行外粉施工的签注，可以视做其要求宏森公司合理安排施工以避免停工、从而委婉拒绝延期或索赔的表态。宏森公司关于据此请求赔偿误工一周的损失，不应予以支持。

此外，宏森公司关于因人工挖孔桩专家论证、修改二层会议室增加二夹层工程量、结构完工后建设方未及时提供砌体及装修施工图纸、提供的强电及安装施工图纸不清晰不正规且多变、肢解分包、甲供物资不及时等致停工的主张，均未能提供已在合同约定期间其向监理单位或测地所报告误工事实、请求延长工期或索赔的证据，依约无法获得索赔。

一审法院裁决宏森公司向测地所赔偿延误工期的损失 148408.61 元。二审法院维持一审法院关于工期延误的原判。

宏森公司不服湖北省高级人民法院（2016）鄂民终 939 号民事判决，向中华人民共和国最高人民法院（以下简称最高法院）申请再审。

宏森公司的事实和理由：案涉工程延期 510 天是客观事实。但造成该工程延期的原因不在宏森公司，而在测地所。具体情况是：（1）人工挖孔桩专家论证，停工 50 天；（2）增加二层会议室加二夹层图纸设计，停工 8 天；（3）拆除旧会议室及清除拆除的垃圾，停工 42 天；（4）修改会议室大梁设计，停工 9 天；（5）等待测地所砌体施工图纸，停工 88 天；（6）等待水电施工图纸停工 192 天；（7）二楼会议室装修分包纠纷（属强行外包工程），停工 6 天；（8）测地所强行自供材料（电器材料、瓷砖等）不及时，停工 155 天；（9）2011、2012 年中高考遵政府令要求，停 8 天，共计延误工期达 558 天。每次停工，宏森公司都向监理方发出了联系函，监理均签字“按合同执行”，充分说明，造成该工程延期测地所有不可推卸的责任。

最高院经审查认为（最高人民法院民事裁定书（2017）最高法民申 3357 号）：一审中宏森公司提交的与延期及延期责任相关的证据，其中显示曾向监理和测地所方面报告停工事实且获其他方签注的证据仅限于 2013 年 1 月 25 日工程联系函、2013 年 2 月 6 日《阶段施工记录》、工程联系函（15）、（16）、（17）、（26）。原审法院经过分析，认为上述工作联系函中记载的停工事项并未获得测地所或监理公司的认可，宏森公司关于因人工挖孔桩专家论证等其他事由导致工程停工的主张，亦均未提供按合同约定向监理单位或测地所报告误工事实、请求延长工期或索赔的证据。由于双方认可工程延期 17 个月的事实客观存在，对于工期延误的原因，宏森公司提交的证据不足以认定监理公司已同意其延期，无法证明停工原因在测地所，故应承担举证不利的后果。原审判决确定宏森公司应负担的误工损失为148408.61元有事实依据，宏森公司该项理由证据不足，不能成立。最高院裁定如下：驳回宏森公司的再审申请。

笔者认为，在承包人主张工期索赔时应进行相应的举证，如果不能，则应承担举证不利的后果；当承包人向监理提交延期申请时，监理人签字“按合同执行”的模糊用语时，承包人不应推断为监理同意延期，还需进一步获得监理人更加明确的意见。

第二节 工程造价鉴定中计价争议处理的三个原则

工程造价鉴定意见在施工合同纠纷案件处理中是裁决、判决的重要依据。2018年3月1日施行的《建设工程造价鉴定规范》（GB/T 51262—2017）有关条款清晰地体现了计价争议处理的适用原则，现简述如下。

一、有效合同从约计价原则

《建设工程造价鉴定规范》（GB/T 51262—2017）第5.1.2条规定：鉴定人应根据合同约定的计价原则和方法进行鉴定。同时，第5.3.1条规定：委托人认定鉴定项目合同有效的，鉴定人应根据合同约定进行鉴定。

案例6-3：补充协议约定的价格高于定额计价标准结算时产生计价争议

某钢结构工程，补充协议中有如下约定：原合同承包范围不变，从本合同补充协议签订之日起，该合同中第二部分中的第六条“生产车间D-E跨400KA主要非标准设备主材，钢材损耗：采用定尺板材制安的损耗按2%，其余按4%；其他未计价材料最终结算按照预算定额规定的损耗量执行”。由于非标准设备为异型构件，现将钢材综合损耗确定为10%，其他未计价材料最终按照预算定额的损耗量执行不变。结算时，承包人要求按照补充协议约定的消耗量进行结算钢材价格，但是发包人认为，钢材损耗为10%已经大大超出了定额的计价标准，虽然非标准设备加工时钢材的损耗可能会增加，但是承包人如果不是自行加工，而是委托专业公司进行加工，则加工过程中的下脚料可以用于其他项目，未必就是必须的损耗，损耗量提高与承包人采用的自行进行构件加工的制作方式有关，应由承包人自行承担。

笔者认为，既然双方以补充协议的形式对钢材的损耗作出了重新约定，结算时就应该严格遵循。根据《合同法》的自愿和诚实信用原则，只要当事人的约定不违反国家法律和国务院行政法规的强制性规定，不管双方签订的合同或具体条款是否合理，当事人之间有效的合同或补充协议的约定内容均应是解决造价争议时应遵循的，当事人不应要求撤销或改变原有约定，即使约定可能会明显高于或低于定额计价标准或市场价格。

二、合同履约过程计价原则

《建设工程造价鉴定规范》（GB/T 51262—2017）第5.3.3条规定：鉴定项目合同对计价依据、计价方法约定不明的，鉴定人应厘清合同履行的事实，如是按合同履行的，应向委托人提出按其进行鉴定。

合同文件没有约定清楚或者约定有冲突均是约定不明，对于不同合同文件约定不一致，但是按照合同文件的优先顺序可以进行解释的，不应属于合同约定不明的情况。

案例6-4：合同约定不明但已履行产生计价争议

如果合同中有如下约定条款：钢材价格上涨5%以内的风险由承包人承担，超出部分由发包人承担。合同中未约定钢材的基准价格是信息价（或发包人采用的价格）还是投标报价，计算上涨幅度时采用的基准价格产生争议，关于材料价格调整属于合同约定不明。招标控制价中的综合单价分析表中钢材的综合单价为3000元/t，投标报价中的综合单价分析表中钢材的综合单价为2700元/t。

项目实施过程中钢材信息价格上涨为3400元/t，发包人主张：按照3000元/t为基准价格，每吨调整［3400 − 3000（1 + 5%）］×1.035 = 258.75元/t。承包人主张：按照2700元/t为基准价格，每吨调整［3400－2700（1＋5%）］×1.035＝684元/t，否则予以停工，等协商好后再继续施工。差异达到2.6倍。由于发包人为确保工期，发包人（或其代表）对上述价格调整予以签批认可。

最终结算时，发包人坚决主张按照258.75元/t进行价差调整，承包人以已经办理签批文件为由不让步，双方发生争议。

笔者认为，应按照已经签批的每吨调整［3400－2700（1＋5%）］×1.035＝684元/t进行价款结算。

案例6-5：合同约定内容存在冲突时产生计价争议

某施工企业投标报价与招标控制价相比低10%（即报价浮动率为10%），但是在投标文件中明确将来项目实施过程中如果发生工程变更参照清单计价规范中有关条款执行，合同中约定发生工程变更时，如果没有适用也没有类似项目单价可以参考时采用参考当地计价依据计算结果后下浮5%进行计算，工程变更发生时双方签认的综合单价是按照下浮5%计算的，结算时发包人认为应该下浮10%计算作为相应的综合单价，问题：最终应该是下浮10%还是按照5%下浮？

笔者认为，合同有约定执行合同约定，合同无约定执行行业交易习惯。但是合同约定的内容存在冲突时属于约定不明，既然双方已经按照合同的明确约定下浮5%进行确认综合单价，则应该执行，而不应再执行清单计价规范中规定的条款。

三、社会平均水平计价原则

《建设工程造价鉴定规范》（GB/T 51262—2017）第5.3.3条规定：鉴定项目合同对计价依据、计价方法约定不明的，鉴定人应厘清合同履行的事实；如没有履行，鉴定人可向委托人提出“参照鉴定项目所在地同时期适用的计价依据、计价方法和签约时的市场价格信息进行鉴定”的建议，鉴定人应按照委托人的决定进行鉴定。

《建设工程造价鉴定规范》（GB/T 51262—2017）第5.3.4条规定：鉴定项目

合同对计价依据、计价方法没有约定的，鉴定人可向委托人提出“参照鉴定项目所在地同时期适用的计价依据、计价方法和签约时的市场价格信息进行鉴定”的建议，鉴定人应按照委托人的决定进行鉴定。

案例 6-6：合同对计价依据约定不明尚未履行产生的计价争议

某工程项目结算办理过程中，发包人根据生产需要追加建设附属厂房，该厂房工程造价约 300 万元，建设单位未再对该工程进行公开招标，直接跟原施工单位签订了补充合同，由于当时设计图纸未全部出全，双方在合同中约定了追加项目的工期、质量，采用工程量清单计价，工程量按照最终确认的图纸进行结算，竣工验收合格后 30 日内一次结算除质量保证金以外的所有价款。最终结算时，发包人认为，应该按照招标公开项目采用的计价依据进行结算，即按照《山东省建筑工程消耗量定额》（简称 2008 版消耗量定额）进行计算；承包人认为，合同未约定计价依据，应该参照项目同时期适用的计价依据、计价方法和签约时的市场价格信息进行结算，即按照《山东省建筑工程消耗量定额》（鲁建标字［2016］39 号，简称 2016 版消耗量定额）计算。笔者认为，该增加的项目不属于工程变更，由于补充合同并未对计价依据作出约定，项目实施过程中也没有对新增项目的计价行为，应使用同时期的 2016 版消耗量定额计算。

建设工程计价活动的结果既是工程建设投资的价值表现，同时又是工程建设交易活动的价值表现。因此，建设工程造价计价活动不仅要客观反映工程建设的投资，更应体现工程建设交易活动的公正、公平的原则。交易活动属性是争议解决的首要属性，合同是造价争议化解的中枢，上述造价鉴定的三原则应是依次递进关系，合同条款的完备性和可操作性是计价争议防范和化解的首要途径，造价鉴定规范体现的造价鉴定的三个原则将成为新时期造价纠纷解决的重要指引，市场各方主体务必引起高度重视。

解决争议有成本、存风险。因此，应着眼于预防争议出现、立足于把争议解决在萌芽状态、尽可能在前期过程中予以解决。建议从以下四个方面进行预控，应减少或避免同案不同判决、同案不同仲裁情况的出现：

（1）合同的相对完备性；

（2）风险分担的合理性；

（3）做好招标文件编制、清标和评标工作；

（4）项目管理过程的规范性，主要包括补充协议、工程变更、工程签证的规范性和完备性等。

第三节　投资风险与造价争议的十个典型问题

一、设计文件中仅描述功能或做法导致投资风险与造价争议

《建筑法》第五十七条规定，建筑设计单位不得对设计文件选用的建筑材料、建筑构配件和设备，指定生产厂、供应商。《招标投标法实施条例》第三十二条规定，招标人有下列行为之一的，属于以不合理条件限制、排斥潜在投标人或者投标人：限定或者指定特定的专利、商标、品牌、原产地或者供应商。《工程建设项目施工招标投标办法》（七部委30号令）第二十六条规定，招标文件中规定的各项技术标准均不得要求或标明某一特定的专利、商标、名称、设计、原产地或生产供应者，不得含有倾向或者排斥潜在投标人的其他内容。如果必须引用某一生产供应者的技术标准才能准确或清楚地说明拟招标项目的技术标准时，则应当在参照后面加上“或相当于”的字样。

实践中设计图纸仅仅明确外墙防水、保温做法与性能，但防水外墙涂料、保温材料等可选择性极大，且各种材料间的价格差异极为明显。如果对材料设备的品牌、规格等不予以明确，往往存在以下两个方面的问题：一是投标人选用的材料设备是否合格；二是投标人选用的材料设备与其所报价格的匹配性。

针对此类问题，目前实践过程中常见的做法是由建设单位在招标文件中列出推荐的材料设备的短名单（不少于三家），由投标人在投标时从短名单中选择并进行相应的报价，该做法的好处在于可以确保所采购材料设备的品质，但是发包人是否能较充分地了解市场，所列出的材料设备是否是最优（较优）的，能否保证投标人的报价与所选择的材料设备的一致性，仍然存在较大的不确定性。如果在项目特征描述中明确材料设备品牌，是否符合有关规定？

笔者认为，项目特征描述中也不能明确材料（设备）品牌等。理由在于：

（1）项目特征描述是确定综合单价的基础，是招标工程量清单的实质性内容。

（2）国家各专业的计量规范中推荐采用的项目特征中均是描述材料（设备）的品种（种类）、规格、性能等内容。

（3）招标工程量清单必须作为招标文件的组成部分，其准确性和完整性应由招标人负责，如果在项目特征描述中明确材料设备的品牌违反国家有关规定。

针对此类问题，实践中还存在由建设单位供应材料的方式，但是存在如下问题：

（1）从项目管理的角度来分析，有利于确保品质，但是进度、质量等责任有不一致性。

（2）从投资控制角度来分析，一般计税方法下，甲供材会导致工程投资（造价）提高。

如果由施工单位供应材料，评标时着重注意：

（1）投标人的品牌、型号是否满足招标文件要求的品种（种类）、规格、性能；

（2）评审报价与采用材料价格的一致性。

同时，发包人应考虑将中标人投标文件中列明的品牌、型号（唯一或同档次价格差异不大时列出短名单）列入合同文件的组成部分，如何列入合同文件的组成部分是目前实践中容易忽视的一个问题。从施工合同文件的组成来分析，投标人递交体现价格属性的“已标价工程量清单”中也无法明确品牌型号的唯一性，所以，应要求投标人在投标函及其附录中或者其他投标文件中予以明确，并将该内容列入合同文件。

二、发包人延误工期导致计价争议

合同约定的应由承包人承担的风险范围对其投标报价具有实质性影响，在正常的合同工期内，承包人投标报价时应充分考虑招标文件中要求其承担的风险，但是由于发包人原因导致的工期延误较为严重的情况下，各种要素市场价格涨幅较大，导致不可调整部分的实际造价涨幅已经突破了承包人预期的合理利润。此时发包人以合同约定合法有效为由要求严格执行合同，按照合同约定的风险范围和价款调整方法进行价款调整，而承包人主张如果仅仅用合同约定的价款调整因素进行调价会导致其亏损，不符合公平合理的合同原则，从而导致计价争议。

案例 6-7：发包人延误工期导致计价争议

某城市综合管廊工程，总长度约 15km，采用工程量清单计价，单价合同，合同中约定除钢材、商品混凝土外，其他材料价格及措施项目费等不予以调整，承包人承担的风险范围为 5%，以信息价格为基准价格。项目实施过程中，由于政府将原来的道路拓宽，导致有约 10km 的综合管廊的设计重新进行，工期延误约 2 年。此时，发包人主张全部工程均应按照实施期的钢材、商品混凝土的信息价格与投标时的信息价格相比计算增加的工程价款，对于合同约定的不予以调整的部分仍然按照合同约定不予以调整合同价格。但是承包人认为由于发包人原因工期延误导致合同约定的其余不可调整的造价部分已经远远大于投标时的价格，承包人要求按照设计变更后的日期作为基准日期，将该基准日期的信息价格对设计变更部分重新调整合同价格，该调整以后在项目实施过程中如果出现钢材、商品混凝土的价格涨幅超过 5% 时再进行相应调整。

笔者认为，现行的清单计价规范体现了发包人原因导致的工期延误期间的物价上涨应由发包人承担的思路，但是对于出现上述问题时如何承担的方式并没有进一步明确。由于发包人往往在合同中仅仅约定部分材料的价格可以调整，可以调整的材料总价格占工程造价的比重并不高，由发包人原因导致的工期出现较大顺延、出现各种要素价格上涨幅度较大的情形，会导致仅按照原合同约定的价款调整方法进行价款调整并不能满足弥补实际造价上涨幅度的事实。在工期延误期间各种物价上涨扣除可以调整的钢材、商品混凝土的调整额度以后小于工程正常的市场利润，此时按照发包人的主张严格执行合同的价款调整方法较为可行；如果在工期延误期间各种物价上涨扣除可以调整的钢材、商品混凝土的调整额度以后大于工程正常的市场利润，此时按照承包人的主张严格执行合同的价款调整方法较为可行，否则会导致承包人亏损，显失公平。

三、对标准规范不同理解引起的造价争议

我国现行的各类设计与施工标准、规范、规程等存在推荐性条款与强制性条款并存的情况，对于其中的推荐性条款设计过程中可能不会严格遵循，但是施工过程中承包人为规避质量安全风险会严格遵循有关条款规定的内容，就出现设计图纸与实际施工不相一致的问题，由于各方对标准规范的不同理解引起造价争议。

案例 6-8：设计文件与技术规程不一致引起的计价争议

某高校教师公寓基坑支护工程采用 SMW 工法施工，工程适用《型钢水泥土搅拌墙技术规程》（JGJ/T 199—2010），该规程“5.5 环境保护”中第 5.5.5 条规定“对需回收型钢的工程，型钢拔出后留下的主隙应及时注浆填充，并应编制包括浆液配比、注浆工艺、拔除顺序等内容的专项方案”，而设计图纸中明确说明“视现场情况决定是否注浆”。合同文本采用《建设工程施工合同（示范文本）》。

发包人提供的招标工程量清单中并未对注浆进行列项，承包人考虑到周边环境要求较高，决定对型钢拔出后留下的空隙应及时注浆填充，并将施工方案报监理工程师审批。结算时，双方就注浆工程的计价产生争议。

发包人主张：是否回收型钢、是否注浆属于环境保护的要求，应由投标人在投标时结合项目周边现场情况予以考虑，应属于投标人自己投标时措施项目的漏项所致，实施注浆前对施工方案的签批仅仅是从是否满足质量安全等角度进行的，并不涉及价款签认问题，不能给予补偿。

承包人认为：第一，按照《建设工程施工合同（示范文本）》中合同文件的优先解释顺序，技术标准和要求优先于图纸、已标价工程量清单。增加注浆应属于图纸设计缺陷造成的，增加注浆分部分项工程应该属于设计变更；第二，属于发包人原因引起的分部分项工程量清单漏项，根据《建设工程工程量清单计价规范》中的规定，招标工程量清单的准确性和完整性责任应由发包人承担。

笔者认同发包人的主张，理由如下：

第一，《型钢水泥土搅拌墙技术规程》（JGJ/T 199—2010）属于推荐性规范，而非强制性规范，对工程设计只有指导作用，没有强制作用。1）设计图纸中说

明“视现场情况决定是否注浆”，并无不妥，设计图纸并无缺陷。2）设计图纸与该规范并不矛盾，不存在合同文件的优先解释顺序问题。3）发包方提供的图纸中已注明，至于是否注浆，视现场情况决定，这里的视现场情况应理解为由承包人结合现场在实际施工时自行决定，涉及的报价应自行考虑，这属于投标人报价时应考虑的工程量，属于措施项目，而不是发包人招标工程量清单中的分部分项工程的漏项。

第二，“承包人考虑到周边环境要求较高，决定对型钢拔出后留下的空隙应及时注浆填充，并将施工方案报监理工程师审批”，是承包人根据招标图纸的要求进行的正当操作，监理工程师按照招标图纸的要求，从满足质量安全等角度予以审批，并无不当。此审批事项在招标图纸确定的工程范围以内，不涉及价款签证或签认。

应该深入思考的是，在现行的计量规则中只有桩底注浆项目，并没有列出其他注浆（比如地下连续墙的后注浆），那么其余的注浆是否均属于措施项目？笔者认为如果是形成工程实体的注浆应该属于分部分项工程的范畴。本案例中如果设计图纸明确要求进行注浆，则此处的注浆项目到底是属于分部分项工程还是措施项目？此时笔者认为承包人应按照设计文件要求进行施工，发包人在招标文件的分部分项工程量清单中并未列项，应视为漏项，由发包人承担。

四、施工规范质量标准允许有负偏差引起的造价争议

我国现行的质量验收规范中对某些项目的验收允许存在一定的偏差，这些偏差正常而言应具有随机分布的特点，但是承包人有时会利用规范允许的偏差使得自己获益，发包人会主张没有实际发生不应计价，从而产生造价争议。

案例 6-9：施工《规范》质量标准允许有负偏差引起的造价争议

某高层桩基工程，采用预应力高强管桩，型号 PHC-500AB（100），单桩长度为 15m，共 2778 根，总长度为 41670m。合同约定：质量等级为“合格”，由施工单位采购。监理工程师现场验收时发现施工方所采购的预应力管桩桩长度全部为 14.94 ～ 14.95m。根据《先张法预应力混凝土管桩》（GB 13476—2009）要

求（表 6-1）是合格产品。

管桩的尺寸允许偏差（mm）　　表 6-1

序　号	项　目		允许偏差
1	L		±0.5%L
2	端部倾斜		≤ 0.5%D
3	D	300 ～ 700	＋5，－2
		800 ～ 1400	＋7，－4

发包人认为根据规范的偏差范围为 14.93 ～ 15.08m，而实际均为负偏差，发包人认为施工规范的允许偏差是为了方便制作加工而设置的，正负均有误差才符合常态，发包人认为明显是承包人恶意利用施工规范的偏差范围降低成本，理应给予扣减。经过计算，管桩供应量减少 2778×0.05 = 138.9m，向施工单位索赔 138.9m×210 元 /m（供应价）= 29169 元。

承包人认为其职责是供应符合合同和规范要求的产品，自己所采购的产品合格，不应扣减。

笔者认为，只要承包人的质量符合有关标准，就应该全额支付，不应扣减。

五、对有关政策文件理解不同引起计价争议

国家及各省、市会随着建筑市场的变化相继出台各项调价文件、费用定额及消耗量定额等，但是市场主体对政策文件的理解不同易引起计价争议。

案例 6-10：新政策文件对既有项目的适用性导致的计价争议

山东省造价管理部门发布《山东省建设工程定额人工单价及定额价目表的通知》（鲁建标字［2017］5 号）要求，本定额人工单价及价目表自 2017 年 3 月 1 日起执行；发布《山东省建筑工程消耗量定额》的通知（鲁建标字［2016］39 号），本定额自 2017 年 3 月 1 日起施行。2017 年 3 月 1 日前已签订合同的工程，仍按原合同及有关规定执行。那么，对于 2017 年 3 月 1 日前已经签订合同的在建项目，是否也调整人工单价存在争议。发包人认为，山东省建设工程定额人工单价表中明确版本是（鲁建标字［2016］39 号），而项目执行的是以前的消耗量

定额，不应该相应调整。承包人认为，既然（鲁建标字［2017］5号）规定定额人工单价及价目表自2017年3月1日起执行，省定额人工单价调整的风险应该由发包人承担。

笔者认为，人工单价与同期的消耗量定额相适应是科学的，但是由于在建项目的存在，同一项目采用不同版本的消耗量定额会给造价管理带来不便，简单按照有关文件调整人工单价是属于过渡期的特殊情况，鉴于人工费不纳入承包人风险范围的行业惯例，应该对在建项目予以人工单价调整。《建设工程造价鉴定规范》（GB/T 51262—2017）第5.6.3条规定，当事人在合同中约定不执行的人工费调整文件，鉴定人应提请委托人决定并按其决定进行鉴定，是造价鉴定规范中唯一不直接从约的规定，也体现了调整人工费应与国家标准相一致。

案例6-11：发布人工单价调整文件导致的计价争议

某建设工程项目土建部分投标文件的综合单价分析表中显示：100元/工日，而同期的省定额人工单价为90元/工日，项目实施过程中人工费调整文件规定人工单价105元/工日，则现在承包人的人工单价应如何计取？有如下几种观点：1）原投标报价时高于定额人工单价10元/工日，现在也应高于同期定额人工单价10元/工日，即按照115元/工日执行。2）执行同期定额人工单价105元/工日。3）执行投标报价时的人工单价100元/工日。

笔者认为，如果合同没有明确约定人工费调整办法，应执行投标报价时的人工单价100元/工日。既然承包人投标时的报价已经高于省定额人工单价，视为已经考虑了人工费的市场风险，与省定额人工单价调整文件并无必然关系，不应以省定额人工单价调整文件发布而必然调整。同时，《建设工程造价鉴定规范》（GB/T 51262—2017）第5.6.3条规定：如人工费的形成是以鉴定项目所在地工程造价管理部门发布的人工费为基础在合同中约定的，可按工程所在地人工费调整文件作出鉴定意见；如不是，则应作出否定性意见。《建设工程工程量清单计价规范》第3.4.2条规定，省级或行业建设主管部门发布的人工费调整，影响合同价款调整的，应由发包人承担，但承包人对人工费或人工单价的报价高于发布的除外。

由于上述国家标准的规定，有些承包人既要在投标报价中提高人工费，又不想失去省级定额人工单价调整的机会，往往会通过调整人工的消耗量来实现，为规避该风险，发包人可在招标文件中规定：若投标人综合单价分析表中采用的人工单价为项目所在地工程造价管理部门发布的人工费，但是人工费单价超出按照消耗量定额计算出的招标控制价中综合单价分析表中的单价人工费时，遇到发布人工费调整文件时，调整的人工单价价差部分以当地消耗量定额中的人工消耗量标准进行调整，甚至直接规定一旦投标时的人工费高于招标控制价中综合单价分析表中的人工费，则视为承包人已经充分考虑了人工单价的市场风险，不再因省级定额人工单价调整文件的发布而相应调整。

六、现场环境变化引起施工方法改变导致的造价争议

现场环境对施工方法和措施方案往往会产生实质性的影响，建设单位往往又秉承非发包人原因引起的措施项目费不予补偿的做法，从而产生现场环境变化引起施工方法改变导致的造价争议。

案例 6-12：现场环境变化引起堆放弃土场地改变产生的造价争议

江苏某高校图书信息中心工程属于学校扩建工程，建筑面积 1.6 万 m^2，框架结构，地下 1 层，地上 9 层，位于学校西南角，距离约 600m 处为住宅小区（已入住）。该工程基础形式为独立基础加局部筏板基础，埋深 3.5 ～ 4.0m，距离基坑周边约 150m 处为空余空旷场地（不属于发包人），周边具备大放坡的条件，土方工程采用大开挖方式。考虑 90% 机械挖土及 10% 人工挖土修边坡，基坑土方挖土量为 9249.53m^3，回填土方为 5762.50m^3，余土外运按 5km 为 3487.03m^3。

采用《江苏省建筑与装饰工程计价定额（2014 版）》，不同土方开挖及回填的方法下对应的招标控制价包括挖土、回填土及运输费用见表 6-2。

不同土方施工方法造价比较表　　表 6-2

序号	施工方法描述	造价（万元）
1	挖出土方及回填土方均按场内 1km 内自卸汽车考虑，余土弃置按外运 5km	52.66
2	挖出土方甩土留于基坑周边，再用装载机运至离基坑周边约 150m 处，回填土方同样运回 150m，余土弃置按外运 5km	43.90

续表

序号	施工方法描述	造价（万元）
3	挖出土方将其中回填土方甩土留于基坑周边，回填土方无运输，余土弃置按外运 5km	32.58
4	挖出土方全部自卸汽车外运 5km，回填土方运回同样 5km（现场无条件留置土方）	62.28

招标控制价编制时发包人为压低限价，采用了造价最低的方案 3，但是仅仅公布了最高限价，并没有公布最高限价的明细。招标工程量清单中“挖基坑土方”的项目特征中描述了弃土运距：外运 5km，“回填方”的项目特征描述中关于填方运距如下描述：结合施工安全需要自行考虑（编制招标工程量清单时发包人不确定在基坑周边堆放弃土是否可以满足基坑安全需要，没有将运距予以明确）。

某承包人投标时向发包人提出了“回填土方堆放位置”的询问，发包人给出了“距离基坑周边 150m 处为空旷场地可以堆放回填土方”的答复，于是该承包人按照方案 2 进行投标报价，并最终中标。但是土方工程施工时开挖堆放遭到附近小区居民关于扬尘污染的投诉，当地主管部门下达了“该空旷场地不得堆放土方”的整改通知，承包人将土方全部外运 5km。

发包人主张：既然在项目特征描述中要求投标人“结合施工安全需要自行考虑”，不应再由施工方案的改变要求增加变更价款。

承包人主张：1）发包人的标前答疑是对招标工程量清单中项目特征描述的补充，而该项目特征描述与实际施工情况不一致。2）项目特征描述中仅仅要求投标人“结合施工安全需要自行考虑”，没有要求考虑环保因素，属于发包人清单特征描述不全面导致。根据招标工程量清单的准确性和完整性由招标人负责这一强制性规定，理应由发包人承担增加的价款。

笔者认为，问题的实质在于堆放弃土场地是否属于发包人提供现场施工条件的范畴。如果发包人在招标文件中明确要求堆放弃土场地由投标人自行考虑，则发包人的标前答疑仅仅是给出了一种可以采用的施工方案，但是不具有指令性、确定性的特点，仅起到供投标人参考的作用，不必然具有对招标工程量清单中项目特征描述的补充的性质。同时，采用符合环保要求的施工方案是施工企业的基本义务，不应因为发包人的建议而减轻其法定义务。虽然发包人描述的项目特征应具有造价确定的唯一性特征，但是可由承包人结合具体施工方案才能确定的造价要素，在明示由承包人自行考虑的前提下可不再具体进行，比如本案例中发包人由于不熟悉施工方案未予以明确弃土运距。

如果发包人在“回填方”的项目特征描述中关于填方运距有如下描述：结合施工安全环保等因素在勘察现场的基础上自行考虑。则工程价款也不应予以调整。招标工程量清单是合同文件的组成部分，项目特征描述是确定综合单价的实质性内容，项目特征描述具有与合同文件相同的效力。

如果承包人投标时按照方案2进行报价，施工过程中经过验算，回填土方可以放于基坑周边，结算时发包人是否以“按实结算”为由按照方案3的价格扣减造价？不能，因为施工方案的改变（优化）是承包人的权力。

七、材料价格签批时不明确产生计价争议

属于合同约定的可调价材料范围中的材料，在超过合同约定的风险幅度后采购的，应该事先对材料价格予以签批，但由于一般计税方法和简易计税方法下工程造价计算时的材料价格要区分是否含税，所以在材料价格签批时未明确是否为含税价格会产生计价争议。同时，由于材料的价格组成中包含运费、运输损耗等多项内容，签批时还应明确是否包含运输费等费用。

案例 6-13：材料价格签批时未明确是否为含税价格产生计价争议

某旧城改造安置房项目 2017 年 10 月签订合同，由建设单位采购地下工程防水卷材和防水混凝土，采用简易计税方法计价，承包人物价变化 5% 以内（含 5%）的风险由承包人承担，采用当地信息价格作为基准价格。项目实施过程中，热轧圆钢 Φ12 ~ Φ16 价格上涨幅度超过了 5%，承包人在材料采购前经发包人代表签批的价格为 3950 元 /t，但是未说明是否为含税价格。结算时承包人认为，增值税为价外税，既然没有明确是否为含税价格，则应视为不含税价格，由于采用的是简易计税方法，采购钢筋适用的增值税税率为 16%，则应该按照 4582 元 /t 的价格计入综合单价；同时，承包人提供的当期的钢筋信息含税价格为 4269 元 /t。

发包人认为，采用简易计税方法计算工程造价时采用的材料价格为含税价，在没有单独约定的情况下，应视为签批的价格为计算造价时所需要的价格（即为含税价），不应该再另行增加采购材料的增值税。

笔者认为，由于简易计税方法计算工程造价时，综合单价中采用含税价格；一般计税方法时，综合单价采用不含税价格，所以，在签批材料价格时应明确是否为含税价格。但是本案例中由于没有明确约定是否为含税价，产生了计价争议。双方对材料价格的签批单对于结算价款时并不能独立存在，具有附属性，可以视为具有从合同的性质，在没有单独约定的情况下，从合同保持与主合同一致的口径。综上所述，笔者认为不能予以再另行增加采购材料增值税的做法，应该按照签批的价格直接计入工程造价。

实践中，发包人对材料价格签批的范围应该予以明确为待确定和可调价材料的范围，不能擅自扩大签批范围，否则即使原合同中约定不进行价格调整的材料，也会因为项目实施过程中的签批，视为对原合同的变更。

发包人签批时应注意采用的价格体系的一致性，若合同约定基准价为信息价，则签批时应以同时期适用的信息价；如果合同约定基准价为投标价，则签批时应为承包人采购时的市场价格，此时需要加强分析投标材料单价的合理性，项目实施过程中需要做好认价工作，该情形在材料信息价格缺项时可以采用；若合同约定基准价为信息价和投标价中的较高者，则签批时以同时期适用的信息价为准对己有利。

尤其需要承包人注意的是，按照《建设工程造价鉴定规范》（GB/T 51262—2017）等 5.6.4 条第二款规定：材料采购前未报发包人或其代表认质认价的，应按合同约定的价格进行鉴定。该规定意味着需要进行材料价格调增的，一定要在材料采购前报发包人或其代表认质认价，否则按照原合同价格进行鉴定。该规定对发包人而言，如果材料价格下降超过合同约定需要调减时，也应在相应工程实施前与承包人及时办理签认手续。

八、违约解除固定价格合同引起的造价争议

《建设工程造价鉴定规范》（GB/T 51262—2017）第 5.10.7 条规定：总价合同解除后的争议，按以下规定进行鉴定，供委托人判断使用：合同中有约定的，按

合同约定进行鉴定；委托人认定承包人违约导致合同解除的，鉴定人可参照工程所在地同时期适用的计价依据计算出未完工程价款，再用合同约定的总价款减去未完工程价款计算；委托人认定发包人违约导致合同解除的，承包人请求按照工程所在地同时期适用的计价依据计算已完工程价款，鉴定人可来用这一方式鉴定，供委托人判断使用。

案例 6-14：固定总价合同中止后按比例计算已完工程造价产生计价争议

2011 年 9 月 1 日，青海隆豪置业有限公司（以下简称隆豪公司）与青海方升建筑安装工程有限责任公司（以下简称方升公司）签订《建设工程施工合同》（以下简称《施工合同》）：由方升公司承建海南藏文化产业创意园商业广场；建筑面积为 36745m^2；2011 年 5 月 8 日开工，2012 年 6 月 30 日竣工；工程单价 1860 元 /m^2，单价一次性包死，合同总价款 6834.57 万元。2011 年 11 月 23 日，基础工程验收合格。2012 年 6 月 13 日，工程主体结构通过验收。

2012 年 6 月 19 日，方升公司发出通知，要求隆豪公司 2012 年 6 月 23 日前支付拖欠进度款 1225.14 万元。2012 年 6 月 25 日，隆豪公司发出通知解除合同，并要求方升公司接到通知的 1 日内撤场。双方诉讼至青海省高级人民法院，方升公司诉请隆豪公司支付工程欠款 2243.92 万元及违约金。隆豪公司反诉要求方升公司退还多支付工程款 106.58 万元，赔偿损失 492.62 万元，承担工期延误、质量达不到一次校验合格以及违反合同条款的违约金 255.88 万元。

案件审理过程中，一审法院委托青海省规划设计研究院工程造价咨询部作为鉴定机构对涉案工程的造价进行鉴定，鉴定机构以合同约定总价与全部工程预算总价的比值 76.6% 作为计价比例，再以该比例乘以已完工程预算价的方法进行计价并得出鉴定结论。一审法院判决：方升公司向隆豪公司返还超付的工程款 83.5 万元，并支付质量缺陷修复费用 24.8 万元。隆豪公司和方升公司均不服一审判决向最高人民法院提起上诉，二审法院经审理后认为原审计价方式有误，改为按当地定额标准对已完工程进行计价，最终判决：撤销一审法院判决，隆豪公司向方升公司支付工程款 941 万元及相应违约金。

《最高人民法院公报》2015年第12期导语中有如下阐述："对于约定了固定价款的建设工程施工合同，双方如未能如约履行，致使合同解除的，在确定争议合同的工程价款时，既不能简单地依据政府部门发布的定额计算工程价款，也不宜直接以合同约定的总价与全部工程预算总价的比值作为下浮比例，再以该比例乘以已经完工的工程预算价格的方式计算工程价款，而应当综合考虑案件的实际履行情况，并特别注重双方当事人的过错程度和司法判决的价值取向等因素来确定。"

案例6-15：发包人不能违约解除合同获利

某高校酒店建设项目，起初发包时包括土建（合理价格为3000万元）、安装及装饰（合理价格为2000万元）两大部分，采用固定价格合同。但是承包人土建部分报价偏低（报价2600万元），装饰报价偏高（报价2400万元）。土建工作结束后，发包人违约解除合同，安装和装饰部分将另行发包。笔者认为，此时发包人另行发包时若以2000万元再发包，则可以多获利400万元。发包人不能以违约解除合同获利，故原来的固定总价不再适用，最终应按实结算。

九、合同文件改变招标文件中实质性计价依据导致计价争议

招标文件虽然是要约邀请，但其是合同形成的重要基础，目前在编制过程中存在专业化程度不足的问题，尤其是简单引用行业标准中的通用条款，对项目的个性化特点和发包人独特要求没有很好地拟定有关专用条款。正是由于招标文件存在的瑕疵，使得双方在合同签订过程中的进一步磋商显得尤为重要，但是按照《招标投标法实施条例》第五十七条的规定，招标人和中标人签订书面合同时，合同的标的、价款、质量、履行期限等主要条款应当与招标文件和中标人的投标文件的内容一致。招标人和中标人不得再行订立背离合同实质性内容的其他协议。但是在实质性内容的判定上，在司法实践中存在不同的做法，比如说合同文件没有改变中标价款，但是改变了招标文件中实质性计价依据，必然导致结算价款的变化，此时该变化是否属于必然无效的情况。

案例 6-16：合同文件改变招标文件中实质性计价依据

某改扩建工程项目 2014 年公开招标，合同“专用条款”规定：本合同价款采用可调单价合同，按实际完成工程量计算。人工费、材料费价格按照实际市场价格，定额执行现行园林古建筑定额和相应的取费标准以及配套文件执行。该市存档的“招标文件”中的“工程计价说明”载明：执行 2010 年《仿古建筑工程计价定额》等；除建设方给定的材料单价外，其余地方材料价格执行当地《建设工程造价信息》及 2010 年《安装、装饰工程常用材料预算价格表》，以上均未涉及的单调价格按定额基价计算。结算时双方因适用的计价依据产生争议。

笔者认为，该工程价款的结算应按照招标文件规定的计价依据进行执行，不应按照合同约定的实际市场价格执行。理由在于：按照《最高人民法院关于审理建设工程施工合同纠纷案件适用法律问题的解释（二）》第十条规定，当事人签订的建设工程施工合同与招标文件、投标文件、中标通知书载明的工程范围、建设工期、工程质量、工程价款不一致，一方当事人请求将招标文件、投标文件、中标通知书作为结算工程价款的依据的，人民法院应予支持。虽然合同文件未修改中标的工程价款，不直接适用上述条款，但是由于合同与招标文件关于结算标准的规定明显不同，造成了实质上工程价款的变化，可参照以上司法解释，工程价款的结算应以招标文件为依据。

案例 6-17：材料采购合同改变招标文件中的质量标准

某国有投资公司进行的房地产开发项目，为确保项目的品质和档次，对楼宇中的强弱电工程进行专业发包，公开招标时招标文件中关于交流电压上下浮动范围的要求远超过国家标准。某专业公司进行投标，对招标文件要求均进行了响应，并表示可以满足要求。中标后，双方签订了一份《设备购销合同》，约定中标人保证所供设备为原装正品，符合国家同类商品质量要求标准。中标人按照国家标准供货后，双方就交货设备的质量检验标准产生争议。

笔者认为，由于招标公告在性质上属于要约邀请，投标文件为要约，中标通知书为承诺，双方达成合意。但双方签订合同应视为对于之前形成合意的变更，应以双方最终签订合同中约定的质量标准为依据。理由在于：第一，《中华人民共和国招标投标法》第五十九条仅对合同与招投标文件不相一致作出了管理性的规定，并非效力性规定，故不会产生合同无效的法律后果，仅凭合同与招投标文件不一致并不能判定招投标双方订立的合同无效；第二，材料采购合同不是建设工程施工合同，并不适用《最高人民法院关于审理建设工程施工合同纠纷案件适用法律问题的解释（二）》第十条载明的“当事人签订的建设工程施工合同与招标文件、投标文件、中标通知书载明的工程范围、建设工期、工程质量、工程价款不一致，一方当事人请求将招标文件、投标文件、中标通知书作为结算工程价款的依据的，人民法院应予支持”的规定。

十、不按照合同约定进行工程造价审计导致计价争议

由于审计是国家审计机关对建设单位进行的一种行政监督行为，站在维护国家利益的角度，对工程结算审计时存在不按照合同约定进行的现象，常见于合同约定对建设单位不合理、承包人过度采用不平衡报价等情况出现时。如果发承包双方合同中明确约定“以政府审计结果作为结算依据”，但是政府审计时与工程实际情况或者合同约定（含项目实施过程中的补充协议）不符，或者采用了与合同约定不符的计价依据，审计结果存在漏项或者偏差等瑕疵的，如果当事人能够举证证明不符情形的存在，应当允许当事人就不符部分另行通过司法鉴定确定造价[63]。由于《建设工程造价鉴定规范》（GB/T 51262—2017）规定：委托人认定鉴定项目合同有效的，鉴定人应根据合同约定进行鉴定。这势必导致鉴定结果与审计结果不一致的情况出现，此时的结算价款到底是以政府审计结论为准还是造价鉴定意见为准？笔者认为，虽然政府审计也是工程造价审核的一种有效方式，合同中明确“以政府审计结果作为结算依据”合法有效，但是该约定也未必高于合同中其他有效约定条款的效力，既然政府审计本质上是对建设单位的行政监督行为，应以最终的造价鉴定结果为准进行结算，否则将失去允许当事人申请造价鉴定的意义。

案例 6-18：政府审计对已标价工程量清单中的综合单价进行扣减

某政府投资项目工期为 5 个月，由于发包时设计图纸未出全，采用模拟工程量清单进行招标，合同约定采用固定单价合同、工程量据实结算，进度款按月支付，双方结算以政府审计结论为准，合同中未对工程量偏差达到一定比例后综合单价调整进行约定。部分分部分项工程的实际工程量与模拟清单中的工程数量差别很大，承包人投标报价时对预计工程量增加的部分采用了不平衡报价，比正常单价高了一倍。政府审计时认为已标价工程量清单中的综合单价过高，要求采用社会平均水平下的综合单价进行计算。承包人认为，进度款计算与支付过程中发包人均是按照已标价工程量清单中的综合单价进行的，应视为其对该单价的认可，结算时不能扣减。

对于该类问题，政府审计站在维护国家利益的角度，特殊情况下是可以单方出具审计结论的，笔者建议，合同约定应尽可能科学合理，投标时采用不平衡报价时一定要在合理的范围内，切不要触及审计机关的底线。

第四节　十种常见的“不一致”现象引发的造价争议及策略

一、计税方法与工程造价计算不一致

由于不同的计税方法下工程造价的计算方法有差异，主要体现为材料、设备造价等要素是否为含税价格和增值税税率，增值税下应首先选择适用的计税方法，然后再进行造价计算，但有时承包人会采用与合同要求不一致的计税方法进行造价计算，给评标、工程变更价款的确定以及后期结算带来障碍。

案例 6-19：投标时工程造价计税方法与合同约定税率不一致

某工程项目适用一般计税方法，合同约定增值税税率为 9%，但是投标人在投标前经过测算，简易计税方法下的工程造价高于一般计税方法下的工程造价，

所以在投标报价时所采用的工程造价计算方法是按照简易计税下的计算办法得到的，评标委员会未能识别，该投标人中标后双方签订了合同，对于合同约定范围内的工程造价双方没有异议，建设单位按照合同约定支付价款，承包人按照9%的增值税税率开具发票，但是对于工程变更部分确认综合单价时双方产生了争议。发包人认为，同一工程项目应该采用同一种造价计算方法，既然投标人在投标时已经确定了按照简易计税方法进行计价，工程变更也应该按照已标价工程量清单中所体现出来的简易计税方法（税金清单中的税金数额可以反算出使用的增值税税率）确定单价，增值税税率为3%。承包人认为，合同约定适用一般计税方法，并且发票也是按照9%增值税税率开具，所以应该按照一般计税方法，采用已标价工程量清单中综合单价，税金税率应该按照9%计取。

笔者认为，招标人可以在招标文件中明确，如果投标人的工程造价计算方法与适用的增值税计税方法不一致，评标委员会可以将其视为废标，发包人在发出中标通知书之前，将此作为一个重要的全面细致检查点。

二、招标文件与招标工程量清单不一致

招标工程量清单应全面反映招标文件的所有内容，招标工程量清单中的列项应与招标文件的要求一一对应，但是实践中编制招标工程量清单时往往只是按照设计图纸和清单计价规范进行，对招标文件中的特殊要求以及与现行的国家行业标准规范的衔接不够。

案例6-20：招标文件要求与招标工程量清单列项不一致

某工业园区市政管道改造工程，在招标文件的“计量与支付”中规定管道范围内的旧路挖除、基槽开挖与支护、土方弃运和回填等并入“混凝土管”项目的综合单价，均不再单独计算，而在招标工程量清单中的“混凝土管”项目的项目特征中对上述内容未描述，并且对“挖沟槽土方”在分部分项工程量清单中进行了单独列项。

结算时，承包人主张：招标工程量清单中未列出旧路挖除、土方回填等分部分项工程，属于清单漏项，应该由发包人承担相应的责任；发包人主张：按照招

标文件的规定，上述工作内容应该视为包含在投标人的综合单价中，不管承包人投标报价时是否予以套取相应的定额子目，应视为已经包含在其综合单价中，不能再予以增加相应的价款。

笔者认为，根据招标工程量清单必须作为招标文件组成部分的强制性规定，可以得出属于招标文件中对同一事项的规定不一致，而招标工程量清单的准确性和完整性由招标人负责的强制性规定，分部分项工程量清单的漏项责任由发包人承担。对于“混凝土管”项目应包含的工作内容，招标文件“计量与支付”与清单子目的项目特征前后规定不一致。如果投标人的综合单价分析表中没有包含旧路挖除、基槽开挖与支护、弃方和回填等定额子目的内容，就不存在重复计价问题，应按招标工程量清单漏项进行结算。

案例 6-21：招标文件要求与项目特征描述不一致

如果发包人在招标文件中明确说明回填土运距由承包人结合施工安全环保等因素在勘察现场的基础上自行考虑，但是项目特征中如下描述：回填土方留于基坑周边。项目实施过程中，施工单位经过验算，认为土方堆置于基坑周边荷载过大，不满足安全要求，需要运到 5km 以外的土方堆场。结算时，能否调整回填方的综合单价。

笔者认为，综合单价应该调整，招标文件与招标工程量清单不一致导致的计价风险应由发包人承担。

三、设计图纸与招标工程量清单不一致

施工总承包模式下的清单计价最适宜采用单价合同，但是并不否定总价合同的应用，在采用总价合同的情况下，如果出现招标工程量清单与设计图纸的工程量不一致，责任应如何分担在实践中存在不同的观点和做法。

案例 6-22：总价合同下的设计图纸与招标工程量清单不一致

某商业酒店更新改造项目，招标文件中规定工程量清单应与招标文件、合

同条款、技术规范及图纸等文件结合起来查阅与理解，承包人必须按设计图纸进行施工，若承包人认为发包人提供工程量清单存在漏项或工程数量有误，应在合同签订前3日内向发包人提出，否则缺项或少计部分不予计价。合同专用条款中约定：工期3个月，采用固定总价合同，除设计变更引起的工程价款调整外，其余一律不调整。项目实施过程中发现招标文件中存在部分水管缺项。该缺项部分是否给予调增价款，双方发生争议。承包人主张：依据《建设工程工程量清单计价规范》第4.1.2条强制性条文：招标工程量清单必须作为招标文件的组成部分，其准确性和完整性应由招标人负责。工程量清单的缺项、漏项责任应由发包人负责。发包人主张：依据《最高人民法院关于审理建设工程施工合同纠纷案件适用法律问题的解释》（法释［2004］14号）第22条规定："当事人约定按照固定价结算工程价款，一方当事人请求对建设工程造价进行鉴定的，不予支持。"第16条第2款规定："因设计变更导致建设工程的工程量或者质量标准发生变化，当事人对该部分工程价款不能协商一致的，可以参照签订建设工程施工合同时当地建设行政主管部门发布的计价方法或者计价标准结算工程价款。"

笔者认为，第一，该项目不属于必须进行工程量清单招标的范畴，不必然受清单计价规范强制性条文的约束。理由在于：《建筑工程施工发包与承包计价管理办法》（住房和城乡建设部令［2013］第16号）第六条规定，全部使用国有资金投资或者以国有资金投资为主的建筑工程，应当采用工程量清单计价；非国有资金投资的建筑工程，鼓励采用工程量清单计价；《建设工程工程量清单计价规范》（GB 50500—2013）第3.1.1条规定和第3.1.2条规定，使用国有资金投资的建设工程发承包，必须采用工程量清单计价，非国有资金投资的建设工程，宜采用工程量清单计价。

第二，目前司法裁判主要观点如下：

（1）国有投资项目，招标文件约定了投标人对清单工程量核对义务，对于工程量清单错漏导致的工程量差纠纷：

1）投标人应审慎核实招标人编制的工程量清单，及时指出工程量清单中的漏项漏量情况，合理期限未提出异议情况下，投标人存在过错。

2）根据《建设工程工程量清单计价规范》，招标人将负责工程量清单准确性和完整性的责任通过合同约定推卸给投标人不符合行业规范，也有违诚信原则，同样存在过错。

综上，从公平合理的原则考虑，对于投标人已实际施工完成的工程量清单错漏部分，法院酌情判定结算支付金额（广东省高级人民法院，(2015）粤高法民终字第12号）。

（2）非国有投资项目，招标文件约定了投标人对清单工程量核对义务，投标人对招投标文件中存在错漏等风险应有专业的判断且指出工程量清单中的漏项漏量情况，在合理期限内未对工程量清单提出异议，表明投标人认可招标人提供的工程量清单和施工图纸之间的工程量差异，在完工后再主张增加工程量，法院不予支持（中山市中级人民法院，(2015）中法民一终字第153号）。

对于上述裁判观点，笔者认为对目前实践的指导意义还应考虑案例履约时所处的时代背景，上述案例实际履约均不是发生在2013版清单计价规范实施以后，当时还没有招标工程量清单的准确性和完整性由发包人承担的强制性规定。笔者建议，对于工程量清单错漏的风险，客观存在不能完全避免，建议发承包双方可在合同中明确清单工程量与实际施工图纸不符导致合同总价允许调整的范围，约定在合理差异范围内，合同价格不予调整，超过该范围部分双方确认后予以结算，以合理分担风险，减少纠纷。同时，在招标文件中明确要求投标人对其予以复核并给出合理的投标准备时间，以减少后期的计算争议。

四、合同文件与招标控制价不一致

合同文件中约定的质量、安全标准，进度及工期要求，物价波动的风险范围等均会影响到招标控制价的高低，但是目前的招标控制价编制仅仅是反映社会平均水平下的造价，并未充分考虑各种要素的影响，既有计价依据不足的客观原因，也有未引起发包人重视的主观因素，比如招标文件中要求承包人承担的物价上涨风险范围很大，但是招标控制价编制时并没有考虑其对造价的影响。

案例6-23：招标控制价编制综合单价时与合同约定风险范围不一致

某高校新校区图书信息中心工程，招标文件中规定：材料价格波动时，基准价格以当地同时期的信息价格为准，主要材料（专用条款中有规定）的价格由承包人承担15%的风险，仅调整价格超过部分及其所产生的规费和税金。项目实施过程中，钢管价格波动超过基准价格的10%，承包人认为材料价格涨幅已经远远大于行业的通常为5%的风险范围，在公布的部分综合单价的组成明细中显示，招标人在编制招标控制价时直接采用了当时当地的材料信息价格，并未在综合单价中包含合同中约定的综合单价的风险范围，存在合同文件与招标控制价不一致的问题。发包人认为，既然合同中明确约定了承包人应该承担的风险范围，并且该约定明确、合法有效，根据诚实信用原则，就应该严格执行合同约定。

笔者认为，由于招标控制价是最高限价，招标人编制招标控制价时所适用的价格应该是在信息价格基础上充分考虑与合同约定的风险范围相一致的价格，而不一定是信息价格，比如，某商品混凝土的信息价格是300元/m^3，要求承包人承担的物价上涨风险是5%，则招标控制价编制时应采用的价格是315元/m^3，目前之所以直接采用300元/m^3市场主体均予以认可，是由于目前的信息价往往普遍高于市场价格5%以上，信息价格中多数已经包含了市场的变动风险，但是如果合同约定承包人承担的物价风险范围一旦超过信息价大于市场价的幅度，则招标控制价作为最高限价存在逻辑上的错误。所以，发包人在合同中约定的风险范围不宜过大，最好采用行业中普遍接受的风险幅度，如果作出特殊约定，要进行市场调研获取信息价和市场价之间的差异幅度。综上所述，投标报价一定要在基于合同文件要求的风险范围充分报价，合同约定的风险范围只要合法有效，与行业惯例并无并然关系，投标人如果发现招标控制价的编制存在问题，应该按照清单计价规范的有关规定及时提出，由招标人改正，而不是先低价中标再靠后期签证以争取调增价款的做法。

五、中标人的投标文件与招标文件不一致

如果投标文件未响应招标文件的实质性内容，应作为废标处理，但是由于招标文件和投标文件所包含内容的复杂性和现行评审做法有时很难有效识别，这将给发包人带来较大的风险。

按照《标准施工招标文件》（2007年版），招标文件包括下列内容：1）招标公

告（或投标邀请书）；2）投标人须知；3）评标办法；4）合同条款及格式；5）工程量清单；6）图纸；7）技术标准和要求；8）投标文件格式；9）投标人须知前附表规定的其他材料。对招标文件所作的澄清、修改，构成招标文件的组成部分。

投标文件包括下列内容：1）投标函及投标函附录；2）法定代表人身份证明或附有法定代表人身份证明的授权委托书；3）联合体协议书；4）投标保证金；5）已标价工程量清单；6）施工组织设计；7）项目管理机构；8）拟分包项目情况表；9）资格审查资料；10）投标人须知前附表规定的其他材料。

案例 6-24：中标人的投标文件与招标文件不一致

某工程招标文件中的工程量清单中，地下条形基础（现浇混凝土）的项目特征描述为 C30 抗渗混凝土，投标文件中已标价的工程量清单中的项目特征描述为 C25 混凝土，结算时承包人主张：招标文件是要约邀请，投标文件是要约，按照《建设工程工程量清单计价规范》第 7.1.1 条的规定，中标人的投标文件与招标文件不一致的，以中标人的投标文件为准，要求发包人调增综合单价。发包人主张：本应该作为废标处理，但是由于评标委员会评审不尽职，未能及时发现投标人的投标失误，导致其成为中标人，按照诚实信用原则，投标人的报价应视为已经包含了招标文件中项目特征描述的所有内容，不能再予以调增综合单价。

笔者认为，在双方合同没有约定的情况下，清单计价规范的推荐性条款对于争议的解决具有引导意义。发包人对未能识别投标文件的失误负有不可推卸的责任，发包人应加强清标工作和授标之前的全面细致检查，杜绝此类现象的发生。同时，该条款对存在恶意的投标人而言是有利的，发包人也可以通过合同约定中标人的投标文件与招标文件不一致时以招标文件为准。由于招标文件不必然构成合同文件的组成部分，如果作出上述约定，还应明确招标文件在合同文件中的解释顺序。

更进一步分析，中标通知书发出后，如果招标人发现中标人的投标文件未能响应招标文件的实质性要求，可以邀请专家核实中标人的投标文件是否有效并向有关行政监督部门报告。若中标人的投标文件确未响应招标文件的实质性要求，则属于法律规定的中标无效情形，招标人发出通知取消中标人资格符合《合同法》第九十四条关于“在法律规定的其他情形下，当事人可以解除合同”的规定。中标人资格被确认无效后，应当按照《招标投标法》等法律法规，依法必须进行招标的项目由招标人从符合条件的其余投标人中重新确定中标人或者重新招标。

六、合同约定与投标文件不一致

中标通知书发出后合同签订前双方可能就合同的具体细节内容进行细化、完善，但是这些细化和完善客观上可能会导致工程造价的变化，从而使得中标价格与合同约定不再完全匹配，造成发承包双方一定程度上的利益失衡。

案例 6-25：签订合同前细化改进投标施工组织设计引起的计价争议

某工程项目投标文件的施工组织设计中载明的进度计划中体现基坑土方开挖完成时间为 7 月 1 日，合同文件中增加了土方开挖、地下工程、主体十层的明确日期要求，合同签订阶段，发包人为避免雨期施工带来的土方开挖风险和当地环保要求带来的工期延误风险，要求土方开挖的完成时间提前一个月，双方据此签订合同。由于土方开挖赶工期需要增加施工机械，承包人在原来报价的基础上多修了一条施工便道。结算时承包人主张，由于投标报价以及签约合同价中未包含该条挖运便道的费用，按照投标时的施工组织设计不需要增加，是由于建设单位签订合同时才具体提出的土方开挖完成时间，发生在投标报价之后，理应由发包人承担。发包人认为，该条挖运便道的费用属于措施项目费，在合同总工期未变化的情况下，不应增加承包人土方开挖的赶工费用。

笔者认为，根据《招标投标法》第四十六条规定，“招标人和中标人应当自中标通知书发出之日起三十日内，按照招标文件和中标人的投标文件订立书面合同。招标人和中标人不得再行订立背离合同实质性内容的其他协议。”建设工程合同应以招投标文件为依据，并不否认合同可以应对具体情况的需要对招投标文件予以具体细化。在合同签订阶段，针对建设工程的施工组织、技术创新、安全质量管理、争议处理方式等业务性、技术性事项，只要双方当事人意思表示真实，协商一致，不违背国家法律、行政法规的强制性规定，对合同予以细化和完善是可以的，在法律上也是有效的。《建设工程施工合同司法解释（二）》第十条规定，当事人签订的建设工程施工合同与招标文件、投标文件、中标通知书载明的工程范围、建设工期、工程质量、工程价款不一致，一方当事人请求将招标文件、投标文件、中标通知书作为结算工程价款的依据的，人民法院应予支持。除工程范围、建设工期、工程质量、工程价款四项内容以外，合同条款可以对投标文件进行细化、补充和完善。

综上所述，合同签订阶段双方修改细化投标文件中关键节点的工期是合法有效的，如果承包人认为该修改细化会导致造价提高需要获得发包人的补偿，则应该同时提出价款调整的要求，并明确价款的计算方法，否则，视为承包人放弃对相应工程价款的补偿权利。

七、发包人要求与国家标准规范不一致

发承包阶段发包人要求如果高于国家标准规范，承包人投标报价时应充分予以考虑，结算时不能再因此额外补偿，但是项目实施过程中，如果发包人提出的要求高于国家标准规范，造成承包人成本高于正常水平，此时承包人可以获得两者之间差异的补偿，即使该差异体现为措施项目费。

案例 6-26：发包人擅自发出停工令导致的窝工费计价争议

某工程项目实施过程中，发包方负责人视察施工现场时发现现场局部安全网破损、工地现场材料堆放等混乱，立即组织召开现场会议，以保障施工安全和落实国家文明施工要求为由要求施工单位停工整改 5 天，与会相关各方签字的会议纪要上均明确了上述事项。随后承包人提出 5 天窝工索赔，并提供了现场工人的考勤记录，要求按照合同约定的窝工费标准乘以实际人数计算窝工费。发包人认为停工是由于承包人日常对工地管理不到位造成的。承包人认为发包人是否需要发出停工令，应以国家的《建筑施工安全检查标准》（JGJ 59—2011）为依据而不是靠感觉来评判。按照该标准，安全检查综合得分在 70 分以上、保证项目无零分，保证项目总分不低于 40 分时即为合格，只要安全检查等级为合格标准，

就不能停工。如发包人仅因为工地暂时不整齐、部分安全网的暂时脱落就下停工令，则造成实质上的实施过程中发包人要求高于国家标准规范，应由发包人承担相应的责任。

笔者认为，发包人不能擅自发出停工令，除非有充分的依据，否则承包人无法按期履约工程。根据《建设工程造价鉴定规范》（GB/T 51262—2017）第 5.8.3 条规定：因发包人原因引起的暂停施工，费用由发包人承担，包括：对已完工程进行保护的费用、运至现场的材料和设备的保管费、施工机具租赁费、现场生产工人与管理人员工资、承包人为复工所需的准备费用等。承包人有权利要求赔偿窝工费。但是，由于法律要求承包人必须缴纳工伤保险，故发包人往往认可交过保险又在现场考勤的人员才视为在现场的人员，而不是仅仅按照承包人提供的现场考勤记录。

八、投标时施工方案与实际施工方案不一致

施工方案受施工现场环境影响较大，项目实施过程中，承包人可能会根据客观环境的变化和项目管理的需要实时调整施工方案，造成实际施工方案与投标时施工方案不一致，导致已标价工程量清单中载明的措施项目及其费用与实际情况产生较大差异。

案例 6-27：因地勘报告导致的投标施工方案与实施施工方案不一致

某项目为市政道路管网，固定单价合同，工程量清单中给出的措施项目清单项目名称为：降排水，项目特征为投标人根据自身管理水平及施工组织设计考虑，工程量为 1，单位为项；投标时施工组织设计中施工方案为挖明沟降排水，投标报价中降排水按此方案报价（投标时未提供地勘报告）。

在开工踏勘现场及地勘报告中反映的地下水位需采用井点降水才能满足施工要求，且降排水专项施工方案实施前经过合同约定的监理单位等的审批程序。

投标中施工方案与实际的方案不一致，并且该不一致是由于发包人提供的地质勘察报告与实际不符引起的，在施工总承包模式下，该施工方案的改变应由

发包人承担相应的责任，工程竣工结算时按井点降水的施工组织设计来计算降水费用。

案例 6-28：承包人优化施工方案产生的计价争议

某高校新建教学楼项目土石方工程，承包商在投标时拟用的施工方案是机械开挖配合人工开挖，合同约定价款按照机械开挖和人工开挖方式、工程量据实结算。而由于实际开工日期推后，在土石方开挖时正值学校假期，可以采用爆破开挖方式，经学校同意后采取爆破开挖，在结算时承包商请求按照机械开挖和人工开挖的方式结算价款，而学校认为应当按照爆破开挖结算，两种方式结算价相差近 700 万元。

笔者认为，“合同约定价款按照机械开挖和人工开挖方式，工程量据实结算”，是计算工程价款的一种方式。承包商有权根据价值工程的理念，在施工过程中不断地改进施工组织设计。监理人的审核和发包人的批准只是对技术安全保障的认可，对施工方案的审批不必然具有工程签证的性质，未必具有经济效益。具体来讲，可以区分以下两种情况分析：1）如果合同没有约定施工方法的变化属于工程变更（例如 FIDIC 红皮书和 2007 版中国标准施工合同只是规定施工顺序及时间的变化属于工程变更，除非爆破工艺对业主的时间安排有影响，从而构成了工程变更），不应该修改合同价款。2）如果合同约定施工方法的变化属于工程变更，按照爆破开挖结算，但按照价值工程的思路爆破开挖所节约的成本也应由双方共享。值得注意的是，按照财政部、建设部《建设工程价款结算暂行办法》（财建［2004］369 号）和住房城乡建设部《建筑工程施工发包与承包计价管理办法》（住建部［2013］16 号令）的规定，发包人更改经审定批准的施工组织设计（修正错误除外）造成费用增加时应该调整合同价款，即发包人更改已批准的施工组织设计属于工程变更的范畴。

九、现场做法与设计图纸不一致

施工总承包模式下，按图施工是承包人的法定责任，结算时按照竣工图纸进行是基于工程实体与设计图纸完全一致的假定之上，但是现场的实际做法与设计

图纸存在差异这一现象并不罕见，如果仅仅是按照竣工图纸进行结算，往往会出现实际做法并未发生或者未完全发生但又计取全部工程价款的不合理情况。

案例 6-29：现场做法与设计图纸不一致引起计价争议

某房地产开发项目，采用清单计价方式，跟踪审价咨询服务人员进行现场跟踪时发现走廊吊顶部分装修材料的厚度小于设计图纸数据、间距大于设计图示尺寸，栏杆的锚栓个数与施工图纸不符，对现场施工过程的复核时发现缺少装饰顶板、窗帘盒缺少顶板包封。结算时，承包人要求按照设计图纸进行结算，但是发包人认为虽然最终验收质量合格，但是应该按照实际施工情况结算，扣减相应的工程价款。

笔者认为，施工总承包模式下，由于设计取费与设计图纸是否优化以及优化程度往往没有关系，导致施工图设计“肥梁”“胖柱”“深基础”，存在设计图纸的“可施工性”不强问题，再加上部分施工企业管理不严、作业队伍不严格按照图纸施工现象存在，如果对该不一致现象不严格管控，将使得付出的成本达不到效果。一旦发现不按图施工，首先要确认质量满足要求的基础上，按照实际施工情况结算，往往是进行相应的价款扣减。但结算时很难印证图纸中的做法现场是否实现，规定的材料型号现场是否替换等，需要加强对新技术、新工艺的学习，做好过程的影像资料等证明材料。

十、结算时信息价格与实施时签认价格不一致

项目实施过程中信息价格缺项，双方对该类材料进行认价，但是结算时，信息价中补充了该材料的价格，新材料往往存在前期市场价格较高，后期价格降低较快的特征，使得结算时信息价格与实施时签认价格不一致。建设单位为规避政府审计（或财政评审）风险，结算时要求采用信息价格代替签认价格，为此，双方产生计价争议。

笔者认为，新材料、新工艺在建设项目中的应用层出不穷，各地发布的信息价格存在一定程度的滞后性，只要材料价格签证符合合同约定的程序、时间等要求，应作为价款结算的依据。但是信息价格缺项时要注意合理询价，材料达到必

须公开招标规模的，也可以采用公开招标的方式确定材料价格。询价工作注意事项：询价渠道要贴近市场，每种材价价格询 3 家以上；要有数据留存：如传真、扫描件、邮件等以备审查，重要材料设备要求供应商报价时加盖公章，以体现材价信息权威性；注意询价产品的价格组成，是否含运输费、是否为含税价等。

本 章 小 结

本章较系统地阐述了新时期工程造价争议的成因，提炼了《建设工程造价鉴定规范》条款中体现的工程造价鉴定的三个原则，结合工程实践，总结提炼了十个常见的造价争议与投资风险典型问题和十种常见的“不一致性现象”，结合典型案例分析了其给工程造价带来的不确定性并给出了相应的处理对策。工程实践中发承包双方应给予造价争议与风险防范的视角提前筹划工程结算，以确保对项目的造价管控处于合理区间和项目的顺利实施。

参 考 文 献

[1] 中华人民共和国住房和城乡建设部．关于进一步推进工程造价管理改革的指导意见（建标［2014］ 142 号）．[EB/OL]. http://www. ceca. org. cn.

[2] 中国建设工程造价管理协会．中国工程造价咨询行业发展报告（2014 版）[M]. 北京：中国建筑工业出版社．2015.

[3] 方俊，翁陈程，刘维佳，等．以执业行为和执业质量为核心的工程造价咨询企业诚信体系建设 [J]. 工程造价管理 ,2015,（2）: 7-10.

[4] 建设部建筑市场管理司．招标代理行业需正视问题规范发展 [EB/OL]. http://www. chinajsb. cn.

[5] 中华人民共和国住房和城乡建设部．GB/T 51095—2015 建设工程造价咨询规范 [S]. 北京：中国建筑工业出版社．2015.

[6] 吴学伟．住宅工程造价指标及指数研究 [D]. 重庆：重庆大学，2009.

[7] 邱菀华．现代项目管理学 [M]. 北京：科学出版社，2010.

[8] 李俊杰，邓晓梅，余晓莹．中国建筑市场诚信机制选择分析——以工程招标代理机构实证为例 [J]. 技术经济与管理研究，2014（9）: 12-15.

[9] 中华人民共和国住房和城乡建设部．GB 50500—2013 建设工程工程量清单计价规范 [S]. 北京：中国计划出版社，2013.

[10] 上海市全国人大代表．上海“建设工程质量安全”调研报告 [EB/OL]. [2011. 10. 25]. http://www. cpmchina. com.

[11] 何伯森．工程项目管理的国际惯例 [M]. 北京：中国建筑工业出版社．2007.

[12] 贾宏俊．建设工程技术与计量 [M]. 北京：中国计划出版社．2009.

[13] 于斌．施工组织设计的法律地位 [J]. 施工技术，2014（6）: 504-509.

[14] 纪凡荣，曲娣，尚方剑．BIM 情景下的可视化工程进度管理研究 [J]. 建筑经济，2014（10）: 40-43.

[15] 张树捷．BIM 在工程造价管理中的应用研究 [J]. 建筑经济，2012(2) : 20-24.

[16] 孙凌志，杭晓亚．基于进度的工程价款管理研究 [J]. 建筑经济，2015(3) : 65-69.

[17] 孙凌志，杭晓亚，孟尚臻．建设工程价款过程结算研究 [J]. 建筑经济，2015(9) : 61-63.

[18] 孙凌志，孙丽伟，孟尚臻．建设工程造价咨询规范研究 [J]. 工程管理学报，2016(2): 26-31

[19] 建设工程工程量清单计价规范编制组．建设工程工程量清单计价规范宣贯辅导教材 [M]. 北京：中国计划出版社 ,2008.

[20] 孙凌志．新清单规范热点问题研究 [J]. 建筑经济，2014(3) : 5-9

[21] 朱小明．招标控制价编制办法 [J]. 工程造价管理，2013(1) : 32-35.

[22] 蒋文文．基坑施工告别“沉降漏斗”[EB/OL]. http : //www. chinajsb. cn.［2013. 04. 01］.

[23] 冯一晖，沈杰．招标控制价的有关问题研究 [J]．工程管理学报，2010,25（4）: 355-358.

[24] 孙凌志，贾宏俊，李海英．建设工程招标控制价研究 [J]. 工程管理学报，2014（2）:

92-96.
[25] 龙达恒信工程咨询有限公司. 建设工程典型案例经济指标 [M]. 北京：中国建筑工业出版社，2017.
[26] 严玲，李建苹. 招标工程量清单中措施项目缺项的风险责任及价款调整条件研究 [J]. 建筑经济，2013（11）：45-48.
[27] 严玲，王飞，盖秋月. 工程量清单计价模式下施工方案对措施项目的影响研究 [J]. 工程管理学报，2014，28（5）：93-97.
[28] 严玲，陈丽娜. 工程量清单计价下总价包干措施项目的价款调整问题研究 [J]. 工程管理学报，2013，27（6）：92-96.
[29] 宗恒恒，李金玲. 新清单计价模式下工程量偏差对措施项目费的影响 [J]. 工程造价管理，2016（5）：23-26.
[30] 中华人民共和国住房和城乡建设部. GB/T 50502—2009 建筑施工组织设计规范 [S]. 北京：中国建筑工业出版社，2009.
[31] 周景阳，张明君. 工业化住宅措施项目费实证及计价对策研究 [J]. 建筑经济，2016，37（11）：56-60.
[32] 国务院办公厅. 招标投标法实施条例 [EB/OL].（2011-12）http://www. gov. cn/zwgk/2011-12/29/content_2033184. htm.
[33] 中华人民共和国住房和城乡建设部. GF—2017—0201 建设工程施工合同（示范文本）[S]. 北京：中国建筑工业出版社，2017.
[34] 中华人民共和国住房和城乡建设部. GB/T 51262—2017 建设工程造价鉴定规范 [S]. 北京：中国建筑工业出版社，2017.
[35] 中华人民共和国住房和城乡建设部办公厅. 关于做好建筑业营改增建设工程计价依据调整准备工作的通知 [EB/OL].（2016-02-09）http://www. mohurd. gov. cn/wjfb/201602/t20160222_226713. html.
[36] 财政部，国家税务总局. 营业税改征增值税试点实施办法 [EB/OL].（2016-03-23）http://www. chinatax. gov. cn/n810219/n810744/n2048831/c2051820/content. html.
[37] 财政部，国家税务总局. 关于建筑服务等营改增试点政策的通知 [EB/OL].（2017-07-11）http://www. chinatax. gov. cn/n810341/n810755/c2696204/content. html
[38] 中国建筑业协会. 建筑业营改增实施指南 [M]. 北京：中国建筑工业出版社，2016. [39] 孙凌志，朱萌萌，徐珊，郭新丽. 增值税下非经营性建设项目投资控制研究 [J]. 建筑经济，2018（5）：49-52.
[40] 王卓甫，丁继勇. 工程总承包管理理论与实务 [M]. 北京：中国水利水电出版社，2014.
[41] 上海市住房和城乡建设委员会. 上海市工程总承包试点项目管理办法 [S]. http://www. shjjtw-gov. cn. 2016. 12.
[42] 浙江省住房和城乡建设厅. 浙江省关于深化建设工程实施方式改革积极推进工程总承包发展的指导意见 [S]. http://www. zjjs. gov. cn. 2016. 4.
[43] 福建省住房和城乡建设厅，福建省发展和改革委员会. 福建省政府投资的房屋建筑和市政基础设施工程开展工程总承包试点工作方案 [S]. http://zjt. fujian. gov. cn. 2017. 2.
[44] 深圳市住房和建设局. EPC 工程总承包招标工作指导规则（试行）[S]. http:// www. szjs. gov. c. 2016. 5.

[45] 江苏省建设工程招标投标办公室．江苏省房屋建筑和市政基础设施项目工程总承包招标投标导则 [S]. http://www. jszb. com. cn. 2018. 2.

[46] 山西省住房和城乡建设厅．山西省房屋建筑和市政基础设施工程总承包的指导意见 [S]. http:// zjt. shanxi. gov. cn. 2018. 12.

[47] 住房城乡建设部．建筑工程设计文件编制深度规定 [S]. http://www. mohurd. gov. cn. 2016. 11.

[48] 邱闯．标准设计施工总承包招标文件（2012 年版）合同条件使用指南 [M]. 北京：中国建筑工业出版社，2012.

[49] 中华人民共和国住房和城乡建设部．工程总承包计量与计价规范（征求意见稿）[S]. http://www. mohurd. gov. cn. 2018. 12

[50] 王玉平．工程总承包项目招标控制价编制——基于合规性视角 [J]. 建筑经济，2015(3)：65-69.

[51] 孙凌志，邢建峰．设计—建造模式全面造价管理研究 [J]. 工程管理学报，2014，28(4)：16-20.

[52] 孙凌志．基于国家治理的政府工程审计实现路径 [J]. 财会月刊，2014（7）：73-76.

[53] 郑石桥．审计理论研究：审计主体视角 [M]. 上海：立信会计出版社，2016.

[54] 孙凌志，贾宏俊，任一鑫．PPP 模式建设项目审计监督的特点、机制与路径研究 [J]. 审计研究，2016（2）：44-49.

[55] 严晓健．公私合作伙伴关系 PPP 的应用及审计重点探讨 [J]. 审计研究，2014（5）：45-51.

[56] 刘家义．论国家治理与国家审计 [J]. 中国社会科学，2012（6）：60-72.

[57] 国务院办公厅．关于大力发展装配式建筑的指导意见 [EB/OL]. [2016. 9. 30]. http://www. gov. cn.

[58] 王广明．装配式混凝土建筑增量成本分析与对策研究 [J]. 建筑经济，2017（1）：1-6.

[59] 罗时朋，李硕．预制装配式对施工成本影响的量化分析 [J]. 建筑经济，2016（6）：48-53.

[60] 李丽红，肖祖海，付欣等．装配整体式建筑土建工程成本分析 [J]. 建筑经济，2014（11）：63-67.

[61] 孙凌志，徐珊，王亚男．清单计价模式下装配式建筑造价管理研究 [J]. 建筑经济，2017，38（4）：29-32.

[62] 尹贻林，等．成本加利润原则下工程变更综合单价的确定研究 [J]. 建筑经济，2012(10)：43-46.

[63] 最高人民法院民事审判第一庭．最高人民法院建设工程施工合同司法解释（二）理解与适用 [M]. 北京：中国建筑工业出版社，2019.

[64] 刘伊生．建设工程全面造价管理——模式、制度、组织、队伍 [M]. 北京：中国建筑工业出版社，2010.

[65] 中国建设教育协会．预制装配式混凝土结构工程量清单计价 [M]. 北京：中国建筑工业出版社，2019.

[66] 中国建设工程造价管理协会．全过程工程咨询典型案例——以投资控制为核心 [M]. 北京：中国建筑工业出版社，2018.

[67] 中国建设工程造价管理协会．超高层建筑措施项目费计价指南 [M]. 北京：中国建筑工业出版社，2018.